培訓叢書 ㊳

U0034476

如何建立內部培訓體系

洪增華　黃憲仁 ／ 編著

憲業企管顧問有限公司　　發行

《如何建立內部培訓體系》

序　言

　　企業獲得人才的管道有兩種，向外招聘或企業內部現有員工進行開發，從長遠來看，對員工的培訓與開發，更是企業持續發展的關鍵。人才的成長與企業的發展都離不開培訓，企業為了實現其目標，獲得成功、不斷壯大，就必須從戰略上重視員工的培訓與發展。

　　管理大師杜拉克將一個經理人對企業的貢獻，分為三個層次：第一層是直接創造利潤，例如賣出自己的產品，這是最基礎的一個工作。第二層就是進行研發、改進技術、改進產品或改善服務，這是更具有遠期效果的一個層次。最高的就是第三層次，培養人才，這是最具遠期效果、最具戰略性的貢獻。

　　在企業裏，當新的科學技術、工作方法、管理流程及系統要推行時，我們需要培訓；當工作崗位職責和任務需要變動時，我們需要培訓；當員工的績效經常不能達成預期的目標時，我們需要培訓；當顧客的投訴經常發生時，我們需要培訓；當出現連續性的高損毀、高錯誤率或高成本時，我們需要培訓⋯⋯⋯⋯企業要贏得競爭，就需要培訓！

實質上，企業不只要培訓，更要建立標準的內部培訓體系，工作關鍵在於能夠從專業的角度，以滿足個人和企業組織雙方利益為目的，從而有計劃、系統地開展。培訓管理人員需要清楚其組織運行機理及其未來的計畫，由此才能提出合理的培訓目標。培訓與發展必須符合企業發展戰略、符合企業不同發展階段，對員工能力的實際需要。

　　這是一本針對企業培訓部門而撰寫的工具書，介紹企業如何建立培訓體系工作的指導手冊，全書以實務為導向，將理論融於每一個具體操作步驟之中，務使每一個實務環節根基紮實，令你執行培訓工作，信心十足。

　　作者擔任顧問師，常年為企業輔導診斷、改善，針對企業如何建立內部培訓體系，有多年的深刻成功經驗，各章均有企業案例，收錄著名企業的培訓實際案例，值得讀者仔細參考。

　　本書是各企業從事培訓工作的參考手冊，為有關企業培訓的操作問題提供答案，指出操作過程中可能出現的偏差，提供可以立即採用的實務方法。本書既有深厚的培訓理論功底，又有為企業培訓部門進行輔導診斷的培訓專家之寶貴經驗，內容精彩，包括技巧、圖表，管理辦法、檢核表、心得等，操作性極高，是總經理、部門經理、人力資源部門經理、培訓部門主管、講師必備的參考工具書。

2019 年 9 月

《如何建立內部培訓體系》

目　錄

第 *1* 章

企業培訓的重要性

一、培訓的定義

　　廣義上講，培訓可以理解為人力資源開發的中心環節，狹義上講，培訓即為提高員工實際工作能力而實施的有組織、有計劃的介入行為。

　　為培訓下的定義是：「通過正式的、有組織的或有指導的方式，而不是一般監督、工作革新或經驗，獲得與工作需求相關的知識和技能的過程。」

　　其實，培訓就是通過改變受訓人員的知識、技能、態度，從而提高其思想水準及行為能力，以使其有相當的能力去處理現時擔當的工作，甚至準備迎接將來工作上的挑戰。

　　在西元前 326 年的一天，馬其頓王亞歷山大的軍隊與印度王波魯的軍隊發生交戰。雙方兵力戰備如下：

・馬其頓軍隊：士兵 13000 名，其中騎兵 2000 名。

・印度軍隊：士兵 35000 名，其中騎兵 6700 名，戰車 500 輛，戰象 200 頭。

・戰鬥結局：印度王波魯被俘，死亡 23000 人。

・失敗原因：波魯在出征前對部下缺乏艱苦、嚴格而長期的
訓練。

沒有訓練的士兵是沒有強大的戰鬥力的。波魯在以接近對方
3 倍兵力，並且擁有 3 倍多的騎兵兵力的情況下，居然兵敗被俘
虜，這都是他沒有對士兵進行嚴格「培訓」所得到的惡果。

企業不對員工培訓，在一般情況下也許可以正常運轉，但當遇
到競爭對手的拼命廝殺競爭時。各種致命的問題就會不斷暴露出
來，這時再來抱怨員工素質不高就為時已晚。

企業培訓是勢在必行的事情，誰不重視，誰就不能在商場上常
勝不敗！

二、培訓項目的三要素

培訓是為了實現知識、技能和態度的改變。知識、技能和態度
是培訓的三大要素，三者缺一不可。

1.知識培訓

是員工得到持續提高和發展的基礎。員工只有具備一定的基礎
及專業知識，才能為其在各個領域的進一步發展提供堅實的支撐。
我們在學校所學到的知識，大部份屬於此類。

2.技能培訓

知識只有轉化成技能，才能真正產生價值。員工的工作技能，
是企業產生效益、生產得發展的根本源泉，因而技能培訓也是企業
培訓中的重要環節。

3.態度培訓

員工具備了扎實的理論和過硬的技能，但如果沒有正確的價值

觀、積極的工作態度和良好的思維習慣，那麼，他們給企業帶來的很可能不是財富，而是損失。而有態度積極的員工，即使暫時在知識和技能上存在不足，但他們會為實現目標而主動、有效地學習和提升自我，從而最終成為企業所不可多得的人才。因此態度培訓是企業必須持之以恆地進行的核心重點。

三、培訓的功能

1. 培訓是競爭力的增強

員工的訓練需求，如果不能與企業經營策略和發展方向相結合，就可能雖然花了大把鈔票及時間，卻對整體企業經營績效沒有直接影響。

在針對企業在人才培訓策略和方法進行研究的過程中發現，有兩種不同模式的培訓方法。

第一種公司的培訓方法可稱之為「超級市場」模式。這種方法的特點是，單位內部給員工提供了許多最新的課程，包括管理大師麥可‧漢默(Michael Hammer)的《企業再造課程》，彼得‧聖吉(Peter Senge)的《學習型組織》，史蒂芬‧柯維(Steven Covey)的《成功有約》等課程。一個企業竟願意提供這樣多的訓練資源給員工，而且都是費用昂貴最膾炙人口的新課程。而引進這些課程，不是因為企業正在再造中，也不是想轉型為學習型組織，只是因為這些都是外面最受歡迎的，有很多主管和員工都表示他們很想上這樣的課程。在這家企業中，你可以找到許多新潮的課程，時下什麼課程最流行，就引進什麼課程。

第二種公司的培訓方法，與前者完全不同。可稱它為「策略導向」模式，相對於「超級市場」，你可以用「專賣店」來比擬。這家

公司的訓練部門只承辦幾個系列性課程，都是有系統地與員工核心能力如團隊建立、品質管理、顧客服務及全球思維等緊緊相連。問他們為什麼提供這些課程？他們的回答很簡單，「這是為了配合企業的經營策略及發展，和培育未來領導者所需要的課程。」

這兩種訓練模式有什麼差別呢？就在於企業培訓的投資報酬。員工的訓練需求，如果不能與企業經營策略和發展方向結合，則可能花了大把鈔票及時間在訓練活動上，員工個人也許對課程很滿意，卻對企業整體經營績效沒有直接影響。

企業培訓若要快速有效，必須讓內部訓練聚焦在企業核心能力上，真正發揮策略性人力資源的功效。

2.培訓是塑造企業文化的重要工具

在人力資源管理中，不能只認為吸引優勢人才就是成功的人力資源管理，還要做到「招得來，留得住，用得好」。除了人力資源的常用技術手段外，還要把人力資源管理活動與企業文化相結合，把企業文化的核心內容灌輸到員工的思想之中，並體現在行為上，這是企業文化形成的關鍵。具體的人力資源管理與企業文化結合的做法可以從以下幾方面出發：

⑴將企業的價值觀念與用人標準結合起來，要求企業在招聘過程中對招聘者進行嚴格的考核，在制定招聘要求時要有專家參與。在招聘面試過程中，選擇對本企業文化認同較高的人員。

⑵將企業文化的要求貫穿於企業培訓之中。這種培訓既包括企業職業培訓，也包括非職業培訓。尤其是非職業培訓，要改變以往的生搬硬套的模式，應採取一些較靈活的方式，如非正式活動、非正式團體、管理遊戲、管理競賽等方式，將企業價值觀念在這些活動中不經意地傳達給員工，並潛移默化地影響員工的行為。

企業文化的要求要融入到對員工的考核與評價中。大部份企業

在評價員工時，以業績指標為主，即使有些企業也提出德的考核，但對德的考核內容缺乏具體的解釋，也缺乏具體量化的描述，使考核評價的各人根據各人的理解進行，並未起到深化企業價值觀的作用。在考核體系內，要將企業價值觀念的內容注入，作為多元考核指標的一部份。其中對企業價值觀的解釋要通過各種行為規範來進行，通過鼓勵或反對某種行為，達到詮釋企業價值觀的目的。

3.培訓能促使企業不斷反省、不斷成長

人才是企業生存之本，素質是企業生存之源，提高人才素質，提高企業素質，除了必要的人才引進、技術引進、設備引進外，重要的一點還在於通過對在職幹部和員工的人員培訓，達到各方面素質的綜合提高。

培訓是企業迎接新技術革命挑戰的需要，是避免由於員工工作能力較低而不適應新興產業需要引起的「結構性失業」的有效途徑；培訓也是員工個人發展的需要，是使員工的潛在能力外在化的手段，它一方面可使員工具有擔任現職工作所需的學識技能，另一方面還可為員工儲備將擔任更重要崗位所需的技能，同時還可解決員工知識和年齡同步老化的問題；培訓還是解決員工學能差距的需要。

四、企業培訓與學校教育的區別

無論是學校教育還是企業培訓，都關注員工知識、技能和態度的提升。正因為它們有這樣的共同點，許多人經常將兩者混淆，弄不清它們之間到底有何區別。

對教育和培訓的一般的理解是：教育往往指的是學歷教育，週期長，重點在於知識的學習；而培訓則是非學歷教育，週期較短，重點在於實用性知識或技能的學習。

表 1-1　教育與培訓的區別比較

教育	區別點	培訓
在教育中，知識主要是通過教而學會的。都是告知學生什麼是真理。	知識	在培訓中，知識主要是被發現的而不是傳授的。培訓員只是促進和幫助學員去發現真理。
教學以教師為中心。	中心	培訓以學員為中心。
教學主要關注那些可測評的行為	行為	培訓也關注行為，但它同時關注態度。
教學注重明確的行為性目標，強調資訊的獲取。	目標	培訓雖然也注重目標的明確性，然而更強調人際技能的掌握(學會如何學習。)
教學內容關注於理論性能力。	內容	培訓內容涉及人的技能，諸如決策能力和批評性思維能力，以及處理人際關係，進行管理和領導所具有的一些軟技能。
教學是以學科為中心的，一般採用講課的方式，學員主動參與較少。	方法	培訓更個性化和多樣化，意與與環境的融合，更強調發揮學員的積極性。

五、從傳統培訓中心到企業大學的跨越

　　人類自蒙昧進入學習活動，從施教者的角度看，就是對被教育者的培訓。綜合各種因素，我們將自古以來的組織培訓分為六個階段，如圖 1-1 所示。

圖 1-1　組織培訓發展的六個階段

第一階段 原始培訓 ＞ 第二階段 古典培訓 師徒制培訓 ＞ 第三階段 傳統培訓 技能普及培訓 ＞ 第四階段 現代培訓 管理培訓 ＞ 第五階段 全價值鏈培訓 ＞ 第六階段 未來培訓

在漫長的人類社會發展過程中，共經歷了四次大的培訓革命，每一次培訓革命都將組織的培訓帶入一個新的階段。

(1)第一次培訓革命：手工業師徒制培訓的出現；

(2)第二次培訓革命：大工業出現後技能普及培訓的出現；

(3)第三次培訓革命：管理培訓的出現；

(4)第四次培訓革命：企業大學與全價值鏈培訓的出現。

從世界範圍看，企業大學多年的發展歷程，可以看出，作為企業大學與傳統的培訓中心已經有了根本不同。

圖 1-2　傳統培訓中心與企業大學的區別

傳統培訓中心	企業大學
· 培訓局限於企業內部	· 培訓擴展到整個價值鏈
· 培訓資源分散在組織各部份	· 培訓資源集中管理
· 實現企業戰術目標的工具	· 實現企業戰略目標的工具
· 組織結構的依從物	· 組織變革的推動力量
· 企業文化的宣傳管道	· 熔煉企業文化的熔爐
· 企業知識的拾遺補缺者	· 企業知識管理的平台
· 基於救火式的需要確定課程	· 基於戰略能力建構課程體系
· 培訓與人才戰略無關	· 培訓與開發基於人才戰略與規劃
· 培訓與職業發展通道無直接關係	· 培訓與職業發展通道無直接相關
· 培訓項目隨意性較大	· 培訓項目基於能力模型
· 培訓與企業績效無直接關係	· 培訓與企業績效直接相關
· 培訓與 HR 其他模塊相互分離	· 培訓與 HR 其他模塊無縫連接

六、什麼時候需要培訓

一般來講，企業在下列情況下需要培訓。

1. 企業需要改進工作業績

我們知道，改進工作業績能使企業保持競爭力，並最終獲得成功。當有以下幾種現象出現時，說明企業需要適當引入培訓，改善

工作業績。

(1)顧客不滿，投訴率增高

當顧客抱怨員工對待他們的方式明顯錯誤時，管理部門應引起重視，調查每個投訴，並圍繞問題進行分析，討論是不是因為員工培訓不夠，不知如何正確服務客戶而導致客戶不滿。

(2)內部混亂

員工不能和睦相處而進行有效工作，集體就好像一盤散沙，混亂和內耗頻頻發生——這是給管理者的一個信號，要培訓員工的團隊合作精神，使他們懂得如何與別人進行協調和配合，從而使企業有凝聚力和向心力。

(3)士氣低落

當員工在工作中受挫時，其工作狀態會很差、士氣低落。這個問題往往可以通過培訓得以解決。人們越是瞭解他們的工作，他們就越能顯出自豪感。自豪感將有助於提高組織內部的士氣。

(4)高消耗

企業消耗過高，成本上升，利潤減少。究其原因，主要是因為員工沒有認識到浪費的嚴重性，以及不知道如何有效地減少消耗。這時，讓他們參加防止浪費和損失的培訓就非常有必要了。

(5)低效率

如果發現員工的工作效率明顯低於正常水準，除了可能管理不得力外，培訓不足往往是主要原因之一。

2.加強生產安全

對於企業來講，安全是高於一切的。管理者要密切關注安全至上的領域，確定安全水準是否達標，做到防患於未然。加強培訓是促進安全的最好辦法之一。

⑴定期的安全教育課能使工人對潛在問題時刻警惕；

⑵有效的安全培訓可以教會工人如何規避危險、處理緊急情況，儘量減少安全事故的發生。

作為管理者和培訓工作者，我們應該看到安全和培訓是緊密聯繫在一起的，要常常抓、重點抓。

3.提升和晉級

在組織中，員工因為能力的提高而得到提升和晉級，這種情況非常普遍。值得管理層重視的是，員工在提升之前，是否給予了充足的培訓。新的崗位職責通常需要新的技能，而這需要通過培訓來獲得。

特別是高層領導的更迭和掌握特殊才能的關鍵員工的更換，更應該引起公司最高領導的重視。在交替和更換前，做好培訓工作，以保證平穩過渡。

4.開拓新市場和新業務

對於許多公司來說，這是現代競爭性市場的現實。面對這一重大轉變，他們進入新的市場，從事全新的業務，組織內部肯定有很多不適應，解決辦法就是對公司業務進行重新定位，所以培訓都是不可或缺的。例如，瞭解新的市場或產品，培訓員工如何在新年的環境中進行銷售，或者培訓生產和服務部門的職工如何生產新產品，提供新服務。

5.招募新員工

隨著企業的發展和壯大，大批的新員工不斷補充進來。每次招收新員工，無一例外要進行崗前培訓。他們可能需要新的特定的技能，這往往是他們以前所不具備的，必須在上崗前做好這部份技能的培訓工作。

即使新員工已經掌握了所需的技能（這可能是聘用他們的原因），也需要對他們進行指導以滿足本公司的工作要求。

多數公司聲稱它們對新僱員進行了崗前培訓，但很多情況下，這所謂的培訓只是告訴他們飲水機在那裏、洗手間在那裏。其實崗前培訓的含義遠遠不止這些：它意味著讓僱員熟悉公司的一切——公司的使命、文化和目標，包括對員工工作的期望。

6.需要解決某個問題

隨著裁減人員、精簡機構和下放權力的不斷深入，解決各種問題也由董事會下放到公司最底層。培訓是讓人們學會解決新問題、迎接新挑戰的最佳方式。

如果由班組參與解決問題，那麼培訓是提高班組工作效率的關鍵步驟。解決問題的第一手材料當然是寶貴的，但是如果把這些經驗作為培訓教材，就會發揮更大作用。實際上，關於解決問題的技巧的培訓（即培訓員工如何使用已被證明有效的問題解決技巧），是一項經常採用的成功的培訓項目。

7.引進新技術、新系統或新流程

技術可以為某一類問題提供解決辦法（如減少對客戶質疑的反應時間），但同時會引起另一類問題（比如迫使員工學習使用新技術）。

一種錯誤的趨勢是，只管引進新的技術、新的組織系統或者新的工作流程，而忽視培訓員工如何最充分地發揮它們的優勢。這裏應該遵循的一條簡單的原則是：在引進一項新技術的同時，要對員工進行培訓，以使他們最有效地使用這種技術。這有時候做起來也簡單，例如，購買的新軟體可能附有培訓錄影帶，或者銷售商可以提供幾個小時的培訓。

與此相類似，在引進新的工作方式的時候，不管是轉變為班組工作方式和客戶導向方式，還是僅僅改變採購的方式，也都要確保有關員工在轉變發生之前就能正確地使用新的組織系統或新的工作

流程。在多數情況下，這意味著需要進行培訓。

8.頒佈新的法規

每當一項涉及的法律生效時，有必要進行相關的遵守法律的培訓。比如說，請一位專家來向每一個可能受此法律影響的員工做解釋，以避免可能發生的問題。

可能很多企業和個人覺得這種培訓是浪費金錢，但只要將培訓的成本和由於對法律的無知可能造成的損失比較一下，就不難發現，進行此項培訓是非常有必要的。而且涉及人力資源、安全問題和其他可能對工作造成影響的法律法規數量還很巨大，這個領域的培訓工作還需要我們給予足夠的重視。

9.實行組織變革

組織變革是現代組織適應外部環境變化和內部情況變化，提高應變能力的必然要求，是組織求得生存與發展的必然選擇。組織通過變更和完善自身的結構和功能，提高靈活性和適應能力。組織變革包括技術變革、產品和服務變革、戰略和結構變革、人員與文化變革。

組織中的每一項變革對員工都是新的東西，因而需要透過培訓，使員工熟悉和適應這種變革，瞭解變革的目的、意圖和內容，學習新知識、新技能、新規範、新的管理方式和適應新產品、新市場及新顧客，及時調整自己的思想、行為和習慣，理解並融入到新的戰略思想和文化環境中，從而理解變革、支持變革，減少因變革造成的震盪、不適和壓力，保證組織變革的順利實施。

很多大規模的組織變革，其成功與否對培訓的依賴程度是很高的。

七、培訓的十項好處

培訓的好處是多方面的，其根本著眼點是受訓者知識、技能、態度的明顯改善，並因此帶來工作效能和效率的提高，產生明顯的經濟效益和企業文化效應。培訓的十大好處如下：

1. 快出人才、多出人才、出好人才
2. 獲得更高昂的士氣和戰鬥力。
3. 減少員工的流動率和流失率
4. 更有效、更容易地督導員工
5. 最大程度地降低成本。
6. 塑造更完美的企業文化
7. 強化員工敬業精神。
8. 保證顧客的最大滿意
9. 更有利於勝過競爭對手。
10. 贏得更好的企業形象和經濟效益

※案例　麥當勞的「全職業生涯培訓」

　　在麥當勞公司，無論職位高低，給員工的訓練永遠是現在進行時。

　　進入 21 世紀的麥當勞，正在透過有效的培訓活動，落實著雷蒙·克羅克先生的論斷，並實現著企業的高速和持久的成長。

　　在麥當勞的企業裏，有超過 75% 的餐廳經理、50% 以上的中高階主管以及 1/3 以上的加盟經營者，都是由計時員工開始的。「麥當勞的訓練魔法」一直令外界好奇，究竟麥當勞是如何進行人員培訓的呢？

　　在麥當勞，從計時員工開始到高階主管，結合他們的職業生涯規劃，都有不同的培訓計劃，透過各區域的訓練中心以及漢堡大學進行階梯式的培訓。麥當勞非常重視員工的成長與生涯規劃，在培訓上有著巨大的投資。

　　麥當勞的計時員工分為服務員、訓練員、員工組長與接待員幾部份，這些人都是計時的，麥當勞為什麼還要培育他們，要給他們這麼多的訓練呢？除了傳遞全球一致的產品與服務以外，更重要的是使得麥當勞的員工能夠持續不斷地學習、成長，成為國際型企業的優秀員工。

　　麥當勞尤其重視管理隊伍的培養。以經理這個職業為例，一個麥當勞餐廳經理的誕生，需要花費至少數 10 萬元的投資和接受超過 450 小時的訓練。在麥當勞，經理不只是從計時員工晉升，也有直接從實習經理培養而成的。麥當勞在招募實習經理這個職級的人員時，非常看重其是否具有做餐廳經理的潛質。

　　麥當勞在培養餐廳經理方面，制訂了一連串的訓練計劃，從怎麼樣去經營一個樓面、最基本的餐廳的運作、管理訂貨、排班系統，到怎樣去建立餐廳團隊、如何做好企業經營等等。

　　麥當勞 95% 的管理人員都要從員工做起。每年麥當勞北京公司要花 1200 萬元用於培訓員工，包括日常培訓或去美國上漢堡大學。麥當勞在中國有 3 個培訓中心，培訓中心的老師全都是公司有經驗的營運人員。餐廳部經理以上人員要到漢堡大學學習。

　　這種全職業培訓也使麥當勞公司的人才流失率很低，部門經理以上層次的人才基本上沒有流失。麥當勞認為要想留住人才，薪酬福利很重要，但發展機會更加重要。企業在對員工進行培訓時，一定要使培訓內容與其發展相結合，讓員工看到自身未來的發展前景是很重要的。

　　麥當勞正是透過培訓，不斷挖掘和創造著自身的智力資源，同時也創造了企業發展的一個奇蹟。

心得欄

第 **2** 章

培訓部門的組織架構

一家大型企業，現有員工人數將近 1000 人。在其幾十年的發展歷程中，逐漸認識到培訓的必要，立志在企業管理中體現培訓的作用。當被問及目前企業中有多少人員在從事培訓工作，回答是「三分之一個人」，確切地說就是，一個人在承擔三項工作內容，培訓只是其中之一。這種現象在很多企業中都可以看到。事實上，企業內部培訓機構的設置也經歷了一個發展過程，很難想像，沒有合理的企業培訓結構設置的保障，企業培訓能夠真正收到成效。

一、培訓部門的組織架構

設置合理培訓機構組織，是培訓體系建設的第一步，也是做好培訓工作的前提。處在企業發展的不同時期，置身於不同的培訓文化背景下，培訓機構的規模和形式都會有所不同。

內部培訓組織機構的設置，不僅受企業發展階段的影響，而且在很大程度上取決於企業培訓文化的成熟度。

在企業培訓文化未知期，培訓是一項可有可無的內容，培訓工

作沒有專人負責,一般由人力資源部或辦公室兼做,人員往往是身兼數職,很難對培訓專注投入,因此,也就難以保證培訓的規範和專業性。

當企業培訓文化進入萌芽階段時,培訓是歸在人力資源部門。人力資源部裏開始有專人負責培訓工作,培訓管理人員所扮演的通常是培訓的執行者的角色。此時,各層級管理人員對培訓的認知度還不高,而且各部門對於實施培訓的能力還欠成熟,因此,對與培訓文化建設和推進相關的所有培訓活動進行統一管理,更便於操作。此時,企業的培訓組織機構的設置如圖 2-1 所示。

當企業培訓文化進入發展階段時,企業內部開始設立獨立的培訓部門,培訓管理人員既作為培訓戰略的促進者,又以實施者的身份保證培訓工作的最終落實。這一階段的培訓組織機構設置如圖 2-2 所示。

培訓文化成熟期的企業培訓,就不僅僅是培訓管理人員的責任了,而是全員共同的行為。這一特點反映在培訓組織機構設置上,就是此時的機構設置有別於其他階段,結構更加完整,人員構成也更加豐富,從而保證了培訓管理者能夠真正處在企業戰略推進者的地位上。圖 2-3 所示的就是培訓文化成熟期的培訓組織機構設置模式。

其中,培訓管理委員會通常是總經理掛帥,由主管人力資源工作的副總、培訓部經理組成;培訓部作為培訓的具體實施機構,由培訓部經理領導,通常的構成人員有培訓項目經理、培訓講師、技術支援人員、培訓助理或秘書;培訓協調委員會由各部門培訓負責人或各分支機構的培訓協調員構成,由培訓部經理領導,他們是培訓工作的協調人員,在某些培訓項目中扮演著承辦人員的角色。

圖 2-1　培訓單位文化萌芽期的培訓組織機構設置

圖 2-2　培訓單位文化發展期的培訓組織機構設置

圖 2-3　培訓單位文化成熟期的培訓組織機構設置

二、培訓部門的職責劃分

　　培訓工作是企業全員的責任，上自企業高層管理人員，下到普通員工，各自都承擔著不同的培訓職責，要做好企業的培訓工作，就需要每個角色認清自己的職責，充分發揮作用。

1. 培訓管理委員會的職責

　　培訓管理委員會是企業培訓工作的決策機構，把握著企業培訓發展的戰略和方向，起著重要的指導和監督作用。

　　培訓管理委員會的具體職責如下：

・審核和批准人力資源開發戰略；

・審核和批准培訓政策；

・審定、批准培訓計劃和培訓預算；

・制定或批准重點培訓項目。

2. 培訓部的具體任務

　　培訓部是培訓的具體實施部門，是培訓管理工作的核心，全力推進企業培訓工作是其價值所在。

　　培訓部的具體任務如下：

・擬訂和執行培訓戰略；

・制定企業年度培訓計劃；

・參與對企業人才培養和開發計劃的評估與修訂；

・擬訂培訓制度、培訓政策和工作流程；

・組織和實施新員工崗前培訓；

・提出培訓建議，指導和協助各部門確定培訓項目；

・評估培訓效果；

・培訓經費的預算與管理；

‧ 監察各部門的培訓制度執行情況；

‧ 管理各項培訓設施設備；

‧ 與外部培訓機構建立良好的關係，積累資源。

3.培訓協調委員會的任務

培訓協調委員會在企業培訓管理工作中起著承上啟下的作用，是員工與企業在培訓方面溝通的橋樑，也是各部門培訓管理工作的具體實施者。

培訓協調委員會的任務如下：

‧ 完成本部門或本機構的培訓需求調查；

‧ 完成本部門或本機構的培訓計劃制定工作；

‧ 推動本部門或本機構的培訓實施；

‧ 完成本部門或本機構的培訓報名、評估、考核、歸檔等工作。

4.各部門管理者在培訓管理中的職責

做好企業培訓工作，離不開企業各級管理人員的支持。從管理職能上講，計劃、組織、領導、控制都是管理者不可推卸的責任，而培訓正是指導下屬的重要形式。很多公司因此提出了「各團隊管理人員首席培訓師制」，即每個層級的管理者都有責任培訓自己的下屬。

各級管理者在培訓管理中的職責如下：

‧ 管理員工技能；

‧ 實施在崗培訓；

‧ 評估本部門培訓效果；

‧ 創造環境，推動培訓應用。

5.培訓師在培訓中的責任

培訓師是課程實施的主體，在培訓中起著關鍵的作用。培訓師的敬業態度、專業能力與自我蓄能的願望，是影響培訓效果的重要

因素。

　　培訓師在培訓中的責任如下：

· 進行課程調研與課程開發；

· 進行培訓；

· 培訓輔導與跟蹤；

· 學習研究。

6.企業員工在培訓中的責任

　　積極參與培訓是員工自身成長的重要路徑，同時也是必須履行的責任。透過培訓，可以提升自身態度、知識與技能水準，將其在工作中加以自覺應用，即可完成與企業的共同發展。員工也有責任把自己從培訓中得到的收穫與團隊共用，以便相互促進，共同提高。

　　員工在培訓中的責任如下：

· 提供個人培訓需求；

· 按要求參加培訓；

· 在工作中不斷應用，養成良好的工作習慣；

· 輔導新員工，實施在崗培訓。

　　總之，培訓是一項全員的工作：高層提供政策、方向和支援，培訓部提供資源、方法、制度，各級管理者積極推動，講師有效組織培訓，員工積極參與。實際上，也只有這樣，才能真正有效地推動培訓工作，提高培訓的有效性。

表 2-1　培訓責任分配表

責任內容	管理者	培訓負責人	培訓師
決定接受培訓者	√		
制訂培訓預算		√	
安排個人指導場所	√		
安排集中培訓場所		√	√
選定培訓師		√	
準備教材	√	√	√
決定講課內容	√	√	√
保管記錄		√	
檢查培訓效果	√	√	√
製作培訓報告表		√	
評估培訓成果		√	√
培訓教材		√	
培訓的跟蹤和指導	√	√	
制訂培訓大綱	√	√	
制訂個人指導計劃	√		
制訂集中培訓計劃		√	
分配資料給接受培訓者		√	√
準備視聽教材		√	√
在職指導	√		

※案例　海爾集團培訓機構的職能分配

海爾集團培訓機構的職能分配見表 2-2。

表 2-2　海爾集團培訓機構職能分配表

序號	ISO10015 培訓指南要求			培訓管理者	海爾大學	各單位部門負責人	各單位培訓主管
	階段區分	要求編號	程序文件名稱				
1	(1) 培訓：四階段過程	①總則	培訓管理手冊對應條款描述	√			
2		②有關培訓的產品和服務採購			√	□	√
3		③人員參與			√	□	√
4	(2) 確定培訓需求	①總則	培訓管理手冊對應條款描述	√		√	
5		②確定組織的需求		√	√	√	
6		③確定和分析能力需求	確定和分析能力控制程序	□	□	√	□
7		④評審能力	能力評審控制程序	□	□	√	□
8		⑤確定能力差距 ⑥識別解決辦法以彌補能力差距 ⑦為培訓需求確定說明	確定和解決能力差距控制程序	□	√	√	□

續表

				☐	√	☐	√
9	(3)	設計和策劃培訓	①總則				
			②確定制約條件	確定制約條件控制程序			
10			③培訓方式和選擇準則	培訓方式和選擇準則控制程序	☐	√	☐	√
11			④培訓計劃	培訓計劃制定控制程序	☐	√	☐	√
12			⑤選擇培訓提供者	培訓講師選擇評價控制程序		√	☐	√
13	(4)	提供培訓	①總則	培訓管理手冊對應條款描述		√	☐	√
14			②提供支援 a.培訓前支援 b.培訓支援 c.培訓後支援	培訓支援控制程序	☐	√		√
15	(5)	評價培訓結果	①總則	培訓結果評價控制程序	☐	√	√	☐
			②收集資料並準備評價報告					
16	(1)	培訓過程監視和改進	①總則	培訓過程監督改進控制程序	☐	√	√	√
			②培訓過程的確認					

第 **3** 章

培訓部門的工作職能

一、企業培訓部門主管的工作項目

1.企業培訓體系的建立

隨著國內企業管理水準的提高，管理觀念的轉變，越來越多的企業開始重視僱員培訓，因為有效的培訓是企業提高效益的關鍵因素。長遠地看，培訓是投資，而不是開銷。然而，儘管企業開始重視僱員培訓，他們又開始面臨新的問題：往往是培訓資金投入了不少，卻收不到預期的效果，這筆投資反倒「虧了本」。究其原因，就是因為缺乏有效的培訓體系。

作為培訓主管，當務之急就是要結合企業優勢、員工特點及培訓內容，建立科學合理的企業培訓體系，以達到最優的培訓效果。培訓主管所做的這項工作，就好比建造房子要先搭好框架，理順了工作的流程，以後的工作就順理成章了。

2.企業培訓文化的建設

培訓文化就好比空氣一樣，它看不見、摸不著，卻能被組織的每一個人實實在在地感受到。培訓文化建設得好，企業對培訓的認

同度和支持度高，對於培訓主管來說，工作的開展就相對容易，能夠取得事半功倍的效果。反之，則會層層受阻，舉步維艱。培訓主管有必要騰出一部份時間，考慮如何建設好企業的培訓文化，創建一個共同學習、共同進步的良好氣氛，讓大家都能呼吸到「清新的空氣」。

3.培訓政策與制度的制定

培訓在實施的過程中，需要政策和制度來加強執行力度。

好的政策和制度，對員工是一種約束更是一種激勵，它能保證培訓有章可循、有序開展。

4.培訓工作的執行

培訓工作的執行，如表 3-1 所示。

表 3-1　培訓工作的執行表

職　　能	具體負責內容
戰略促進	制定與組織目標、組織戰略相關的培訓目標和戰略； 開發並合理運用培訓資源； 推動培訓文化的建設； 建設開放式的培訓資訊系統； 為部門提供培訓支援； 開發超前的培訓供應系統； 主持組織培訓評估； 建設並管理培訓組織。
培訓工作	實施培訓需求調查； 制定培訓目標和計劃； 組織培訓計劃的執行； 全程評估培訓活動； 提供培訓資訊； 具體分配培訓資源的使用； 參與組織的培訓評估； 配合講師的課程實現。

續表

培訓員工	配合學員瞭解培訓需求； 配合培訓需求進行培訓課程的開發； 配合課程實現的技術開發； 配合培訓計劃實施培訓課程； 對學員的成長給予鼓勵和肯定； 培訓形式的開發和應用； 線上培訓諮詢。

二、培訓部門的業務內容

1. 各部門必須制定長期的培訓計劃，並於每年 12 月前將下年度的培訓計劃報送、執行。

2. 部門培訓以本部門員工的職責、操作規範及專業技能培訓為主，如需增加新的培訓項目時，應納入本部門的培訓計劃，並將培訓計劃、課程內容、教學質量、測試題目等送培訓部備查。

3. 部門培訓包括以下項目：

(1)入職後責任及操作規程的培訓；

(2)接待技巧、職業道德、禮節禮貌、個人衛生等的再培訓；

(3)如某一特定操作技術的專門培訓；

(4)如何處理投訴；

(5)《員工守則》的再培訓；

(6)外語、日常用語的再培訓；

(7)其他特別項目的培訓。

4. 各部門必須將部門所有崗位的工作細則(操作規範)分別抄送培訓部一份，作為培訓部考查培訓計劃、培訓情況、培訓效果、建立培訓檔案以及制定其他培訓計劃的依據。

5.各部門對所屬員工的外語水準應提出具體要求，未達到標準的應進行培訓。

三、培訓主管必須面對的十大問題

如果你目前是(或希望將來成為)企業培訓主管，並將其作為今後的職業，這裏提出十個你需要解決並能夠清楚回答的問題：

1.培訓主管應如何在企業中定位？

2.培訓主管的核心工作／任務是什麼？

3.培訓主管應在企業的業務運作中扮演什麼樣的角色？發揮什麼作用？

4.培訓主管的工作範圍邊界在那裏？

5.如何根據企業的總體策略和需求建立培訓目標和計劃？

6.培訓需求的落腳點在那裏？如何把握衡量真正的需求？

7.培訓應該是：提供問題解決方案？提高崗位技能？提高人員素質？增加知識？

8.培訓主管應掌握的關鍵技能包括那些方面？

9.專業的培訓主管工作任務有那些？工作流程如何設置和需要什麼文件？

10.和企業內不同層面的溝通形式和內容如何？

有些企業的培訓工作，培訓效果不能十分令人滿意。分析其原因可發現，造成這種差別的原因，並非是工作的技巧問題。很大程度上是由於培訓主管在一些問題上認識不同，經驗和水準不同，在起點上就有了偏差。儘管企業高階主管對待培訓工作的態度會對培訓工作產生很大影響，但仍無法掩蓋培訓工作的自身定位不準確和素質的差別所帶來的後果。工作常常陷於具體事務和流於形式，而

忽略了本質的東西。

企業需要有效益，如果培訓工作長期不能給企業帶來效益，或者說和實際業務不發生聯繫，不被業務職能部門認可，培訓就走進了一條死胡同。企業到底需要什麼樣的培訓，培訓的落腳點應在什麼地方，如何使培訓和業務緊密聯繫起來，是一個非常重要的問題。培訓主管有時抱怨企業對培訓工作不重視可以理解，期望某一天最高主管徹底覺悟當然是再好不過了，但有效地解決問題的辦法仍在培訓主管本人，你能否讓企業感覺到你的培訓工作有了成果和帶來了效益？得到各部門的認可和肯定，出路就在於將企業的目標和業務需求與培訓很好的銜接起來。

當然，作為培訓的接受者，企業中的個人和企業的目標往往並不能完全吻合，如個人希望培訓後得到某種證書，但證書無法解決企業的實際問題，企業無法受益。培訓主管應該知道如何發掘培訓需求和應滿足什麼樣的需求，達到什麼樣的目的。

四、培訓管理師的角色

一般來說，企業中的培訓主管可能是培訓部門的經理，也可能是一個培訓中心的主任，具體視各企業而定。作為一個培訓管理師的角色內涵包括以下幾個方面：

1. 經理人的角色

作為一個培訓部門的主管，必須熟悉本公司的企業文化，和公司的決策層保持高度的理念上的統一，這樣才能成為公司績效標準和員工績效表現之間的銜接者，另外作為人力資源領域的從業者，應該具備良好的人際協調和溝通的技能，這也是一個培訓管理者的核心能力之一。同時，作為培訓部門的管理者，必須掌握管理和輔

導下屬的技能，而這種管理、教練的角色內涵，也是培訓主管區別
於培訓講師、助理培訓師之所在。

2.培訓顧問、人力資源開發顧問的角色

培訓管理是人力資源中的一環。因此，培訓管理者應當熟悉整
個企業的人力資源現狀，以及培訓部門與人力資源部門的銜接，這
樣才能保證培訓與整個企業的人力資源戰略相結合，真正改善企業
績效。另外，既然扮演顧問的角色，就應當熟悉整個培訓行業，有
那些熱門的課程、那些合適的諮詢公司和講師，以此來選擇合適與
本企業的服務機構。在瞭解了外部資源以後，培訓主管需要進行內
外資源的整合，因此，他需要掌握策劃和資源整合的能力，需要給
內部顧客提供專業諮詢和解決問題的方案。

3.督導者、協調者、談判者的角色

這個角色是針對特定培訓項目而言的，對內來說，從需求分析
到培訓評估，培訓主管要對整個培訓運作流程爛熟於胸，應當瞭解
每個培訓課程的內容和培訓目標，進行調整。同時培訓主管要把課
程與公司業務結合，把公司的產品、服務，以及與管理相關的知識
整合到課程中去，通過計劃、企業、協調、督導等技能，使培訓服
從於整個企業、整個企業人力資源的戰略之下。

對外來說，培訓主管是代表企業的談判者，因此，應當具備和
培訓公司、培訓服務供應商談判、溝通的能力，從而整合外部的課
程與內部的需求，避免外部講師「隔靴搔癢」的尷尬情境。

4.講師的角色

管理的最高層次是文化的管理，培訓主管作為企業文化的宣導
者，必須瞭解企業的歷史、文化、產品、服務理念等知識。同時，
作為講師，應當瞭解人的學習心理，具備高超的演講技能，這樣才
能激勵員工學習的技能。

五、培訓管理師的能力素質要求

培訓管理師具備多樣的角色和職責，其相應的能力素質要求見下表。

表 3-2　培訓管理師能力素質要求

能力種類	極重要	很重要	重要	較重要
學習能力	▲			
創新能力			▲	
表達能力		▲		
研究開發能力		▲		
寫作能力		▲		
成本核算能力			▲	
溝通能力		▲		
企業協調能力		▲		

1.學習能力

在知識日新月異的今天，作為幫助別人學習的培訓工作者，自己首先就要有超過普通人的學習能力。本身需要不斷學習，才能擴充自己的知識面和視野，才能保證課程的領先，才能有自己的想法，可以說限制專業培訓管理師進步的，就是他的學習能力。培訓管理師需要掌握大量的專業知識和管理技能，需要瞭解眾多領域的資訊，因此，學習能力成為了培訓管理師的核心能力。

2.研究開發能力

對於培訓管理師來說，研究開發不僅僅是指開發課程，更主要的是研究培訓理論、管理理論在企業中的具體運用。怎樣構建合適的內部培訓體系，怎樣使培訓有助於企業的戰略與核心競爭力，怎

樣保證培訓與人力資源其他模組的銜接，這都是每個培訓管理師必
須研究的課題，也需要在研究基礎上開發出、尋找到一系列培訓工
具、課程、制度來保障整個培訓工作的順利完成。

　　3.溝通能力

　　溝通能力一直是取得成功的關鍵因素，在今天就更顯得重要。
由於出現了權力下放和在家辦公等新的工作方式，一個培訓項目的
成功就與培訓管理師良好的溝通能力之間有著直接的關係，培訓管
理師必須努力使自己具備這一能力，以此來協調培訓任務與業務部
門工作之間的衝突，來保障培訓工作的完成。

　　4.成本核算能力

　　也許在表格中，成本核算能力不如其他幾項那麼重要，但是對
於一個企業的培訓管理師來說，成本核算能力也是不容忽視的。小
到一個培訓項目，大到整個培訓系統的運作，投資報酬率都是一個
重要的衡量指標。作為主持企業培訓的培訓管理師，自然要具備一
定的成本核算能力，以此來兼顧人力與財力的綜合效應。當然，在
普通企業當中，這一部份的職能通常需要財務部門的協作來完成。

六、培訓主管的工作流程

　　1.接受總經理領導，向總經理負責，參加公司經營管理例會。
　　2.與其他部門聯繫時，首先與各部門經理商談、討論、制定方
案。
　　3.保持與其他企業及本行業有關主管部門的業務聯繫和資訊溝
通。
　　4.瞭解本部門工作的進展情況，及時解決存在的問題。
　　5.定期主持召開部門會議，傳達上級有關指令、決定，部署工

作，檢查工作完成情況，聽取部門主管的彙報。

6.審查培訓教材，審定人員學習總結，向總經理彙報培訓情況。

7.監督培訓部門的設備和資料的保管、使用情況。

七、培訓主管的五大工作風險

人人都有煩惱，然而培訓主管的煩惱比別的部門主管更多、更大。煩惱更大的根源就在於培訓主管有一種不被理解的痛苦，「好心沒有好報」比常見的、外在的磨難更沮喪、更淒涼，本來培訓作為一件於公司、於員工都有百利而無一弊的好事，卻成為被人指責的把柄，而且常常是越好心、越積極，就越容易招致不滿和批評。什麼？培訓主管們單位沒這些事？那可能說明兩件事，第一，培訓主管有幸碰到了非常傑出的高階主管和企業文化；第二，更大的可能性是，培訓主管大概是剛剛開始搞培訓，正度著蜜月期呢，那麼，保證很快就會遇到意想不到的煩惱。

至於更多的煩惱，主要來自培訓本身的複雜性，概括地說，主要有以下五方面的風險。

1.培訓策劃的風險

培訓是一個完整的項目管理類別，因而是需要策劃的，然而策劃講究環境、時機、立意和手段，要對合適的人，在合適的時間做出合適的事情，要把握好這幾個「合適」可是要頗費一番心思的，稍有不慎便滿盤皆輸。

2.選題的風險

培訓主管可能會覺得選題很簡單，不就是設計幾個培訓的課題，只要依照主管的意圖、員工的反映、企業的需要就行了。但實際上，舉例來說，同樣是講提高營銷人員的素質，培訓主管是安排

「營銷原理」，還是「心理素質」，或是「推銷技巧」，或是「實施工具」？

在時間、資源有限的前提下，取捨常常是十分為難的，考慮不週就會變成失敗的導火線。

3.講師挑選的風險

請培訓主管千萬記住，從培訓講師走上講臺的那一刻開始，培訓主管的命運就交給培訓講師了。如果培訓講師水準不行，或有水準卻不善於表達，或善於表達卻不善於控制現場氣氛，或一切都好卻情緒不好，那培訓主管就等著挨批吧。講師反正拍拍屁股就走了，培訓主管卻是個跑不了的廟，最現成的眾矢之的。

4.學員埋怨的風險

受訓學員是很難伺候的一群人，因為對成人來說，需要學習便是意味著自己本身存在著令人不滿的缺陷，光憑這一點就會引起許多人潛意識中的抵觸，加上對業餘時間的佔用、來自考試等方面的壓力，要引發對培訓主管的埋怨是輕而易舉的。

5.企業主管批評的風險

當培訓效果不理想的時候，公司內的主管首先要怪罪的，就是培訓主管，輕則善意的批評，重則借題發揮，後果培訓主管自己去假想吧。

八、培訓部門的角色職責

隨著知識經濟的到來，企業面對的是知識快速更新，環境急劇變化的時代。培訓工作者的使命是要不斷創造為企業整體人力資源提供新觀念、新知識和新技能的環境，促進企業變革與發展。培訓者必須走在變革之前，必須能以超前的眼光、專業化的技能和高水

準的管理為企業人力資源開發提供支持。

為了實現這一使命,培訓者需要扮演多種角色,如戰略管理、行政管理、培訓技術顧問、講師與輔導員、變革顧問等等。每一種角色需承擔不同職責的工作。在實際中,這些工作可以由一個崗位完成,也可由不同的崗位實現。比如,戰略管理由培訓領導者負責;培訓管理者既可負責培訓的組織實施,又可擔任培訓講師。培訓者扮演五種關鍵角色:分析評估、項目開發、戰略夥伴、教師與輔助、行政管理。

培訓專家認為,培訓者角色應分為三類,即戰略促進者、培訓實施者、培訓講師(顧問)。如表 3-3。

表 3-3　培訓部門的角色與職責

培訓者的角色	職　責
戰略促進者 (培訓領導)	制定與組織目標相關的培訓目標和戰略 建設並管理培訓組織 對培訓資源統籌管理和開發 建立和推動組織培訓文化(制度、規範) 為各部門提供培訓支援 組織培訓的評估
培訓實施者 (培訓管理)	進行培訓需求調查 制定培訓計劃 組織實施培訓 全程評估培訓活動 具體分配培訓資源的使用 參與培訓的評估 配合講師完成培訓課程實施和課程開發
課程實施者 (培訓講師)	瞭解培訓需求 進行課程開發 進行培訓技術和方式的研究與開發 實施培訓課程 激勵和輔導學員 開展培訓諮詢

根據以上培訓者的角色與職責分析，其相應的能力素質以下表加以說明。如表 3-4～表 3-6。

表 3-4　培訓部門的能力要求

角色	能力
1.分析/評估角色	瞭解行業知識；應用電腦能力；資料分析能力；研究能力
2.開發角色	瞭解成人教育特點；具有資訊反饋、寫作、應用電子系統和設定目標的能力
3.戰略角色	精通職業生涯設計與發展理論、培訓與開發理論；具有一定的經營理念、管理能力、電腦應用能力
4.教師/輔助者角色	瞭解成人教育原則；具有一定的講授、指導、反饋、應用電子設備和組織團隊的能力
5.行政管理者角色	應用電腦的能力；選擇和確定所需設施能力；成本、收益分析能力；項目管理能力；檔案管理能力

表 3-5　培訓部門的職責與能力

工作職責	能力素質
制定培訓目標與培訓戰略	戰略意識、組織策劃能力、培訓專業知識、判斷分析能力
開發並合理運用培訓資源	組織能力、協調控制能力、計劃能力
推動培訓文化的改進	顧問技能、人際溝通能力
建設開放式的培訓資訊系統	反應能力、系統思考能力
為部門提供培訓支援	顧問能力、專業培訓知識和技能
開發超前的培訓供應系統	創新能力、判斷分析能力、組織策劃能力
主持組織的培訓評估	組織能力、人際溝通能力、判斷分析能力

表 3-6　培訓部門職責分配表

責任內容	培訓主管	指導員職務	培訓人員	培訓顧問
決定接受培訓者	✓			
計算培訓預定費用	✓			
整理個人指導場所		✓	✓	
整理集中培訓場所	✓		✓	
選定和培訓指導員	✓		✓	
準備教材	✓	✓	✓	
選定接受培訓者並列出成員名單	✓			
決定講課內容	✓			
保管記錄			✓	
檢查培訓效果	✓	✓		
製作培訓報告表	✓		✓	
評估培訓成果	✓	✓	✓	
審核、批准培訓教材及方法	✓			
培訓的跟蹤和指導	✓			
(培訓責任)寫職務知識培訓概要	✓		✓	
制定個人指導計劃		✓	✓	
制定職務知識集中培訓計劃			✓	
分配資料給接受培訓者		✓	✓	
準備視聽教材	✓	✓	✓	
準備實習		✓	✓	
理解指導方法	✓	✓	✓	✓
實施職務指導(個人指導)	✓	✓		✓

九、培訓主管每日的重點工作項目

表 3-7　培訓部門工作職責

項目	序號	工作職責
每天工作職責	1	每天上下班時間檢查本部門員工簽到，發現員工遲到、早退、缺勤超過規定次數，要作處分
	2	每天檢查辦公室區域的衛生清潔情況，確保辦公環境整潔
	3	每天上班時首先編寫出該天工作計劃
	4	每天下班前須搞好辦公區域清潔衛生及整理文件
每週工作職責	5	每週巡視企業各部門至少兩次，並總結培訓需求
	6	每週總結企業的培訓需求（員工意見、部門經理），並擬訂相關計劃書（ABC 法則）
	7	每週六對培訓室清潔檢查一次
每月工作職責	8	每月至少召開本部門會議兩次，總結本部門工作，確定下一步工作計劃，培訓指導本部門員工
	9	每月 25 日前收集完成各部門培訓員培訓總結及計劃
	10	每月 3 日前完成上月培訓總結
	11	每月 1 日前完成本月培訓快訊
	12	每月 20 日前完成本月普通員工轉正考核，並報人事部門
	13	每月完成一期培訓宣傳壁報（照片形式）
	14	每月面向培訓員出版一期培訓報紙
	15	每月至少開設兩門公共培訓課
	16	每月至少和每位培訓員正式或非正式面談一次
	17	每月舉辦一次培訓員座談會
	18	每月編寫兩份培訓員活動採訪錄
	19	每月至少徵求五位普通員工對培訓問題的意見
	20	每月擬檢查一次培訓用具和資料，並提出解決方案
	21	每月擬開一次銷售專題座談會（5 位銷售人員）
	22	新員工入職培訓按程序進行

續表

	23	每年檢查企業培訓制度一次,如有不適當之處,要提出修改意見
	24	每年年末 10 天完成年終工作總結及年度工作計劃
每年	25	每年淡季安排一次企業知識競賽(培訓)
工作	26	每年對生產、財務和銷售部門進行一次技能大比賽
職責	27	每年對各班組長、主管進行一次管理培訓
	28	督促下屬每年對培訓檔案進行修理(登記)一次
	29	每年對培訓資料修訂一次

十、企業培訓常見之問題

1.「培訓無用論」

經營層認為培訓無用,即培訓不能增強企業員工才幹,反而耗費員工工作時間;認為員工的知識技能已足夠企業使用,培訓只增長員工才幹,對企業沒有多大益處。

造成上述現象的原因:一方面是學習觀念還沒有改變,還沒有形成真正的「終生學習」和「動態學習」觀念;另一方面,由於現階段的企業培訓方法大部份沿用因循守舊的傳統教育方法,使培訓單調、缺乏效率,進而導致企業領導對培訓喪失信心。

在這個環境急劇變化、競爭非常激烈、知識更新迅速的時代,如果不跟上時代發展,不充實自己的企業,企業僵死一團是難免的。要改變現狀,可以招聘新的員工增強活力,但對於大型企業來講,新聘員工不是被老員工同化,就是要花很長時間才能使企業發生轉機。要徹底解決問題,只能從內部解決問題。而於當代崛起的專業培訓機構,則是根據不斷變化的市場,主動提供企業所需的知識技能,從企業內部著手,進行人才開發,使企業增強活力、競爭力。

如果企業對培訓不進行實際的投入,企業領導不重視、不參與,

必然使培訓在源頭被卡死，怎麼使員工積極投入培訓？使其朝氣逢勃的投入生產呢？

2.「培訓萬能論」

這是與「培訓無用論」相對應的另一個極端——「培訓萬能論」，同樣非常有害。「十年樹木，百年樹人」，培訓所傳遞的能量，要通過受訓人員的消化吸收才能反映到工作中去起作用，這不僅需要一個時間過程，而且還離不開企業整體的內部環境。在不少企業高級人員的心目中，「過程」被有意無意地忽略了，如果僅僅是在過程上等不起，那還好辦，更大的問題是，很多人對培訓作用的期望值太高。在他們的意識中，似乎企業所有問題都能夠通過培訓來解決，甚至認為一兩次培訓就應該使一個企業脫胎換骨實現新生。他們也不理解，為什麼受過很好培訓的員工，業績仍然不好。他們不會反省，既然沒有給部下和員工創造相應的工作條件，也沒有給予他們相應的自由，就不能夠要求他們有新的表現。作為企業人力資源開發的一部份，培訓的作用，是在這個大系統有效的前提下發揮作用的。在期望目標上對培訓功能與作用的誇大，必然導致對培訓「失望」的結果，使其才出「萬能論」的泥坑，又落入「無用論」的陷阱。

企業進行培訓，尤其是對幹部的培訓，非常像一個人吃補藥加營養。「補藥」本身的質量好壞固然是一個重要的因素，但是，這個人的身體機能與「補藥」的特性是否般配，也非常關鍵。一個腸胃功能正常的人，可以使營養物質被有效地吸收，從而轉化成使生命煥發出異彩的「新能量」；一個羸弱多病尤其是消化吸收功能極不健全的人呢，吃進去太多太好的東西，可能反而會加重病情，甚至加速死亡。在生活中，我們都懂得應該盡力避免這種現象的發生，但是，在企業培訓的過程中，這種性質的事情，卻少有人察覺，尤其

沒有引起企業高層管理人員的重視。

目前競爭激烈，買方市場已經形成，消費者日益成熟的情況下，企業已走到了「向素質要效益，向管理要利潤」的路上。而現實中許多公司並沒有開展培訓工作，或培訓流於形式，這主要是因為公司管理層中存在著許多實際的心理障礙。這些障礙如不能有效克服，培訓的開展就不可能是實質性的。企業培訓中還存在著這樣或那樣的障礙或誤解，這些障礙或誤解經常以經理們的口頭禪的方式出現，比如：

⑴培訓沒有用；

⑵有經驗的員工不需要培訓；

⑶只對職工培訓就可以了；

⑷培訓不合算；

⑸培訓很容易；

⑹沒有足夠的時間；

⑺員工不合作、甚至抵制；

⑻沒有優秀的培訓資料；

⑼沒有合格的培訓老師；

⑽我們不知道該如何培訓；

要解決以上的誤解或障礙，從本質講並不難。首先是克服觀念障礙，從戰略管理的高度來看待培訓問題，拋棄短視、苟且、僥倖、害怕等心理，更不能把錯誤的認識和經驗作為反對藉口和依據。第二步就是純粹的技術問題，以合適的人、合適的方式，獲得合適的協助，從培訓需求分析、規劃與設計、培訓實施到效果評估，把每個環節處理好，結果一定是理想的。

3.沒有把培訓當作長期性工作

出於短期成本收益的考慮，不少企業往往在出現問題或企業停

滯不前時才被動去找培訓師，使企業的培訓工作總是間歇性的。

　　然而，培訓是一個系統工程，「一陣風」的培訓使企業「頭痛醫頭，腳痛醫腳」，根本問題不解決，致使企業跟不上市場，往往步入後塵，處於被動挨打的局面，甚至出現企業運作混亂的現象。

　　反之，一些成功的企業，他們看到的是遠期的收益，把人才培訓當作長期的系統工作來抓，把職員培訓視為生命線，每年定期輪訓 1～2 個月。

4.忽視培訓的艱苦，過於樂觀

　　培訓不是一蹴而就的，它不僅需要重視、參與，需要培訓師的艱苦努力，還需要員工積極的配合和長期系統的訓練。

　　希望每一個員工都取得優越的成績是不可能的。教學中有教方和學方，是雙向的關係，並非培訓師教得好，員工都能學得好，這需要時間的磨合，需要雙方積極有效的配合。過於樂觀，把目標定得過高，必然干擾教學雙方的進度，影響學習效果。有句俗話：期望越高，失望越大。說的就是目標過大，帶來的失敗就會非常慘烈。特別對於「學習」，循序漸進是自古就有的道理，忽視培訓的艱苦，就會使培訓草草了事，浪費企業員工的時間和培訓師的心血！

5.盲目崇外或盲目排外

　　國外好的東西到了國內也不一定適用。外國雖然有先進的管理技術、培訓技巧，但若脫離了本國的具體情況，將會產出不適合本國發展的人才，即屬於無效培訓。在現代社會，各種文化相互滲透，我們面對的人，是不斷汲取世界先進文化和知識的現代人，引進國外優秀的培訓系統和培訓方法是不可避免的。

6.培訓缺少前瞻性和規劃性

　　很多企業的培訓，往往都是企業遇到問題時「臨時抱佛腳」的行為，沒有將其與企業的長期發展戰略結合起來；同時，缺乏培訓

的總體戰略思路，通常是流行什麼就培訓什麼，盲目跟風，為趕時髦做培訓，為培訓而培訓，結果也就很難體現出培訓的作用。

7.把培訓等同於講課，重講不重練

傳統培訓，培訓的中心是講師，讓學員圍繞老師轉，培訓形式單調。而現代培訓更重視參與式，培訓更為活潑、更為全面。

在培訓中不斷進行效果測試，及時修正培訓方法，怎樣用培訓效果激勵學員，怎樣針對培訓效果使培訓方法不斷提高，總結出一套系統的適合本企業的培訓方法。

8.培訓脫離實際，缺乏針對性

現在的教育，大多是單向選擇，即教員教什麼，學員就學什麼，學員沒有對學習內容進行選擇的權力。這自然而然影響教育衍生過來的企業培訓。培訓機構能在培訓前對學員進行知識、技能的問卷調查，通常都是根據自己的經驗設置課程和教學方案，導致學員重覆學習或去學嚴重超出自己接受能力的知識技能。更少有人會在培訓前和學員交流，瞭解其真正需要學習的內容。企業培訓的另一大弱點是僅僅是傳授簡單的知識技能，而不與企業的實際情況相結合中。培訓不是為企業服務，而是為學員個人服務，這將削弱企業的整體戰鬥力。

真正的企業培訓，是緊密結合企業的人才需求，針對企業員工的知識技能缺陷和學習特點，設計直接面對培訓對象的課程，採用有效的培訓手段，達到為企業增加利潤的目的。

9.不尊重人性，受訓對象有反彈

成年人做事會受到已有的知識經驗框架的限制，讓他們直接跳出自己已有的框架非常困難，一旦強行讓他們跳出，他們就會產生抵抗情緒。同時，成年人具有機械記憶能力弱、理解能力強、抽象能力強等特點。所以，在培訓時，應在尊重人性的基礎上，讓其「觸

類旁通」、「舉一反三」，使他們自己主動地去接受新知識、新事物，跳出已有的思維陷阱。

同時，培訓中需要喚醒成年人儲備的已被淡忘的知識技能，使之從腦海裏浮現出來，並對新舊知識技能進行系統化的整合，達到與企業發展相結合的目的。

10.擔心培訓是為競爭對手培養人才

員工學成了就跳槽，就涉及到企業的經營問題，企業培訓是為了什麼？企業培訓絕對不是為了員工，而是為了企業的最終使命：追求最大化的利潤。

有句哲言：沒有完全一樣的兩片樹葉。同樣，也沒有完全一樣的兩個企業。假使一個企業培訓體系是緊緊圍繞本企業建立的，它一定會把企業各種人才進行合理的配置。培訓的人才，一定是只有在本企業中才能發揮最大效用。這些人才所組成的人力資源體系，也應只是本企業的人力資源體系，它的運作是整體運作，不是靠某個人單槍匹馬就能成功的。所以，員工跳槽並不可怕，只要培訓體系和企業主體還存在，企業就可以不停地運作下去，因為它擁有了永不枯竭的企業人才源頭——培訓。

世界著名的 P＆G 公司每年雖然都有大量員工流失，但由於他們仍然堅持每年進行大量系統的企業培訓，使 P＆G 現在繼續保持強勁的發展勢頭，非競爭對手所能達到！培訓完全是為企業利潤服務，它是一個有機系統，需要結合企業的具體情況，需要各方面的積極配合。

11.缺乏培訓公司的高階人員

必須清醒地看到，傳統企業組織已紛紛向現代企業組織轉變。那麼，昔日的徒工，今天作為企業組織「掌門人」的董事長、總經理該有怎樣的變化？對他們的培訓是否比對一般員工培訓更為重

要？恰當的做法是組織領導者進行學習，將他們送到產生職業企業家和經營者的訓練基地，在決定企業經營方向、生產營銷規劃、分配制度和人力資源配置等方面提升他們的理論知識。

12.不培訓低層的操作人員

企業的一些低級操作員往往把主要期望寄託在經營者或管理者個人身上，缺乏對自身努力的追求和對管理制度的認同，從而影響個人潛力的發掘。在企業的實際培訓中，實施者往往忽略這一因素，造成員工隊伍中相當一部份人沒有認清個體應當在整個系統中的本職位置和作用。操作員工缺乏相應的培訓，其技術水準就會停滯不前，西方企業心理學中稱之為「高原現象」。因此，企業必須為操作層面的員工尋求新穎的訓練方式。

13.籠統培訓「管理層」

現代企業組織裏，管理人員是中堅力量，起著承上啟下的銜接溝通作用。如何區分不同層面的管理人員並實施不同的培訓內容，是目前大多數致力於培養一支出色管理隊伍的企業亟待解決的問題。雖說管理人員均須學習和訓練溝通、協調和激勵的能力與手段，但因工作層面不同，所學內容應有所側重。管理部門大致分為銜接公司各職能部門的中間管理層和對生產第一線執行管理職能的直接管理層，後者因與實際操作員工最接近，其管理素質直接影響員工的積極性和對企業的忠誠度，但現在許多企業往往忽略對此類管理人員的培訓。

企業培訓還存在著其他誤解，諸如缺乏對員工心理素質方面的培訓，培訓中忽略決策層、管理層和操作層之間的縱向聯繫等。總之，從深層次看，培訓是在企業中達到承認個體差異、促進相互作用、形成激勵機制等目標的重要手段。從目前一些企業的實際培訓狀況看，主觀方面的職業精神、挫折承受力和責任心的培育，是教

育培訓中必須務實的方面。

14.認為「市場不是培訓出來的」

「市場不是培訓出來的」——這是很多企業高級人員的口頭禪。言外之意很明顯，培訓並不能直接給企業帶來現金收入。從現象上看，這個說法本身並沒有什麼不對，它很容易贏得相當的企業高級人員內心的認同，尤其是一些目前經營狀況良好、銷售業績驕人的經理，即使嘴上不這麼說，心裏也很有道理地就這麼認為，對現狀的滿足和自負，是這些經理們共同的特點。忽視了對導致自身成功的環境「外因」的分析，又往往使他們錯誤地總結出自以為可以「放之四海而皆準」的經驗。而擁有「成功經驗」的歷史使他們在說這種話的時候，非常的理直氣壯。

可能過去的市場確實不是培訓出來的，但是，面對今天的市場競爭的激烈，設想明天市場爭奪的殘酷，誰敢說自己的聯合體不需要培訓呢？在這個問題上，這些經理親自參加過的一些不好的培訓，也起了很壞的作用。既無計劃也沒有針對性；為什麼要培訓、誰來培訓、培訓誰、培訓什麼內容、用什麼方式培訓、怎樣檢驗培訓效果、怎麼改進對培訓的管理，這一系列的問題，誰都沒有去搞清楚；隨便找個教師來講一講，抄一些筆記，做一些答卷，走一走上課的過場就算數……這樣的培訓，被貶為「無用」，當然是有道理的。

有些經理不主張培訓，還有著一種說不出口的苦衷：培訓使員工的素質水準不斷提高，身為上司豈不相形見絀？培訓培訓，培出冤家，訓來對手，到頭來部下和員工都成了搶飯碗壓交椅的好漢，這不是拆自己的台嗎？既然培訓無法反對，但培訓的效果不好總可以說吧——這是一些自認為不能從培訓中得到好處的經理們的心聲。

「培訓耽誤正事」，這是一部份企業高級人員不安排人員進行培

訓的一個似乎冠冕堂皇的理由——處理業務的時間都不夠，那有時間做「不僅不掙錢反而還要花錢」的培訓呢？這是一個非常值得研究的現象：很多人雖然熟知「磨刀不誤砍柴工」的說法和道理，但落實至企業的培訓工作上，就是拐不過這個彎。

15. 只培訓部屬，不培訓主管

讓部屬去培訓可以，自己當學員絕對不行。既然都已經幹到這一級崗位上了，怎麼能向外界承認自己不懂呢？以後還有什麼權威指揮他們？尤其是在一些企業高級人員的心目中，接受培訓簡直就是一件可恥的事情——那等於宣告自己不合格不勝任甚至很無能，那怎麼能忍受？不能說這樣的顧慮沒有道理，可是，事實上，對天天都要接受新的競爭挑戰的企業高層人員，工作難度越高，培訓的需要也比部下更迫切，他們在企業組織中的地位，決定了他們在態度知識技能等方面的狀態對企業的命運有著更大影響力。不通過培訓來提升自己的素質和能力，怎麼對得起企業的重托？更何況越是懂得學習提高的上級，越能贏得部下的尊重和依賴，這早已是一個規律。

16. 培訓部門缺乏被重視

心理學家西伯拉罕·馬斯洛早在 1954 年就把人類需求分為五個層次：生存、安全、歸屬、自尊、自我實現。他指出人不是單純追求經濟收入，人們在生產中還追求人與人的和諧、友善、追求地位、名譽、受人尊敬及自身能力在社會中的體現。因此，儘管企業給了培訓工作人員高額薪水，但由於培訓工作人員大多文化水準高、活動能力強，他們定然不會僅僅滿足於「生存、安全」和金錢。若沒有得到尊重，培訓人員很難達到「自我實現」這一層次，必然影響培訓工作的效率，培訓工作將會趨於呆滯而缺少創新，致使企業人才開發工作低效運行。

尊重培訓工作人員，則可以激發他們的潛力，使他們對培訓工作充滿熱情，進而可以促進學員學習熱情的提高，使教學雙方在和諧、快樂的活動中高效地完成教學計劃，甚至在充滿激情的教學過程中激發大量具有創意的成果，為企業創造更多更有活力的人才！

17.培訓要馬上見效

許多企業管理者經常有這種錯誤想法：「要培訓可以，但必須讓我馬上看到效果，否則培訓是沒有必要的。」培訓是有效的，但卻不會立竿見影。「十年樹木，百年樹人」，培訓所傳遞的資訊、觀念和技能，要通過受訓人員的消化吸收，才能反映到工作中去並起作用，這需要一個時間過程。

第一，將培訓學到的知識或技能轉化為能推動生產力的行為需要時間。

第二，員工不一定馬上就有將培訓所得的知識或技能用於實際生產的機會。這是培訓不能馬上見效的兩個原因。

作為企業管理者，不僅要努力創造機會，讓員工有機會參加各種培訓，更要為他們提供實踐的機會。同時還應對員工進行激勵和指導，鼓勵他們多加練習，早日將所學到的知識或技能變成企業的生產力。

18.培訓只是培訓部門的事情

有很多人，甚至是身為管理者的人認為，培訓只是培訓部或人事部門的事，與自己無關。培訓做得不好，就把責任歸咎到培訓部門。

管理學認為管理的四大功能是計劃、組織、控制和指導。作為企業，指導下屬工作是其履行管理職責的一部份，而指導離不開培訓，因此，承擔培訓職責的不僅僅是培訓部門，而應當是管理者從企業發展的戰略高度開展的工作。

在一個組織裏，培訓需要各個方面的支援，尤其是需要企業最高管理者和各級管理人員的支援和配合，只有這樣才能形成培訓和學習的氣氛，才能有效地開展培訓，才能構建學習型組織。

19.只是浪費金錢，不能產生利潤

企業的最終目的都是贏利，因此也很自然用能否產生利潤來衡量培訓工作的價值。由於培訓給企業帶來的效益往往都不是立竿見影的，很難看得見、摸得著，但培訓的花費卻是有目共睹的。

有的企業就乾脆不再花錢給員工培訓，以此降低企業成本。但結果往往是適得其反，員工因為培訓不足，導致工作不熟練、經常犯錯誤。這將給公司造成更大的損失，這些損失會使公司的直接成本上升。如果情況繼續下去，企業為之付出的代價是不可計量的，最終將危及公司的生存，阻礙公司的發展。

20.最高決策層不用培訓

決策層是企業的掌舵人，他們指引的方向一旦錯誤，那整個企業就只能走向衰亡。現代企業之間的競爭慘烈無比，市場環境瞬息萬變，企業決策者是否始終都能把握到關鍵所在，作出對企業最有利的決策呢？決策層不但需要培訓，並且他們的培訓是最為重要的，他們所要學習的層次更高，對企業的影響則是致命的。由於平時決策層不用時時為企業拿主意，也沒有做很多具體的工作，因此有的人就認為決策層是不需要培訓的。要開口時，開開口就行了。這樣的觀念一定得及時糾正，否則後果不堪設想。

21.培訓沒有系統性、前瞻性

很多企業培訓很多地是突發性地去做，缺乏系統性、前瞻性。

我們看看國外優秀企業是怎樣來做培訓的：基本上他們做培訓的目的是比較鮮明的，公司有一定的理念和操作的方法，他們希望通過培訓能把這些內容統一下來，使公司的每一個員工都有一個統

一的價值方向。每年開始都會對培訓計劃有一個比較完整的定義，比如今年要對銷售整體人員在顧問式銷售方面有所改進，對客戶的關係方面進行改進……這些內容在年初的培訓計劃中會清楚地羅列出來，然後按照這個方向去做。他們希望公司的每一個員工都能達到他們期望的水準。並且，每個員工那些地方需要培訓，他們也都會經過考核而進行確定，而不是一窩蜂地大家都去做同樣地培訓。每個員工的檔案裏都會有關於現在的能力情況的考慮，那些方面需要加強，就進行有針對性的培訓。然後在年底時看員工在經過相關的培訓後，有沒有達到目的，如果達到了目的，才會給員工進行升職、加薪、發展到更好的職位。這就是一套比較完整的體系。

22.培訓是浪費時間與金錢

企業由於培訓者本身對培訓的理解以及培訓技巧有限，他們採用的培訓方式通常只是到課堂講課，培訓手段落後，不能激發學員興趣，他們進行培訓的目的只是應付上級的指示和要求，走過場、走形式。而受訓者呢？也只是到課堂簽到，敷衍上級的檢查和命令，如此「身至而心不至」的培訓，當然是浪費時間，而培訓者敷衍塞責的態度則是嚴重失職。

因此，要改變這種「培訓就是浪費」觀念，關鍵還是要靠培訓者提高自己的專業培訓水準，提高培訓技巧，並真正有效地開展和實施培訓活動，激發起員工學習的興趣。員工經歷了正確的培訓之後，增長了知識，提高了職業技能，端正了工作態度，並在工作中提高工作績效，提高對工作的滿足感和職業自豪感，他們自然會對培訓有正確的認識及客觀的評價。培訓產生了應有的成效，對企業而言也是「一本萬利」，整個組織的績效和士氣面貌也會極大地改觀。

23.重知識、輕技能、忽視態度

一些管理者在培訓時往往片面地強調立竿見影，而知識的獲得

相對較容易,因此出現了「重知識」的誤解。但是知識的遺忘也相對較快,而技能的獲得較慢,但一旦掌握了技能就不易失去。其實最重要的是建立正確的態度,一旦態度正確,員工會自覺地去學習知識、掌握技能,並在工作中運用。

正確的觀點應該是:在培訓中以建立正確的態度為主,重點放在提高技能方面。

此外,企業中的管理人員還有許多認識上的誤解,例如:有什麼就培訓什麼;效益好時無需培訓;效益差時無錢培訓;忙人無暇培訓;閒人正好去培訓;人才用不到培訓;庸才培訓也無用;人多的是,不行就換人,用不著培訓;培訓後員工流失不合算等。

企業中的管理人員如果不消除對培訓的各種認識誤解,就不可能對培訓給予足夠的重視,結果將會導致員工素質下降,進而在市場競爭中敗北。

24.培訓責任不明確

企業缺乏一種廣泛的培訓責任體系,認為培訓就是人力資源部門的事,缺乏高層與直線經理必要的支援;而員工也僅僅把培訓當成福利,忽視參加培訓和分享培訓收穫的責任,致使培訓工作很難得到落實。

25.缺少有效的培訓需求調查和分析的手段

沒有科學的培訓需求分析,培訓項目設置不合理,導致培訓內容與企業期望以及員工需求脫節,影響了員工參與培訓的熱情,最終導致培訓效果難以轉化成實際績效。

第 **4** 章

培訓工作如何獲得各方支援

　　培訓文化是企業文化的一部份，什麼樣的公司就有什麼樣的培訓，什麼樣的培訓就造就什麼樣的員工。

　　培訓工作對企業的發展，具有十分重要的地位。為求培訓工作的順利與績效，培訓工作必須獲得三方面的支持：企業高層的支援、各部門的支援、員工的支持。

一、要獲得企業高層的支持

　　培訓文化的形成是由上而下的。首選要取得企業經營決策者的支持。掌握著企業資源分配的高層決策者對培訓的支援程度，決定著培訓能否有效展開。

　　幾乎所有公司的管理高層似乎都支持對員工進行培訓，但口頭的支持和重視還遠遠不夠。我們經常可以看到，老闆雖然口裏說著要重視培訓，卻不願意多投資在人才的培養上。

　　如何提高老闆對培訓工作的重視程度呢？首先是理解「為何不支持」，其次才能對症下藥。這是培訓主管首先要解決的問題。

1. 經營者不支持培訓的原因

在解決如何提高經營者對培訓工作的重視程度這個問題之前，分析為什麼經營者會不支持培訓。究其原因，有以下幾點：

· 過去的培訓發展結果不夠清楚

雖然每次培訓結束之後，培訓主管都會例行公事的向老闆進行工作彙報，但培訓舉辦一覽表、培訓小時數、培訓人次，費用、心得報告、滿意度報告等這些報告已經不能滿足老闆的要求，它們不能直接準確地說明舉辦培訓的必要性及其貢獻。老闆需要一份直觀、有說服力的資料數據，清楚地看到培訓的效果。這往往是很多培訓主管在以往的工作中沒做到的。長久如此，經營者對培訓的重視程度就下降了。

圖 4-1　培訓主管對經營者示意圖

經營者不支持的原因

| 過去的培訓發展結果不夠清楚 | 缺乏針對投資報酬率的說明 | 培訓發展的費用、成本逐年升高 | 面對越來越大的來自成本與生產力的壓力 | 培訓發展與企業需求的連接不緊密 |

解決之道

把自己轉換成內部績效的顧問

解決之道

忠告老闆培訓成本與企業經營績效的關係

解決之道

搞好員工培訓需求調查

· 缺乏針對投資報酬率的說明

許多培訓主管常批評經營者氣度不夠，眼光短淺，不願意投資在人才的培育上，總有一天要自食惡果。平心而論，企業的經營乃是將非常有限的資源透過一連串的決策過程進行最有效益的分配，在大環境不佳，競爭激烈的市場機制下，必須採取的措施。

舉個例來說，如果身為企業經營的最高決策者，現有 1000 萬的資金，到底要放在人才培育之上，還是購買機器設備增加產能，或通過財務進行轉投資上？這就要求取短、中、長期時間目標內的最大投資報酬率來進行決策，並且讓目標達成的風險降到最低。

一般而言，經營者希望培訓主管在呈報一項培訓計劃時，能告之其投資報酬率是多少，這也是最讓培訓業經理頭痛的問題。

· 培訓發展的費用/成本逐年升高

隨著知識和技術的更新越來越快，企業對培訓的需求也越來越大。企業為了確保自己在市場上的競爭優勢，不惜加大對員工的培訓，企業人力資源部門每年的培訓預算也在節節上升。

企業不僅要支付場地租賃、外聘教師、購買教材、支付食宿等費用；還要支付培訓期間員工薪水和承擔培訓期間由於受訓員工不在工作崗位而為公司造成的其他間接損失。這些昂貴的費用讓企業壓力越來越大，甚至感到無力承擔。這樣一來，許多企業往往在需要緊縮的時候，先針對企業內部的成本項目逐一進行審視，例如培訓部門，其預算費用通常都是第一個被開刀的。

· 培訓發展與企業需求的不連接

一些企業把培訓當作一件趕時髦的事情來做，導致培訓跟風趕潮流，沒有真正與企業的戰略目標掛鉤，不太符合企業的實際需要。比如說，前段時間流行領導力提升的培訓，很多企業就一窩蜂地做這個培訓，其實部份企業連基礎培訓都還沒有做好，培訓這個項目當然就顯得有些盲目。

很多企業經營者看到這種不良現象，他們認為這種培訓無異於「燒錢」行為，對企業發展毫無益處。這種培訓不做也罷。這種情勢若得不到扭轉，必將影響企業經營者對培訓的支持程度。

· 面對越來越多來自成本與生產力的壓力

企業要生存和發展，就必須提高自身的獲利能力。雖然企業深知培訓能帶來企業的持續性發展，但多數企業會迫於現實的壓力，把資源用在解決迫在眉睫的問題上。在注重短期效益和長期效益之間，企業往往很難找到平衡，培訓被刪減也是無奈之舉。

2.如何提高經營者對培訓的重視程度

要提高經營者對培訓的重視程度，首先要制定出應對的策略。

· 培訓部門要把自己轉型成內部績效顧問

培訓與人力資源其他環節緊密相連，環環相扣，特別是與績效聯繫最為緊密。培訓的最終目的是達到員工個人績效的提高，最終實現企業績效提升。

根據趨勢顯示，企業內部的教育培訓、學習發展必須從所謂的「活動基礎」轉換為「結果基礎」，而相關的負責人，如培訓主管必須轉型成「企業內部績效顧問」。

培訓主管整天只顧忙著培訓，不停地做事是不行的，你得讓你的老闆知道你在做什麼，你做出了什麼成績。

培訓不比其他投資，可以看到直接的效益。相比而言，老闆當然是更關注能讓企業獲利的項目。作為培訓主管，你要擔當起內部績效顧問的角色，只有讓老闆看到了豐厚的投資報酬，他才會重新點燃對培訓的興趣。

培訓主管除了定期向老闆報告培訓舉辦的次數、人數、費用、心得報告、滿意度報告等，更要讓他知曉員工受訓後行為和態度改變所帶來的工作業績提高。你可以採用報告、報表的形式反映你最近一段時間工作的成效，讓老闆實際地看到培訓的價值，促使他決心加大培訓，給予更好的扶持。

圖 4-2　培訓不足導致的經營績效低下

· 培訓主管要強調培訓成本與企業經營績效的關係

我們常常可以看到，企業為節約成本時，首選就將培訓費用刪減。有些管理者就認為，公司可以通過少安排員工培訓而節省一筆開支，同時還可以把用來培訓的時間用在工作上，為企業創造利潤；培訓對公司來說是浪費金錢，得利的只是員工。因此，不是萬不得已，培訓是能少則少。

但是，管理者沒有想到，員工因為培訓不足，導致工作不熟練、經常犯錯誤，這會給公司造成更大的損失。這些都將直接增加公司的成本，迫使公司付出更多的金錢，如果情況繼續下去，企業將為之付出更大的代價，甚至危及公司的生存，阻礙公司的發展。

作為培訓主管，有責任向老闆強調培訓成本與企業經營績效的重大關係。

公司每年將為此付出更多的「學費」，遠遠超過每年的培訓預算，而且將年復一年的付出，直到企業管理層最終醒悟，進而重視培訓和學習。否則，因為企業發展與時代脫節而缺乏競爭力，最後終將被殘酷的市場淘汰出局。

‧將個人培訓需求與企業發展緊密相連

為了杜絕員工不想去的培訓非得去，提高培訓的有效性，培訓主管要把培訓需求分析工作做實做好。在做培訓需求分析時，要注意個人培訓需求，要將個人需求與企業發展聯繫在一起考慮。只要是對企業發展有益的培訓就應該給予滿足。

‧設法讓經營者親身體驗一下培訓

如果你想讓老闆更好地瞭解培訓，最好的方法莫過於讓他參加一次培訓，親身感受一下。

很多企業的培訓管理者都說，老闆參加培訓後，對培訓的興趣馬上濃厚起來。老闆不僅對培訓有了更深的瞭解和認識，而且還可以給培訓管理者提供很多寶貴的意見。如果有可能的話，還可以請老闆當一回培訓師，為員工親自授課。這樣一來，老闆的參與興致提高了，對培訓自然就重視起來了。

二、要與各部門協調溝通

1.讓部門經理知道培訓是部門的工作之一

在很多企業，培訓就單純是培訓部門的事情，與其他部門不相干，其他部門對培訓的協調與配合工作就做得很差。

培訓人員經常會跟部門經理因為培訓問題產生摩擦。因為培訓的都是部門經理的手下員工，部門經理不支援，很多事情都不好辦，培訓部門也奈何不了他們。

少了經理的配合與支援，培訓工作的開展就非常艱難，取得的效果也可想而知。老闆一時怪罪下來，又多半都是怨培訓人員工作不得力。培訓人員真是有苦說不出。

培訓主管要想在企業內營造濃厚的培訓文化氣氛，就必須取得

各個部門經理的大力支持。

　　培訓主管要獲得各部門經理的支援，並不是採取向他們說好話的手段，而是要澄清他們長久以來的錯誤觀念：培訓是培訓部、人力資源的事，與他們無關。要讓他們清楚地認識到培訓是他們的工作。有三點理由可以說服部門經理：

　　⑴一個再好的培訓人員也沒有足夠的經驗和能力去判斷公司所有僱員到底缺少什麼，或者需要接受什麼樣的培訓，這些資訊必須來源於直線部門經理。

　　⑵在職培訓會佔用工作時間，只有部門經理才知道安排員工什麼時候去參加培訓是最合適的。

　　⑶只有部門經理最有條件觀察員工受訓後的態度和行為，評估培訓的效果。

2.培訓部門經理可採用的方法

　　如果部門經理能分擔培訓的工作，對培訓人員來說當然是最好不過的事情。但很多培訓人員都擔心，部門經理會不願意承擔這個責任，畢竟他們長期以來的思維定勢就是，培訓是培訓部門的事情。當然，要想打破這種思維定勢，不是件容易的事情，有時候要採用一些強制性措施。培訓主管可以試著用下面兩個方法。

(1)將培訓工作寫進部門經理的工作職責裏

　　這一方法的實施，不能單靠培訓人員的力量，必須尋求上司的支持。

　　要說服高層領導支持培訓，把培訓工作作為部門經理的一項本職工作正式確定下來，寫進工作職責裏，這樣，部門經理就無法推卸責任了。

表 4-1　培訓工作指南

培訓人員承擔的責任	部門經理承擔的責任
負責向部門經理提供一套甄別員工培訓需求的方法。	在職輔導員工，協助提升部屬的工作能力提升。
根據培訓需求，確定培訓課程。	通過績效溝通，結合員工崗位能力要求來判斷部屬能力的優缺點，並協助擬訂培訓或學習計劃。
負責培訓課程的實施。	將本部門員工的培訓需求準確地傳遞給培訓部門。
提供一套方法評估培訓的效果。	協助培訓部門跟蹤部屬培訓後的效果與調整業績改進計劃。

　　需要注意的是，培訓工作人員在和部門經理打交道的時候，會因為職責不明確而發生矛盾，所以，之前就要做好防範工作。

　　不妨花點心思做一本製作精良的小冊子，上面明確地標明在培訓工作中，培訓人員要做什麼事情以及部門經理要做什麼事情。把這本小冊子送到每個經理手中，當他們不清楚的時候，可以隨時查閱，這樣就不會發生糾紛了。

　　(2)把培訓工作成效作為部門經理績效考核內容之一

　　通過這個方法，培訓工作不僅成了經理們所要承擔的職責，而且還與他們的績效掛鉤，直接影響著他們的晉升、調薪等。將促使他們更加重視培訓工作，把培訓作為一件大事來抓，在部門內形成一種重視培訓的氣氛。

三、要贏得受培訓員工的配合

　　員工是企業的主體，培訓工作想要在企業內部真正落地生根，就必須有良好的基礎，必須贏得廣大員工的積極參與和支持。

　　員工普遍對培訓持支持和歡迎態度，畢竟他們是培訓的直接受益者。他們經過培訓後工作能力得到提高，可以更輕鬆地勝任目前的工作，並為獲得更高職位奠定了基礎。但也不排除員工對培訓持反感和排斥態度，究其原因，主要有以下幾點：

1. 過多佔用休息時間

　　很多企業為了不耽誤正常工作，將培訓多安排在員工的休息時間進行。由於佔用了太多的私人時間，激起了員工的反對情緒。

2. 培訓不是員工所需要的

　　經常可以在培訓課室聽到有學員抱怨來錯了地方，白白浪費了時間。這種應該來的沒來，不該來的卻來了的情況在企業培訓中時有發生，造成了培訓資源的極大浪費，也導致員工產生強烈的不滿情緒。

　　在經歷了一次次索然無味的培訓之後，很多員工對培訓提不起興趣，勉強參加了只是走過場，真正能有所提高的非常少。

3. 培訓方式沉悶乏味

　　很多企業的培訓方式還僅局限於授課一種方法。沉悶的講課方式、乏味的培訓內容，激發不了員工的學習熱情。他們對這種培訓十分排斥，認為完全是浪費時間。

4. 缺乏激勵機制

　　學習是一件艱苦枯燥的事情，員工是需要得到鼓勵和肯定的。但很多企業忽視了這一點。培訓不是簡單的教員和學員之間教與學那麼簡單，作為培訓管理者，有必要建立一種鼓勵人、激發人學習興趣，以獲得更好的培訓效果。

表 4-2　培訓部門如何獲得員工配合的方法

員工對培訓的抱怨	對　策
1.過多佔用休息時間	如果要員工無後顧之憂,精神飽滿地進入培訓教室,就要以尊重員工私生活、休閒生活的原則來開始培訓。
2.培訓不是員工所需的	我們要結合個人職業發展規劃與組織目標,確定給員工們最需要的培訓。
3.培訓方式沉悶乏味	根據培訓內容,引入靈活多樣的培訓方式,如角色扮演、情景模擬、沙盤演練等,以能更好的闡明講課內容和調動員工的度為選擇標準。
4.培訓後缺乏實踐機會	為員工創造將知識轉化為生產力的機會。如果培訓的內容在實際工作中還不能派上用場,可以暫時不考慮開展此類培訓,避免造成培訓資源浪費。
5.缺乏獎勵機制	可以利用企業內刊宣傳培訓的需要性,給培訓學員頒發證書,激發積極性;組織員工討論心得體會,受訓員工擔當講師,檢驗其培訓效果。

四、讓培訓成為各單位經理的工作項目之一

1.明確部門經理的培訓職能

如果培訓職能未被納入部門經理的工作職能範疇,則部門經理就會抱著一種幫忙或者是不情願的態度對待培訓實施工作,甚至在有些組織中出現推諉、拒絕的現象。為提高部門經理對培訓的正確認識程度和確保培訓實施。人力資源管理的主管可以將部門經理的培訓職能寫入工作職責。

部門經理的培訓職能主要體現在以下方面:

(1)配合組織的整體培訓戰略:

(2)明確部門的培訓需求和目標:

⑶明確部門培訓的計劃日程：

⑷明確部門培訓採用的形式；

⑸明確部門培訓的方法；

⑹參與或組織培訓的項目實施：

⑺做好培訓具體執行者的管理；

⑻控制、轉化、加強部門培訓的效果；

⑼配合組織整體培訓資訊系統的溝通；

⑽合理運用部門的培訓資源。

　　企業可以根據實際情況，增添或刪減這些職能，將其寫入部門經理的工作職責當中。

2.部門經理對員工培訓的具體作用

　　部門經理承擔一定的培訓職能，對培訓部門工作有以下作用：

(1)為新員工提供入職指導

　　當部門進了一個新員工時，部門經理可以領著新員工去認識組織中的每一個成員，並及時給新員工做上崗前的必備業務培訓。經理要和新員工共同討論工作內容、試用期工作目標、講解考核的方法。同時還可以給新員工配一名「師傅」，負責提供日常公司制度、工作方法與流程方面的培訓。當然，師傅也可以由部門經理親自擔任。為了新員工能得到有效地實施指導，人力資源部可以幫助制訂一個詳細的行動檢查表，同時確定沒有達標時相應人員的責任。

(2)組織部門內的輔導和交流

　　部門內的培訓可以是多種多樣的，部門內的輔導和交流就是一種重要的培訓形式，它在促使員工學習、留住員工方面能起到很好的效果。在輔導和交流的過程，員工們不但能將有用的經驗學到手，同時還能增加彼此間的友情。有些大公司的部門在這方面就做得很不錯。

例如：一個企業的客戶服務中心，有幾十名技術支援工程師，在小型機、大型機、工業機、伺服器、網路、硬體設備等技術方面，每人各有專長。出差是他們的家常便飯，但每次出差回來，部門經理都要求他們寫出詳細的出差報告，將工作中遇到的問題、自己的解決方案、心得體會拿出來，在部門內部交流。工作不忙的間隙，則組織內部研討會，並鼓勵員工自學最新的技術，鼓勵毛遂自薦擔任內部講師。部門經理要求每個人都有記筆記的習慣，把問題隨時記錄下來，在內部徵集答案。

如果企業各部門都形成了這樣的習慣，那就能將部門常見的問題進行歸納總結，並且在大家的幫助下得到很好的解決。這對員工自己和部門都是一筆很大的財富，這些記錄下來的資料還可以作為新員工的學習材料，他們將少走許多彎路。部門經理還可以對自學通過認證考試的員工，以及主動傳授技術、技能、經驗的員工，給予特別的獎勵。一旦所有的員工都積極參與、形成了大家相互分享經驗的傳統時，無疑就形成了一個有凝聚力的學習型團隊。這樣的團隊部門，部門經理帶領一定能省很多事，還能將部門工作做得井井有條。

⑶分析員工的培訓需求，鼓勵員工培訓

培訓的目的是改善工作績效，一個部門工作績效的高低與培訓是密切相關的。作為部門經理，首先自己要積極參加培訓，與此同時就是幫助員工，讓其也從培訓中受益。

在培訓之前，都要做培訓需求分析，但是人力資源部不可能瞭解到每一個人，也不可能對每一個人都做到細緻地個別分析。他們只能從比較大的範圍去分析，能做這件事情具體到個人身上的，只有部門經理。因此，部門經理應該根據員工的工作績效，分析其培訓需要，必須找出影響其績效的具體原因，並決定是否能通過培訓

或其他措施來解決問題。一旦確定，能通過培訓來解決問題，就應馬上予以內部輔導或者讓培訓部門安排適當的培訓。不能等到培訓部門收集培訓需求資訊時，才匆忙讓員工自己判斷是否需要培訓。

並且，員工參加培訓之前，部門經理應和員工進行有效的溝通，鼓勵他認真接受培訓。同時，幫助其確認這次培訓與個人能力發展及工作改善之間的聯繫，明確培訓目的和培訓目標，以避免員工盲目參加培訓。雖然你給他找出了培訓的需求，但如果他不明確，培訓對他就缺乏針對性，培訓效果也將大打折扣。甚至，部門經理還可以讓他列出工作遇到的實際問題，以便在培訓中或培訓後思考並尋求解決方案。員工培訓效果的好壞，和部門經理對其所做相關工作也是大有關係的，將培訓效果好壞的原因簡單地歸納在培訓部門與員工自己身上的部門經理是不負責任的。

(4)讓培訓效果持久

培訓效果如何，在工作中就會直接體現出來。部門經理是培訓效果的評價者，但是，部門經理不能僅僅作為培訓效果的評價者，還應成為培訓效果的保障者。

很多時候，即使講師準備充分，講課內容充實，課堂效果良好，但習慣的力量常使學員一回辦公室就舊習復發。有研究表明，培訓後 16 個星期內必須開展四五次輔導，否則培訓效果會「縮水」80%。誰來進行輔導？除了專職輔導的「師傅」以外，部門經理責無旁貸。同時部門經理還應該將員工培訓後的工作狀況、績效影響怎樣，及時向人力資源部或培訓部門提供反饋意見。

俗話說：「有什麼樣的師傅就有什麼樣的徒弟」，部門經理就是部門所有員工的師傅。因此，部門經理擔負著「傳道、授業、解惑」的職能，同時還應該擔負著時刻提醒的任務。員工在培訓之後，如何充分發揮培訓的效果，部門經理要與員工進行溝通，並且應採取

一些相應的措施。

比如：在下屬參加完外部的銷售培訓之後，部門經理結合自己的經驗和銷售案例，與下屬一起分析那些方面可以學習別人的方法，那些方面需要自身創新，共同制定了詳細的行動計劃，並定期評估和督促下屬改進。員工的銷售業績表明，這種培訓後的跟蹤輔導，對他的業務提高確實發揮了很大作用。這種作用是外部講師無法具有的。優秀的部門經理應該是一名教練，知道怎樣讓員工將培訓的效果發揮到極致，並且能長時間的保持下去。

(5)培養繼任者

現代的企業都非常重視人才，眾多的企業也制定了人才戰略，有的公司更是規定，任何經理在沒有培養出合格的繼任者之前，是不能升遷的。同時，有的人也將成功經理定義為：具有最大限度地培養和利用下屬的能力。部門經理從自己部門之中挑選出一個接班儲備人來培養，也是在給公司生產人才，如果能生產更多，那也可以證明部門經理的確是領導有方。

企業不妨也借鑑這種方式，讓部門經理在沒有培訓出接班人以前不能升遷、調職。一些人才流動頻繁的行業已經開始採取這樣的措施了。在 IT 行業可以說是人員流動最頻繁的行業，有的公司實行了「副手制」或「接班人計劃」。部門經理要選出具有培養潛力的後備人才，給予更多的展示機會，代替自己行使部份權力，並在職業生涯規劃、管理技能提升方面給予特別輔導，同時定期給予評估。這樣的措施既能讓公司受益，同時也能鍛鍊部門經理更為全面的能力。

五、讓培訓成為員工成長的途徑

為什麼一流人才都願意去「成長環境」良好的外資企業？一個有潛力的人才，如果去了培訓文化十分健全的外資企業，他能逐漸將自己的潛力發揮出來，相反，如果到了一般的企業，潛力也許就從此埋沒。培訓文化，就是要讓培訓成為員工成長的途徑。

1. 用培訓支撐員工的職業生涯

企業給員工進行職業生涯規劃一般分為三步：

⑴幫助企業對員工進行職業心理測評，瞭解員工的能力、個性、興趣、動力和個人發展願望，一方面是企業深入瞭解員工，另一方面也幫助員工進一步瞭解自己。

⑵根據員工個人特徵，將個人發展願望和企業的發展方向相結合。

⑶要對企業管理者進行輔導，幫助他們掌握對員工進行職業規劃的技巧。同時，完善企業的崗位說明書、績效考核體系、輪崗制度等一系列政策，作為職業規劃體系的支持。

職業生涯少不了一級一級的上升，這些上升往往需要更多、更高的能力。這些能力的獲得，往往和培訓是分不開的，因此，培訓可以成為企業員工實現職業生涯規劃的強有力的支撐，同時也應該成為這樣的支撐。

2. 用培訓為員工排除工作的障礙

不管是什麼企業，面臨的市場競爭都越來越激烈。為了保持企業利潤的增長，企業肯定會讓員工竭盡所能。當然，對員工的要求也會越來越高，工作的困難與障礙也會增多。

排除工作障礙，員工可以有很多種方式，比如：自學、請教等

等。培訓，也是員工排除障礙的主要方式之一，並且有些障礙必須通過培訓才能克服。比如，銷售人員銷售技能的提高，如果企業本身沒有很高水準的銷售人員來給其他人員指導，那就只能聘請外部高手來培訓了。又比如，新技術的引進，新流水生產線的投入，往往都必須得進行相應的培訓，沒有這些培訓，工作中的障礙可以說是企業自身無法克服的。

　　培訓如果確實能為員工解決工作的實際問題，自然會對培訓的態度朝著良性的方向發展，也必然會自覺地擁護、參加培訓。

　　知識的一個重要特徵就是：兩個人的知識相互分享之後，各自的知識不會減少反而會增多。它與其他物質的東西不一樣，不會像兩個蘋果給你吃了一個我就會少吃一個一樣。因此，培訓主管應該做一件事情，那就是讓經過培訓的員工都將自己的心得貢獻出來，讓企業所有的員工來交流、分享。

六、(附錄)公司的新員工培訓計劃

1.內容

　　新入員工的教育中分成兩部份：基本入門教育和職能培訓(On the Job Training,OJT)。前者又包括職員的一般職業精神教育、本公司的企業文化、半導體的生產流程、企業內部的管理介紹(各部份大致內容見表 4-3)，這部份主要由教官、部門經理、主管來教育，總共時間為四週(各部份教育內容比例如圖 4-3)(每週課程示例如表 4-4)，基本入門教育之後進行部門的分配。後者主要是生產線上的實習，授課與實地講解相結合，以達到最好效果，時間分配為兩週。教育一週為 6 天半，每週六進行培訓效果評估。每日時間安排如表 4-5。

表 4-3　基本入門教育各部份包括內容

部　　　分	內　　　容
一般職業精神教育	冰釋遊戲(旨在促使學員間更快瞭解)、職業禮節教育、科學的思維方法訓練、演講(我的人生)、thank you-note(感謝條)、變化從我做起(錄影)、團隊精神的培養、交流能力訓練、環保觀念培養、做親切reprot、標準化概念教育、如何寫報告、正確的職業觀教育、職業規劃等
企業文化教　　育	我們之歌、體操、挑戰改革史(錄影)、企業文化(錄影)、企業宗旨、體育活動、韓國文化(錄影)、盲人引導犬(遊戲，旨在培養學員的愛心)、地雷陣遊戲(組織協調訓練)；組織開發調練——MAT(忍耐力訓練)、報恩之信(培養知恩之情)、工作的樂趣等
半導體的生產流程教育	半導體概述、半導體專業用語(中英文)、組裝工程概要，檢測工程概要、公司產品介紹、任務與技術等
企業內部的管理介紹	防靜電、清潔度生活、安全保安規則、遵守公司基礎、清潔工作、ISO9000系列品質體系教育、全面品質管制介紹、品質控制方案運用、6δ品質控制介紹、公司人事制度、企業內部集成化製造自動與執行系統介紹、集團全球統一方針和執行過程參考介紹、生產期間管理、統計過程控制、品質經營遊戲(強調成本與品質概念)、類比經營遊戲(目的如上)等

圖 4-3　各部份教育內容比例

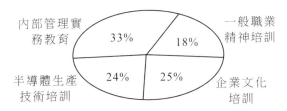

表 4-4　一週課程安排示例

	週一	週二	週三	週四	週五	週六
8:00～8:30	教育準備					
8:30～12:00	變化從我做起	環境安全	職業禮節	6δ 公司人事制度	生產期間管理 TQC全面品質管制	集團全球統一方針和執行過程參考
12:00～13:00	午餐休息					
13:00～17:00	公司主題歌	檢查概要 清潔度生活	遵守公司基礎	REPORT 廠內參觀	內部清潔準則 標準化概念	
17:00～17:30	教育整理					

表 4-5　每日教育時間安排

各項內容	入門教育	OJT教育
晨　練	6:00	—
早　餐	6:00～7:00	6:00～7:00
每天報到時間	7:45之前	7:45之前
上午課程時間	8:30～12:00	8:30～11:30
午　餐	12:00～13:00	11:30～12:30
下午課程時間	13:00～17:00	12:30～17:00
寫受訓心得	17:00～17:30	17:00～17:30

2.參與人員

負責人：有一個培訓校長，負責計劃的編寫，各個階段任務的確定，分配以及定期的效果評價。再配一個教導員，負責日常的一部份的課程教育。

講師安排：一是教導員；二是各部門的經理以及主管，一般都

是在各個工程、部門經驗豐富，業務熟練的課長、主管，他們一般已經在公司工作 4～5 年了，而且生活的閱歷很豐富。而在 OJT 教育中，一般是在工程現場很有經驗的職工和維修工，年齡和新員工相仿，又易於交流；三是從本地高校外聘的講師講正確職業觀。

※案例　缺乏對培訓與發展的整體性管理

　　WK 公司原來是一家設備簡陋的小化工公司，可現在已經發展成一家設備先進的跨國公司。WK 公司的成就應部份歸功於公司的培訓項目激發了員工的積極性，促進了公司的發展。羅薇在公司統計室擔任統計員已有 9 年了。她的理想是擔任公司財務處的會計，她利用業餘時間攻讀財會專業取得了學士學位，公司支付了全部的費用，但是沒有安排她當會計、提升她，培訓前後沒有什麼變化，至今也沒人過問她的事，這讓羅薇感到學不致用，因此她提出了辭職。

　　羅薇的辭職對公司的損失很大，可問題究竟出在那裏呢？原因就在於 WK 公司各分公司自己決定培訓計劃，公司很難有一套系統的總體培訓計劃，培訓計劃不是根據組織、人力資源、個人三方面需要來制定，沒有考慮培訓與員工職業發展的聯繫，使得培訓與發展相互脫離、各行其是。

　　麥當勞的培訓便是與員工職業發展緊密聯繫在一起的。在麥當勞，培訓一般的服務生是在店堂裏，透過學習麥當勞手冊和現場觀摩實習實現的。如果要升遷店長，則必須進入當地或區域的培訓中心學習，管理培訓就成為主要內容。積累經驗後，如果有

可能升為地區經理，則要進入全國性的培訓中心學習。而要成為大區經理，則要到美國麥當勞總部去培訓學習。在逐級提升的每一次培訓中，員工或管理人員素質也隨著工作內容和要求的變動而變動，實現職業要求與學習交流的相互推動。

越是有發展前途或對公司重要的人才，就越會得到不斷提升的培訓，培訓後，他的知識經驗和工作能力的提升給公司創造了價值；同時，他個人也看到了更好的職業發展前景和收益，離職的可能性就會降低。公司培訓的成本就不會變成「為他人做嫁衣」。

培訓工作的最終目的是為企業的戰略服務，要與員工個人職業生涯發展相結合，實現員工素質與企業戰略的匹配。將員工個人發展納入企業發展的軌道，讓員工在服務企業、推動企業戰略目標實現的同時，也能按照明確的職業發展目標，透過參加相應層次的培訓，實現個人的發展，獲取個人成就。另外，激烈的人才市場競爭也使員工認識到，不斷提高自己的技能和能力才是其在社會中立足的根本。有效的培訓需求分析體系應當肯定這一需要的正當性，並給予合理的引導。

企業必須將員工培訓放在企業發展的戰略地位上，加大培訓資金投入的力度，充分評估培訓實施的效果，最大化發揮培訓在員工發展、職業計劃上的作用。員工透過培訓，學習和掌握新的知識和技能，提高個人的管理水準，有利於個人職業的發展。作為企業運營的重要組成部份，員工培訓也會是激發員工工作積極性、改變員工觀念、提高企業對員工凝聚力的一個重要途徑。因此，有效的員工培訓會使員工和企業共同受益，促進員工和企業共同發展。

第 5 章

如何建立完善的培訓制度

一、建立企業培訓文化

企業培訓文化是企業文化的一個重要組成部份，沒有培訓文化的企業文化不是真正的企業文化。一個企業有什麼樣的培訓就有什麼樣的員工，而員工的素質直接影響到企業的興衰存亡。

每個企業都希望自己的員工是傑出的人才，但怎樣才能培養出這樣的人才呢？有什麼樣的土壤就會生長與之相應的作物，同理，公司的培訓文化就決定了員工的質量。努力為員工營造一個科學、適應、良好的培訓文化，是造就有競爭力人才的最佳途徑。

培訓文化是企業發展到一定程度的必然產物，也是企業文化的重要組成部份。培訓文化具有以下作用：

(1)培訓在企業的重要地位

一個企業如果不重視培訓，是不可能建立起培訓文化的。只有企業重視，並積極地去建設培訓文化，才有可能使培訓文化迅速建立起來。一個有完整培訓文化的企業，表明培訓在這個企業是有著重要地位的。

衡量培訓工作培訓文化包含了諸多內容，其中當然也有培訓政策、制度，培訓評估方案、考核標準等等。因此企業的某某培訓是否做得合格，就可以用企業的培訓文化來衡量。如果培訓文化是將員工訓練成有創造性思維的人才，但引進的培訓卻對實現這一目標沒有幫助，因此這樣的培訓是不合格的。

(2)檢驗培訓發展水準

培訓文化與企業文化緊密相系，融為一體，依據企業的戰略目標而營造。企業現時的培訓體系是否足夠完善？單個培訓的水準是否達到要求？有關培訓的一切，都可以用培訓文化來作為核對總和衡量的標準。

(3)明確培訓的管理目標、戰略、組織和職責

培訓文化一旦形成，就能確定與培訓相關的一些事務。新員工要進行什麼樣的培訓，員工晉級要有什麼樣的培訓，每個崗位要有什麼樣的培訓等等。同樣，培訓者的職責，培訓要給企業帶來什麼等戰略性問題一樣也明確下來。

(4)配合建設企業文化

培訓文化是企業文化的一部份。企業文化有許多內容需要培訓來傳播、加強。比如，企業的價值觀不可能和每個人的價值觀都一樣。怎樣才能讓員工接受、認同企業的價值觀，並逐漸和企業價值觀一致呢？當然需要培訓的大力支持。沒有培訓，企業文化是很難形成的。

(5)及時的企業診斷和問題解決

企業的培訓文化實際上可以在企業中形成這樣一種集體性的習慣：當企業在運營中出現某種問題並影響到企業目前及長遠利益的時候，管理者和員工們會主動積極地去尋求問題的實質以及解決的辦法。

　　促成資訊交流，資源分享培訓文化形成之後，員工可以最大化地享用相關的培訓資源。培訓文化的形成對於企業來說，培訓就不僅是專門組織的一場「培訓課程」了。無論何時何地，只要是工作，企業中上司就負有隨時「培訓」下屬的責任，同事之間也有必要的資訊交流，資源分享的責任。這體現了團隊精神，也體現了培訓文化。

　　(6)將員工需求和企業需求緊密結合起來

　　培訓部門的一個重要作用或職責就是要對員工進行職業生涯規劃。根據員工的不同特點來設計他的職業道路，當然，員工的職業生涯設計不可能隨心所欲的設計，而是要以企業需求為前提來進行。只有用好了培訓，才能激勵員工自動滿足企業需求，在此基礎之上再來考慮自身的需求，這樣企業就能得到最大利益。

二、培訓文化的戰略作法

　　培訓是企業事務當中重要的組成部份，但必須要服從企業的整體戰略與安排，做好局部與整體的協調、配合。只有將培訓置於企業環境來考慮，才不會有以偏概全之錯誤發生。要處理好培訓與企業之間的關係，也就是要處理好局部與整體的關係，處理局部事務也應該從整體的角度出發。因此，在強調培訓工作重要的同時，更重要的是讓培訓為企業服務，讓培訓工作服從企業大局。

　　(1)培訓目標為企業目標而服務

　　不管培訓主管是什麼角色，無論是培訓實施者還是戰略促進者，都必須使培訓目標與企業目標一致。如果不一致，則應進行調整。那麼怎樣才能保障這種目標的一致性呢？

　　首先要瞭解企業目標。一般說來，可以將企業目標分為三個階

段，即短期目標、中期目標、長期目標。要全面對這幾個階段的目標進行瞭解，並以它為響導對培訓目標進行制定、修正。

　　同時，也應將培訓目標分為與之對應的三個層次的目標：培訓短期目標、培訓中期目標、培訓長期目標。換句話說，就是讓培訓的各階段目標成為企業相應階段目標的一部份。只有這樣，才能保證培訓目標和企業目標始終一致。如果培訓目標和企業目標相反，培訓越有效果反而對企業越不利。

(2)培訓戰略為企業服務

　　企業戰略是為企業目標服務的，它的意義只有一個，那就是：保障企業目標的實現。不管企業戰略制定得多麼完美，只有執行到位了，才能將企業的目標變成現實。執行這些戰略的只能是相關的優秀人才，才能將其完成得很好。正是因為如此，「人才」戰略又是企業戰略的重要組成部份。「巧婦難為無米之炊」，沒有合適的人才，企業的戰略實施是無從談起的。培訓戰略就應該為企業戰略服務，企業需要什麼樣的人才就培養什麼樣的人才。企業在那個環節比較薄弱，就培訓那個環節。

　　如果一個企業決定採取全面更新僱員的組織戰略，要把現有的老員工逐步裁減。那擬定培訓戰略就應該不對這些即將裁減的員工進行培訓，而應該將培訓經費用於新僱傭的員工。如果還是對即將裁減的員工進行培訓，等到新進員工需要培訓時又沒有足夠的經費，那就只有額外增加企業費用。或者對新員工不進行相關培訓，讓他們在自己的崗位上自己去摸索，這樣的成本則會更大，比起增加培訓費用還更得不償失。

(3)培訓工作為企業各部門服務

　　當企業培訓文化發展比較成熟，培訓主管充當戰略促進者的時候，培訓具體實施工作職責主要由部門經理承擔，而培訓管理者主

要扮演指導和支援者的角色。在這種情況下,培訓管理者的主要工作就是提供資訊、資源、培訓方向、方法的指導。培訓計劃一般由各部門經理提出,在計劃中明確需要的資源和需要支援的項目,而這時,培訓管理者最重要的就是考慮如何合理有效的分配資源和提供及時的高質量的支援。企業的每個部門都有著不同的工作,培訓為它們服務,讓其提高各自的效率,也就相當於培訓對企業有了貢獻。

三、培訓文化的三階段發展

培訓文化的建立是多層面的,不是培訓部門能夠獨自完成的,它受到來自企業內部各方面因素的制約和影響。

(1)萌芽階段
萌芽階段的具體特徵如下:
· 培訓工作只是培訓實施者的職責。
· 培訓工作沒有計劃性,且缺乏堅持。
· 培訓管理沒有明確的目標和責任。
· 培訓結束後便無人問津。
· 培訓內容單調,多為知識和技術性的內容。
· 培訓形式死板,很少激發起參與者的興趣。
· 培訓活動與商業目標沒有明確的關係。
· 沒有人關注員工的培訓需求。
· 無人關心管理者現有素質能否勝任目前工作。
· 培訓資源投入低,甚至於還沒有招聘新員工的投入高。

在萌芽階段,培訓部門屬於人力資源部門的一個組成部份,它與各部門的溝通要通過人力資源主管來完成。此時以「企業需求先

導」為原則，培訓管理師達不到「引導培訓」或「創造需求」的境界，他們只是扮演著實施者的角色，主要負責培訓工作的企業與實施。

(2)發展階段

發展階段的具體特徵如下：

· 培訓成為人力資源與銷售活動的重要職責。

· 培訓工作有計劃性，並強調培訓的系統性。

· 培訓被視為勝任工作的重要途徑。

· 培訓內容已形成知識、技能、態度三位一體的結合。

· 培訓形式靈活多樣，給受訓者以更多的參與機會。

· 重視培訓資訊的收集與整理。

· 強調培訓需求的確認。

· 對培訓效果進行評估。

· 配合人力資源規劃的需要。

· 有更多的培訓資源可以利用。

· 有明確的培訓管理職責和目標。

· 多數人有機會參加在職或脫產培訓。

在發展階段，培訓管理師既是企業戰略促進者又是培訓實施者。此時可考慮單獨設立培訓部門，使其不受相關部門的層級限制，更好發揮企業戰略促進者的作用，強有力地推動企業中培訓文化的發展，還能更多地爭取到各部門經理人員和決策層的支持。

(3)成熟階段

成熟階段的具體特徵如下：

· 將培訓與企業目標和企業戰略相結合。

· 培訓不再只是培訓工作者的職責，也成為部門經理的重要職責。

- 培訓被視為企業與個人發展的有效途徑。
- 培訓戰略得以體現並能夠不斷調整。
- 受訓者有選擇培訓內容、形式、時間、地點的自由。
- 培訓計劃更加強調系統性和成長性。
- 完備的培訓資訊系統得以建立並良性運行。
- 更進一步強調對培訓需求的滿足和對培訓效果的評估。

　　在成熟階段，培訓管理師是戰略促進者的角色，實施者的職能則由各部門獨立有效地執行。此時培訓部門不僅獨立於人力資源部門以外，而且對人力資源部門也有一定影響力。培訓部門除具有培訓硬體設備、大量資訊資源和兼職教師、顧問的掌控權外，還專門配有課程開發人員，為各部門開發備選課程，從而確保實現「超前培訓、供應領先」的目的。培訓管理師對各部門的培訓具有統籌、控制和引導的作用，在召開培訓工作會議時，除各部門經理外，公司決策層也會出席，這樣才能使培訓工作與整個企業及所屬各單位在目標、戰略和計劃上達成共識和行動一致。

四、各項培訓制度

　　對於建立培訓體系而言，那些制度是必需的呢？一般說來，基礎的培訓制度應該包括：培訓保證制度、工作崗前職前培訓制度、培訓服務制度、培訓考核評估制度、培訓質量跟蹤制度和培訓檔案管理制度等。

1. 培訓保證制度
(1)培訓計劃制度
　　培訓必須要有計劃地進行，根據企業的發展目標與計劃來制訂。可以對應公司的長期、中期和短期發展戰略而制訂出相應的長

期、中期和短期的培訓計劃，並用專門人員定期檢查培訓計劃的實施情況，同時根據企業發展的需要和人員變動情況適時調整培訓計劃。每一次的培訓也應該有詳細的計劃，培訓計劃應該成為培訓的嚮導。

(2)培訓獎懲制度

培訓獎懲制度就是將培訓結果與獎懲掛鉤，把是否接受培訓以及受訓學習的好壞作為晉級、晉職、提薪的重要依據。考核不只是對員工進行，對培訓工作的主管部門及執行部門也要進行考核，培訓工作的好壞就是評價其工作實績的重要依據。培訓考核制度有了之後，就要堅決執行，對達不到規定培訓要求的受訓者給予一定的行政降級或處罰，對情節嚴重的予以辭退開除。

(3)培訓資源制度

沒有培訓資源，再好的培訓計劃也不可能實施。培訓經費、培訓場地和培訓時間等培訓資源都需要提前預先準備好，比如：要對員工的人均培訓經費、培訓經費佔公司全部支出的比例都要做出明確的規定。同樣，員工的培訓時間也得有具體、明確的規定，根據員工崗位特點、工作性質和要求的不同，制定不同的培訓時間標準。培訓講師是最重要的培訓資源，對於內部培訓講師和外部培訓師都要有明確的任職資格要求。

2.職前培訓制度

職前培訓制度就是規定員工上崗之前和任職之前必須要經過全面的培訓，沒有經過培訓的員工不得上崗和任職。每一個員工上崗和任職前都應該得到崗前培訓，這關係到員工進入工作狀態的快慢和對自己工作的真正理解以及對自我目標的設定。現代企業已經普遍採取這種做法，它是企業的需要，也是每個走上新崗位的員工切身利益的需要，其效果十分顯著，對於增加員工對企業和崗位的認

同度，提高企業員工素質，乃至企業文化的培育都具有重要意義。崗前培訓制度主要針對的對象是：

⑴進入企業的新員工。

⑵需要調整崗位的員工。

⑶與企業要引進的新技術、新產品工作相關的人員。

⑷即將升職的員工。

⑸即將降職使用的員工。

3.培訓服務合約制度

對於一些投入較大的培訓項目，特別是對需要一段時間的離職培訓來說，企業不僅投入費用讓員工參加培訓，還要提供給學員工資等待遇，同時，企業要喪失因為員工離職不能正常工作的機會成本，一旦參加培訓的員工學成後跳槽，企業投入價值尚未收回，豈不是得不償失。為防範這種問題的出現，就必須建立制度進行約束，培訓服務制度因此產生並被廣泛運用。

培訓服務制度基本由兩個部份組成，其一是培訓服務制度條款，其二是培訓服務協議條款。

(1)培訓服務制度條款主要明確的內容

・ 員工正式參加培訓前要根據個人和企業需要向培訓管理部門或部門經理提出申請。

・ 在培訓申請被批准後要履行培訓服務協定簽訂手續。

・ 培訓服務協議簽訂後方可參加培訓。

(2)培訓服務協定條款主要明確的內容

・ 參加培訓的時間、地點、費用和形式等。

・ 參加申請人。

・ 參加培訓的項目和目的。

・ 參加培訓後應達到的技術或能力水準。

· 參加培訓後要在企業服務的時間和崗位。

· 參加培訓後如果出現違約的補償。

· 部門主管人員的意見。

· 參加人與培訓批准人的有效法律簽署。

　　培訓服務制度是培訓管理的首要制度,雖然不同企業有關這方面的規定不盡相同,但目的都是相同的,只要是符合企業和員工的利益並符合法律法規的有關規定,就應該得到重視。

4.培訓考核評估制度

　　評估作為培訓發展循環的中心環節已經是業內的共識,但從培訓模式中各環節體現的培訓評估目的多數都是為提高培訓管理水準,同時也有對參加培訓人員的培訓效果的評估,而對參加培訓人員的學習態度、培訓參加情況則關注得少一些。

　　設立培訓考核評估制度的目的即是檢驗培訓的最終效果,同時為培訓獎懲制度的確立提供依據,也是規範培訓相關人員行為的重要途徑。培訓考核評估制度需要明確的內容有以下幾個方面:

· 被考核評估的對象。

· 考核評估的執行企業(培訓管理者或部門經理)。

· 考核的項目範圍。

· 考核的標準區分。

· 考核的主要方式。

· 考核的評分標準。

· 考核結果的簽署確認。

· 考核結果的備案。

· 考核結果的證明(發放證書等)。

· 考核結果的使用(相關獎懲制度)。

　　現在的企業用得很多的一種考核方法是全視角績效考核法。工

作是多方面的，工作業績也是多維度的，不同個體對同一工作得出的印象是不相同的。該系統方法就是通過不同的考核者(上級主管、同事、下屬和顧客等)從不同的角度來考核，全方位、準確地考核員工的工作業績。

5.培訓檔案管理制度

培訓檔案管理也是重要的制度之一，它能讓培訓師瞭解培訓工作開展的各個環節及情況。培訓檔案詳細描述了以往培訓活動的相關資訊，這些資訊在許多方面具有參考價值。培訓記錄一般是按照公司要求進行記錄，所有的記錄就形成了培訓檔案。培訓檔案對於培訓管理的作用如下：

- · 對今後的培訓計劃有指導意義。
- · 可以提供員工成長的準確記錄。
- · 幫助確定今後培訓需求。
- · 為管理部門及各部門經理提供已完成培訓的總體情況，以及仍需完成的其他培訓。
- · 幫助跟蹤及控制公司培訓預算的有效使用。

五、建立完善的培訓制度

企業培訓制度的建立必須遵循一定的章法，這個章法就在企業的實際情況中去找尋。雖然企業的實際情況千差萬別，建立企業培訓制度至少應該遵循以下原則：

1.保證企業培訓正常進行

建立培訓制度的目的就是要使企業的培訓能順利進行，企業人才培養計劃可以順利開展。現代企業的競爭涉及諸多的因素，但歸根結底是企業人才的競爭，特別是科技型企業更是如此。企業沒有

人才,一切宏偉的計劃或遠大的目標都不能得以實施。健全的培訓制度,能從根本上保證企業的人才培訓不會脫節,企業人才輸送能及時到達。有的企業經營者也非常重視培訓,但由於沒有完善的培訓制度,培訓就沒有自己的目標,培訓的實施、員工的參與、培訓效果等各方面也問題不斷。培訓不能只靠培訓人員和員工的自覺性,必須用制度加以規範。

2.保證培訓資源

培訓的正常開展,離不開培訓資源的支持。其中,培訓資金和培訓師資是最關鍵的培訓資源,當然,其他諸如培訓設備、場地之類的資源也不能少。培訓資金的多少得看企業經營者對培訓的支持程度。但是,我們也不能說老闆支援就隨意向他要錢,必須有完善的培訓制度,每次培訓需要多少經費,能夠有多大的受益等問題的解決,都需要一定的程序。每年的培訓經費不是憑空要,而是應該根據科學的依據來決定。同樣,培訓講師的培訓內容也不是想當然的事情。都得有一定的目標和計劃,培訓制度就是這些得到保證的前提。高效的培訓制度在培訓資源的開發、利用、維持等各個環節都應該是非常明確。

3.有效激勵員工

人都有主觀能動性,怎樣儘量發揮人的主動性來為企業服務呢?方法之一就是用培訓制度給予激勵。人的需求是多方面的,被尊重和認可以及自我實現是高級需求,如果企業能滿足員工這些方面的需求,員工就會忠誠的為企業服務。因此,好的培訓制度可以將企業的培訓戰略和員工個人的職業發展、興趣愛好有機、緊密的結合起來,以到達滿足員工個人高層次需求,又能讓企業受益最大的目的。當然,激勵也應該同物質掛鈎,進行適當的物質獎勵,這些獎勵在制度上首先要得以保證。

4.嚴格約束員工

員工不但需要激勵，也需要約束。培訓制度應該和員工績效考核相結合，參加培訓的員工要達到一定的目標，否則就要受到相應的懲罰。員工的上崗、升職都必須進行相應的培訓，沒有培訓或者培訓不達標者不予上崗或升職。培訓了就應該取得應有的效果，否則培訓就是做無用功，白白浪費企業的資源。培訓有了約束，員工在一定程度上就能用心參與、積極運用！

六、企業培訓合約的制定

1.培訓合約的法律效力

培訓合約內容要遵守相關法律規章的規定。在現實生活中，培訓合約一般均由單位起草，如果不注意協議書具體約定的有關事項，導致合約無效，則企業應按照違反有關合約規定的賠償辦法的規定，承擔賠償工作者損失的責任。

(1)培訓期間的工作報酬問題。

在實際工作中，有些單位考慮到員工參加培訓要花費精力和時間，採取扣發部份薪資和獎金的做法。如果員工脫產學習，或者因為參加學習而不能或無法完成工作任務的，單位可以根據工作量和考核標準，適當調整薪資和獎金發放標準。由於現在許多 MBA 課程都在週末上課學習，如果員工參加學習培訓但並未脫產，且完成了單位核定的工作任務，符合單位的目標責任考核指標，扣發部份薪資獎金的做法就會失去根據。

(2)員工單方解約時培訓費的承擔問題。

由單位選送員工參加培訓進修，並由單位支付培訓的費用，是目前的通常做法。在操作上也可以先由員工支付相關費用，等培訓、

進修完畢後，再由單位據實報銷。為維護單位的利益，由單位支付的「培訓費」「交通費」「教材費」的範圍和標準，在培訓合約中要作明確約定。但在實際中，有些單位對所支付的款項用語不統一，採用「培訓費用」「補助金」「培訓補貼」等，有些事業單位甚至使用「安家費」和「科研啟動費」的名義，這樣無疑將造成混亂和爭議。按照違反有關合約規定的賠償辦法的規定，「工作者違反規定或工作合約的約定解除工作合約，對用人單位造成損失的，工作者應賠償用人單位的損失範圍包括：用人單位招收錄用其所支付的費用；用人單位為其支付的培訓費用；對生產、經營和工作造成的直接損失」。如果單位擔心員工接受培訓後不回單位工作，造成「人財兩空」的局面，就應將單位所支付的費用明確為「培訓費用」，並在發放條件和時間上給予嚴格規定。單位對相關的發票、收據等要進行規範管理、界定清楚、標註明白。在培訓合約中明確培訓費承擔和員工單方解除工作合約時應向單位交納可以保證企業對該筆培訓費的返還請求權，保護企業的合法利益。

值得注意的是，員工單方解約而向單位支付培訓費用僅適用於單位出資培訓的情況，如果經單位同意而由員工個人自己出資參加培訓，則不存在向單位支付培訓費的問題。在培訓期間的薪資，是員工的工作報酬，並無理由要求員工歸還。

由於員工接受培訓的受益者不僅是被培訓者，還有用人單位，所以工作者賠償培訓費時按照為單位服務的年限長短來賠償。

(3)服務年限的約定問題。

為保證員工接受培訓後安心在單位工作，用所學技能和知識服務單位，達到單位出資培訓員工的目的，而在培訓合約中規定「2年」、「3年」的服務期限，是現實中經常採取的方式之一。

⑷員工單方解除合約的違約責任問題。

任何合約，簽署後均應嚴格履行，這是誠信的要求，也是活動正常進行的保證。簽訂合約的是具有自由選擇權的人，簽署合約並非簽署永不變更的賣身契。法律對合約雙方的維護，僅限於要求違約者承擔違約責任，同時這種責任又不能有悖常理。

【案例】培訓協議書樣例

姓名：

部門：

崗位：

本人因公司事業發展需要被派送到＿＿＿＿＿＿＿＿＿＿＿

參加＿＿＿＿＿＿＿＿＿＿＿＿時間＿＿＿＿＿天(即從＿＿＿年＿＿＿月

＿＿＿日至＿＿＿年＿＿＿月＿＿＿日)。願與公司共同遵守以下協議：

一、培訓目的：

二、培訓機構與培訓科目：

三、培訓期間本人願意遵守培訓機構的有關規定，維護本公司名譽與保證不洩露公司秘密。保證受訓期間虛心學習，吸收所需知識技能，於受訓期滿後返回公司服務。如公司中途因工作需要要求中止受訓，願以公司利益為重，絕無異議。

四、學業完畢後願盡所學的經驗、知識、技能服務於公司，並願將所學傳授給公司同仁，所取得相關資料應留公司存檔。利用所學取得的科研成果、專利、著作應以公司名義取得自有知識產權，絕不私自向外出售、洩露、轉讓。

五、培訓學習期滿保證繼續在公司服務＿＿＿年，即從＿＿＿年＿＿＿月＿＿＿日至＿＿＿年＿＿＿月＿＿＿日，願按公司相關規定申請報銷培訓費用。

六、培訓期間，公司應根據培訓地點生活水準每月發給學員在職時月薪資的_____％生活補貼，計_____元。

七、培訓期間本人願與公司保持不間斷聯繫，並能配合公司的科研開發及項目拓展活動。

八、培訓人如有違反以上條款，需賠償公司一切損失。如有洩露公司商業、技術秘密者，願承擔法律責任。

協議人：

受訓人：

學院：

法定代表人：

年　　月　　日

(本協議一式兩份，受訓人與公司各持一份)

【案例】員工培訓合約書樣例

甲方：XXX有限公司　　法定代表人：XXX

乙方：XXX　　　　　　居民身份證號碼：

為了提高乙方職業技能，甲方鼓勵並支持乙方參加職業培訓。為確保乙方圓滿完成培訓學業，並按時返回甲方工作，根據法律法規，甲乙雙方經平等協商同意，自願簽訂本合約，共同遵守本合約所列條款。

第一條　合約性質

本合約依照甲乙雙方簽訂的《聘用合約書》及其附件訂立，作為聘用合約的組成部份，但可獨立解釋。

第二條　培訓內容

一、培訓內容：

二、培訓機構和地點：

三、培訓期限：＿＿年＿＿月＿＿日到＿＿年＿＿月＿＿日

四、乙方須達到的培訓目標：

第三條　培訓期間的聘用關係

一、培訓期間，計入乙方的工作時間之內，按連續工齡累計。

二、受訓期間的薪資按原薪資的 100％支付；獎金按通常支付額的 100％支付。

三、當乙方患有不能繼續學業的疾病或其他特殊情形時，應接受甲方指令，中止學習，返回公司，並依有關規定處理。

第四條　培訓紀律

一、乙方在學習期間，必須每隔 10 天向甲方書面報告學習情況，並附培訓方有關成績等記錄。

二、乙方無論因何種理由中止、延長培訓期限或改變培訓內容，均應至少提前三個月通知甲方，提出書面申請，未經甲方批准，不得改變。

三、乙方應遵守培訓方的各項規定與要求，凡因乙方行為言論導致甲方名譽受損的，視同在甲方公司內的嚴重過失，得追加處分。

第五條　培訓費用承擔

乙方受訓期間的所有合理費用(包括培訓課程費用、因公往返公司與受訓地點的交通費用、受訓時的食宿費用及其他必需的經甲方認可的合理費用，以下統稱「受訓費用」)，合計 RMBXXX 元，全部由甲方承擔，但前提條件是乙方遵守以下約定：

一、培訓結束後，乙方在甲方(或甲方系屬集團內其他公司)服務不少於三年。

二、乙方在甲方服務年限屆滿後兩年內，不得為與甲方構成業務競爭關係的公司提供任何形式的服務。

三、乙方不得以任何形式洩露關於本合約的任何信息。

四、乙方於工作中以任何形式知悉的甲方或與甲方有業務往來的第三方的任何機密資料(包括但不限於專利、知識產權、商業秘密、技術秘密等)，不得為任何方式的洩露或為自己或他人利用。

五、在服務期限內保持達到甲方為乙方工作崗位制定的工作標準。

違反上述承諾，乙方將承擔法律責任(包括但不限於「第六條補償與違約責任」)。

第六條　補償與違約責任

一、由於乙方的過錯或不勝任工作導致聘用合約解除，或乙方違反本合約第五條服務期的約定提前解除合約的，則每提前解除一年，應當向甲方支付相當於「受訓費用」總金額的 1/3 作為違約金。

二、乙方意欲提前解除聘用合約時，亦應根據上款之計算方法支付違約金；且聘用合約項下的違約責任並不因此而消滅。

如乙方未能按照規定支付違約金的，則甲方有權在應付乙方的費用中扣除乙方應當向甲方支付的違約金。

三、乙方認識到：在聘用合約正式解除前，乙方以任何方式為其他用人單位(以下簡稱第三方)服務，會對甲方造成損失。該損失，除乙方承擔直接賠償責任外，該第三方應當承擔連帶賠償責任。向甲方賠償的損失包括：

1.對生產、經營和工作造成的直接損失。

2.因洩露商業秘密對甲方造成的損失。

第七條　爭議處理

因履行本合約發生的爭議，當事人可以向本單位工作爭議調解委員會申請調解；調解不成，當事人一方要求仲裁的，應當自

工作爭議發生之日起六十日內向 XX 市工作爭議仲裁委員會申請
仲裁。當事人一方也可以直接向 XX 市工作爭議仲裁委員會申請
仲裁。對裁決不服的，可以向甲方所在地法院提起訴訟。

第八條

本合約作為聘用合約的組成部份，本合約未盡事宜，按聘用
合約執行。

第九條

本合約一式兩份，甲乙雙方各執一份。

甲方：XXX 有限公司　　　　乙方：

代表人：XXX　　　　　　　日期：

日期：

※案例　美孚石油公司的職業生涯發展系統

　　美孚石油集團作為石油公司居世界第三位，世界上有 100 家以
上的美孚子公司，公司長年實行先進的人事管理制度，人才開發系
統，培育了大量優秀的人才，建立了堅固的企業經營管理基礎。

　　在美孚石油公司中，個人職業生涯發展項目被系統性地運用。
所謂系統就是適合的數據在系統中被輸入，作為輸入的數據包括以
下幾種：從業人員每個人展現自己的意願的自我報告，上司的業績
評估和業績評估結果，人才開發委員會對本人的面試，對將來預測
的資料等。此數據輸入系統中後，根據人才開發會議和同部門的管
理情況決定職業生涯發展的實施計劃。具體措施包括職位輪換、項
目參加、留學、訓練、教育、海外派遣、自我開發等行動計劃。

1. 分數據輸入

· 自我報告

· 同部門上司的業績評估，對將來的預測

· 根據 CDC（人才開發委員會）評價，取得具有將來性的結論

職業生涯發展系統所必需的數據，儘量科學地公平地收集，輸入系統之中。

(1)自我報告

美孚石油中，有關從業人員個人的職業生涯發展的意見以及希望可以通過自我報告書的形式瞭解。自我報告書用以下項目表明本人的意見、希望。

· 短期的，中長期的自我職業生涯如何發展？

· 為了發展職業生涯，具體應誼怎樣努力？

· 具體希望經歷什麼樣的部門和什麼樣的職位？希望調動到什麼職位？調動到各種各樣的職位的準備程度有多大？

(2)目標管理和業績評價

美孚石油公司中，目標管理主要以業績評估和人才開發為中心靈活運用。以下介紹目標管理的設定及流程。

各個社員在年初設定自己的目標。從最高管理層開始明確今年的企業目標，各部門的負責人對自己的部門明確企業目標，考慮如何作出貢獻，每個部門設定目標。所屬部門的各社員，參照自己的職務責任，對於部門的目標考慮如何能夠達到並且作出貢獻設定目標。進一步，自己的創新如何添加入改善目標並且實現目標中。這樣設定的個人目標，經過本人和上司之間意見的溝通，確定最終的目標。

目標設定的重點應該在以下 5 個部份中：

①利潤、成本目標

計劃一年的利潤直接以及間接要達到的目標。比如：銷售的利潤，銷售回款，成本節約，工作的合理化。

②工作責任的目標

職務的記述報告中記載的職務責任之中，特別是在本年度重點突出的應該執行的目標。

③改善創新目標

職務上或者組織上創新的方法，與改善有關的目標。比如：新的項目的開始，組織開發，環境問題的重組．

④個人改進目標

本人在職務上的知識、技能、行動、能力的提高目標。比如：管理能力的提高，英語能力的提高。

⑤隊伍建設目標

為了提高下屬的能力，必須建立高水準生產性的小組。為了達到這個目標，實行人員訓練，職務輪換，項目參加的活動。

⑶人才開發委員會的測評

人才開發委員會對職員進行個別面試後，推薦全公司的部門之間的人才調動，人才的早發現，對公司內外教育項目的建議，以上的活動都由人才開發委員會討論而決定。

在 CDC 活動中，具有特色的是，由委員進行的個別社員面談。面談的目的是對每個職員的生涯指導和每個人的將來性的評估。接受面試的個人和直接工作上沒有關係的職員和部長組成一對，進行大約一小時的訪問。面試者在事先對本人的自我報告、業績評估表等資料進行檢查，考慮適應性、趣味性、業績評估結果、能力上的優勢、缺點，過去經歷過的職務，上司對於生涯計劃的報告、培養計劃的意見等以迎接面試。實際面試中，本人對現在的工作的結構、

趣味性、將來的生涯開發的方向和希望進行交談，CDC 委員一方同時進行需要的生涯指導。

下面介紹的是各個從業人員的將來的發展生涯預測：

· 這個職員今後 3～5 年有什麼樣的職位，可能晉升職位的水準？

· 退休之前可能晉升的職位水準？

· 這個職員現在可以立刻晉升的職位是什麼？今後 3 年可能晉升的職位是什麼？

· 今後 3 年怎樣開發此職員的進路，具體的計劃？

對於每個從業職員的評估和培養計劃，同部門的上司意見都有不同，CDC 委員把面試結果必須在同部門進行回饋。在此不同意見必須做調整，在以後的生涯開發會議上，CDC 的意見和同部門的意見會互相溝通。對於豐富的將來預測的數據輸入進生涯發展系統中，運用於新社員的培養方案和個人的中長期的培養方案。

2.通過職業生涯開發會議制定發展計劃

以上介紹的自我報告、業績評價、未來性的預測、CDC 的評估作為系統中的數據輸入，作為文件保存。單單保存是沒有任何價值的，對數據進行分析，程序性地進行靈活組合。美孚石油公司，通過生涯開發會議和人才開發部門，使輸入的豐富數據進行程序化。

職業生涯開發會議中，人員的生涯發展的方向和行動計劃得到最後決定。特別是今後 3 年的具體的行動計劃和未來的方向(理想的生涯路線)進行討論，最後決定。生涯開發會議以下述兩種形式運行。

⑴生涯開發會議，總經理作為主要人員，其他全體人員出席，全部是 2 天的住宿形式的會議。

此會議只要是選舉部長、支店長等管理人員，以及今後 3 年可能晉升為部長、支店長水準的全部管理人員，根據每個人的情況、

去年的業績、能力上的優勢、改善的必要性、重要領導人今後 3 年發展計劃情況在會議上發表。其他的出席者對於討論的對象發表對所涉及的範圍的工作的情況，未來性的意見。通過討論，明確決定全員今後 3 年的培養計劃(輪換、海外派遣、項目的參加、晉升等)。美孚石油公司每年對部長、支店長水準的管理者的業績進行改定，決定未來的生涯計劃。

而且，此會議中還要進行主要領導者的候補者的選定。也就是說，部長、支店長、職員的每個職位中，明天這個職位的後繼者提出 2～3 個人選。3 年以內此職位可以就任的人選 2～3 人。此時，同部門管理者提出的未來性預測數據並且靈活運用根據 CDC 的未來性的評估的數據，這樣，每個主要的職位的候補者名單就可以試著決定。那個職位有很多候補的情況，那個職位幾乎人才不足等情況。生涯開發會議主要討論正在空缺的職位，以及未來應該培養的人才。

⑵討論成長可能性比較高的年輕的人才的培養。

此會議以董事長為主，部長、支店長全部出席，總共 2 天的集中會議。討論的對象主要是在年輕的職員中，挑選可以晉升到未來的部長、支店長的職位。此次選考，根據部門情況預測未來和根據 CDC 的判斷進行未來性評估同等重要。

3.職業生涯發展計劃的實施

促進人才開發項目可以通過以下途徑：

⑴橫向的職位輪換，部門之間的調動。

⑵海外派遣。

⑶留學制度。

⑷項目的參加。

⑸教育、訓練項目的參加。

⑹自我開發。

第 **6** 章

創建企業培訓體系

一、有效培訓體系的原則

1.企業戰略導向原則

一個企業的發展戰略，就是企業在激烈的市場競爭中，為了求得生存和發展所制定的總體謀略。它表明了企業根本的發展方向。企業培訓體系是根源於企業的發展戰略、人力資源戰略體系之下的，只有根據企業戰略規劃，結合人力資源發展戰略，才能量身定做出符合自己持續發展的高效培訓體系。培訓也才能真正體現自身的價值。

2.企業核心需求原則

有效的培訓體系不是頭疼醫頭，腳疼醫腳的「救火工程」，而是深入發掘企業的核心需求，根據企業的戰略發展目標預測對於人力資本的需求，提前為企業需求做好人才的培養和儲備。從這個角度看，培訓要做得好，必須先要「把準脈」，對企業在短期，乃至中長期的最主要的需要，最亟待解決的問題，有一個準確的認識，這樣一來，才能對症下藥，提高培訓的針對性。

3.多層次全方位原則

員工培訓說到底是一種成人教育，有效的培訓體系應考慮員工教育的特殊性，針對不同的課程採用不同的訓練技法，針對具體的條件採用多種培訓方式，針對具體個人能力和發展計劃制訂不同的訓練計劃。在效益最大化的前提下，多管道、多層次地構建培訓體系，達到全員參與、共同分享培訓成果的效果，使得培訓方法和內容適合被培訓者。

4.重視員工自身發展需要的原則

按照馬斯洛的需求層次論，人的需要是多方面的，而最高需要是自我發展和自我實現。按照自身的需求接受教育培訓，是對自我發展需求的肯定和滿足。培訓工作的最終目的是為企業的發展戰略服務，同時也要與員工個人職業生涯發展相結合，實現員工素質與企業經營戰略的匹配。這個體系將員工個人發展納入企業發展的軌道，讓員工在服務企業、推動企業戰略目標實現的同時，也能按照明確的職業發展目標，通過參加相應層次的培訓，實現個人的發展，獲取個人成就。另外，激烈的人才市場競爭也使員工認識到，不斷提高自己的技能和能力才是其在社會中立足的根本。有效的培訓體系應當肯定這一需要的正當性，並給予合理的引導。

5.投資效益原則

投資培訓將有助於提高勞動效率，這是共識。無論管理理論家和實踐者均一致認為培訓是一種投資，高品質的培訓是一種投資回報率很高的投資。但在投資培訓時，必須考慮效益大小問題，即遠期效益、近期效益問題。投入是較容易計算的，但產出回報是較難量化計算的，並且還有些培訓較難確定是長期效益還是短期效益。雖然如此，也必須把它當做極其重要的問題來考慮。

二、培訓體系的分類

1. 分層培訓體系

現代企業在進行組織設計的時候，大多採用傳統的等級官僚體制，這種縱向的層級結構，能夠保證組織的權利集中在少數人手上，有利於集中決策。在一個公司裏，大致存在著高層管理人員、中層管理人員、基層管理人員和操作工四個層級，如圖 6-1 所示。

圖 6-1　分層培訓體系

⑴高層管理人員的培訓

高層管理人員，也就是所謂的「經營層」或「最高領導層」，包括董事長、總經理、副總經理等。對高層管理人員開展的培訓，不應僅僅局限於現任職者，還應關注那些有希望有潛力的管理人員。培訓應側重於思想理念和境界的昇華、人脈的拓展、駕馭全局的戰略意識和領導能力、創業精神以及商業道德和法律等。

⑵中層管理人員的培訓

中層管理人員，也就是所謂的「管理層」。從縱向來看，這一層級的幹部起著上情下達和下情上傳的樞紐作用；從橫向來看，他們

還需要進行大量的協調工作，因此，管理層必須學習更多的內容。

(3)基層管理人員培訓

基層管理人員培訓即針對工作人員直屬主管的培訓，也就是所謂的「監督指導層」的培訓，面向的學員包括部門主管、工廠主任、工段長、領班、班組長等。

這些人是最基層的管理幹部，是在工作現場對作業工人進行指導監督的關鍵人物，更是上下左右聯繫的紐帶。他們的素質狀況對組織的工作效率及組織的穩定性有很大影響。

(4)操作人員培訓

操作人員培訓又稱一線人員培訓、工人培訓，是指對生產、工作或服務在第一線員工的培訓。

每個企業組織的操作人員由於工種不同，其需要的知識和技能也不同，因此，每個組織都應對操作人員特定的知識和技能進行培訓。除此之外，還可視組織的具體條件開展以下一些培訓項目：追求卓越心態、安全與事故防止、減少浪費、全員品質控制、組織文化、團隊建設、新設備操作、壓力管理、人際關係技能以及時間管理等。

2.分職能培訓體系

企業僅僅根據受訓者層次而對其進行籠統的培訓是遠遠不夠的，還必須根據各個受訓者的工作職能加以區別來培訓。不同的崗位有不同的工作職能，也就需要不同的工作技能，因此必須區分對待。結合工作分析和崗位說明書，針對崗位的能力素質模型來設計，一般包括生產作業管理、市場行銷、人力資源、財務管理、研發等。

3.在職培訓和脫產培訓

(1)在職培訓

固定課程與靈活課程相結合。固定課程設置的原因是，許多需

要員工掌握的東西具有相對穩定性，而且由於人員的變動總有必要進行傳授。靈活課程往往具有時效性。

必修課與選修課相結合。以整體計劃與個人計劃為依據組織在崗培訓的企業，其培訓課程具備這一特點。

以幫助員工進一步發展和提高為目的。崗前培訓是為了使員工具備從事某項工作的基本條件，在職培訓則是為了使員工在企業中得到進一步發展和提高。當然，在一些培訓不夠規範的企業，在職培訓有時成了崗前培訓的補救措施。

分類設置。企業有不同的工作，同樣工作有不同的層次。以上差別決定了在職培訓課程一般是針對特定對象的，如為廠長、經理開設的課程，為中層管理者開設的課程。當然，也可能有個別課程是針對全體員工的，如產品新技術方面的課程。

(2)轉崗培訓

與新員工一起參加擬轉換崗位的崗前培訓。對企業而言，轉崗員工是老員工；對崗位而言，他們是新員工。因此，轉崗員工與新員工一起接受培訓。

接受現場的一對一指導。轉崗往往是個別現象，有時候在企業內對轉崗員工進行正規、系統的培訓存在困難，在這種情況下，最好的辦法是，在新的崗位上邊幹邊學，考試、考核合格後正式上崗。

如果崗位轉換的「跨度」很大，也就是員工現有素質與新崗位的要求之間有較大差距，就必須對其進行系統培訓。如果某類培訓企業做不了，可以讓員工外出參加相同內容的培訓，但這種培訓一般時間較長，費用較高。

接受企業的定向培訓。在集中轉崗的情況下，企業可以根據員工的發展方向組織集中培訓。培訓內容、時間長短視將來工作的需要而定。

三、建立培訓體系的流程

雖然企業的發展程度不一，培訓文化的成熟程度不同，但建立一個成熟企業培訓體系，一般都會有以下幾個步驟：

1. 培訓需求分析

企業的培訓有必要事先進行相關的需求分析。企業的現實狀況往往和理想和目標有所差距，因此產生了培訓的需求。培訓的目的就是要使企業儘量達到理想狀態。

培訓需求大體上可以分為企業需求和員工個人需求。企業需求就是為了達到企業經營目的、提升企業業績、解決實際工作問題等所要的需求。個人需求是員工為了增強自身實力，或為了滿足自身愛好、興趣所產生的需求。優秀的企業往往都能將兩者有機地結合起來，因為只有這樣才能使員工更好地為企業服務。

2. 培訓目標確定

培訓目標的設立要適當，因為不少企業所有的問題都能通過培訓來解決。培訓目標的確立會涉及企業培訓制度、培訓成本、培訓收益等問題。

3. 培訓計劃確定

培訓計劃涵蓋培訓依據、培訓目的、培訓對象、培訓時間、課程內容、師資來源、實施進度和培訓經費等項目。

4. 培訓實施

前期工作完成之後，最重要的環節來臨了，這就是培訓的實施。培訓的順利實施需要企業軟環境和硬環境的支援。軟環境是指員工的支持、參與、培訓師的素質、培訓制度等內容，硬環境是指培訓場地、培訓設備、培訓資金等。

5.培訓效果評估

培訓效果評估是培訓體系當中的一個重要環節,有的企業往往只重視培訓的實施,而忽視了培訓效果的評估,這使得培訓投入沒有發揮出最大的作用。培訓效果評估既可以為下一次培訓提供參考,同時也是培訓部門,相關工作人員的業績評估,也是瞭解員工培訓後情況的有力途徑。

6.培訓效果轉化

不要小看培訓效果轉化環節,即使前面步驟做得很好,培訓效果確實不錯,但員工培訓後沒有積極地把培訓成果運用到實際工作中,這樣的培訓豈不是白白浪費?因此,培訓效果轉化不但重要,更應該長期的堅持做好,使得培訓能真正為企業經營服務。

四、培訓需求分析

建立有效的培訓體系,首選要從需求分析入手,在此基礎上設計培訓體系。

1.培訓需求產生的原因

培訓需求產生於目前的狀況與期望的狀況之間的差距,這一差距就是「狀態缺口」。企業對僱員的能力水準提出的要求就是「期望狀態」,而僱員本人目前的實際水準即為「目前狀態」,兩者之間的差距形成「狀態缺口」。企業要努力縮小這一「缺口」,就形成了培訓需求。

圖 6-2　企業培訓體系的建立步驟

培訓需求分析

培訓目標確定

培訓方案確定

培訓實施

培訓效果評估

2.誰有培訓需求

按主體即「誰的需求」來劃分，需求有兩個層次：組織需求和個人需求。

(1)組織需求

組織需求是基於企業需要，分析僱員所應具備的素質和能力。要實現企業的發展目標和規劃，提高各個部門的工作績效，解決實際工作中存在的問題，就要對員工進行相應的培訓。這一需求是自上而下的。比如：企業要進入高新技術行業，就要注重對僱員的技術培訓，儲備技術人才；對某些工作績效較差的人員或部門，進行有針對性的培訓；對工作中有些不能完全勝任其職位的人員進行培訓，如：某些銷售人員由於與客戶溝通和交流的能力不足，而影響了與客戶的關係，則應對他們進行了人際交往方面的培訓等。此外，還包括企業文化培訓、禮儀培訓、外語水準培訓等。

(2)個人需求

個人需求是僱員個人為了增強自身競爭能力，進行自我充電的需求。這一需求是自發的，自下而上的。許多人將培訓機會作為選擇工作或職位的考慮因素之一，說明個人需求與組織需求不是同源

的。

只有當僱員為了更好地勝任自己的職位，尋求更多的在企業內部的發展機會而產生培訓需求時，組織需求與個人需求才能有機地結合起來。這兩種需求結合得越好，僱員的主觀能動性發揮得就越好，培訓的效果也就越好。

因此，企業應該為僱員提供職業生涯規劃，瞭解僱員的想法，並讓僱員知道公司的政策、策略和計劃。幫助個人通過各種途徑和手段達成其個人職業發展規劃，從而激發僱員參加培訓的積極性。

五、培訓目標的確定

對於各種方法所得到的需求，列出清單，並參考有關部門的意見，根據企業的情況，按其迫切性和重要性進行排隊。針對一項或幾項需求，確立培訓目標，設計培訓方案。

值得注意的是，並不是所有問題都可以通過培訓解決的，因此，設立目標要客觀，不要期望過高。

培訓目標可能是一維的，僅考察培訓成果，確定預期的狀態；也可能是多維的，考察培訓效率，要考慮成本、時間與收益的關係，確定一個相對效果作為目標。

隨著投入時間和成本的增加，培訓的效果也會增長，但增長的速度卻在減慢。通常，在確立培訓的目標時，企業要考慮到成本與效益、時間與效果之間的關係，在兩極之間做出平衡選擇，進而確定目標。

六、培訓方案的確定

培訓方案是企業進行每項培訓所參照的藍本。它是針對員工、單位的需求和培訓目標所作的培訓計劃。

圖 6-3　培訓方案的確定

七、培訓實施

培訓方案設計好了，最重要的是具備良好的軟硬體環境來保證其實施。

圖 6-4　培訓實施示意圖

1. 硬環境

所謂硬體環境是指培訓所需要的場所、食宿、設備(如：電腦、投影儀、音像製品和電腦網路等)、資料(講義、書籍等)。

2.軟環境

軟體環境共包括三方面的內容：

(1)指公司領導層的支持和受訓部門管理者及員工的合作

事實上，公司從上到下應該形成共識，提供培訓機會是公司的責任和義務，而參加培訓是僱員的權利。否則，如果公司不積極創造培訓機會，僱員也不主動地接受培訓，就不能形成公司和員工之間的互動，就會影響培訓的效果。

(2)實施培訓的最重要的「軟體」是培訓師

培訓效果的好壞直接取決於培訓師的水準。培訓員可能是專業公司的培訓師，可能是大學的教師，不可能是本公司的專家。無論是那一類，都應兼顧兩方面的因素：培訓員既是培訓內容方面的專家，又是優秀的培訓人員。有些人可能是某一領域的權威專家，但卻不能把課講得引人入勝，這樣的情況時有發生。優秀的培訓員，應該具備良好的交流能力、組織能力，善於激起積極性、把握培訓進程等。

(3)要制定培訓制度，加強培訓管理

可以將僱員接受培訓時的表現作為對其考核項目，督促其認真對待培訓。

八、培訓效果評估

培訓效果評估是一次培訓的收尾工作，也是下一次培訓的開始，為以後的培訓奠定基礎，提供參考。效果評估既是對培訓部門業績的評估，也是瞭解受訓者培訓後的情況的途徑。

效果的評估是基於培訓需求和培訓目標，考察培訓在多大程度

上達到了預期目標的一種測定。

　　對於有些培訓，其效果是「立竿見影」的，而且是可量化的。比如：對錄入員的打字技能培訓，則其效果比較容易評價。更多的培訓，不會立即見效，或者效果不可測量，就需要進行定性的研究。通常採用問卷調查方法，考察受訓者是否滿意；通過考試，測定受訓者是否掌握了授課內容；通過觀察、訪談和問卷調查，瞭解培訓是否和在多大程度上改進了工作效率，增強了工作效果。效果評估的結果一般是非量化的，只能定性地去描述。

心得欄 ----------------------------

第7章

建立培訓課程的標準流程

　　許多企業在實際工作中常常遇到這樣的情形：員工經培訓後因能力提高而流失，給企業帶來了巨大損失，這成為企業能否堅持員工培訓的最大阻礙因素。雖然核心人才的流失是企業多方面因素綜合作用的結果，然而，也反映了企業培訓工作的失敗。如何充分發揮培訓的作用，需要企業在實踐中不斷摸索科學的培訓體系與方法。

　　一般來說，整個培訓過程分為五個步驟：即分析→設計→開發→實施→評價。

圖 7-1　培訓流程圖

一、培訓需求分析

　　培訓過程的第一步首先要分析什麼是進行培訓的真正問題，辨別清楚需求問題的實質。

　　有的人在工作中因為未達到理想的效果，認為需要培訓，如某

人需要用電腦做表格，於是參加電腦培訓。培訓人員教他如何設計第四級程序，而辦公室用的表格只需用第二級程序，所以，此人受到的培訓是錯誤的。

作為培訓人員，首先必須分析具體情況，才不會給學生以不合適的訓練內容或提供不合適的訓練。

1. 培訓需求評估

培訓需求評估是根據培訓系統設計和人的行為理論，運用不斷發展的分析工具和技術，搜集各種資料，包括人的行為需求、所需的知識和技能以及工作和培訓環境等，以便進行綜合分析。

2. 收集資料的類型

· 理想狀態應該是什麼樣；

· 實際情況是什麼樣；

· 存在什麼問題；

· 理想狀態與實際情況的差距；

· 解決辦法。

圖 7-2　需求評估流程圖

3. 培訓需求評估的工具

· 會談；

· 重點團隊分析；

· 記錄/考察；

· 調查/提問（問卷調查——大樣本調查）。

4.參與分析的角色

· 經營者(老闆)：他知道有問題，但不知道是什麼，他找你來做分析；

· 主要執行者；

· 培訓設計者和培訓項目經理：

· 行政經理和後勤支持者。

5.分析輸出(結果)

· 企業人力資源狀況分析；

· 工作/任務分析；

· 受訓者分析(對他們的情況做基本估計)；

· 差距分析；

· 原因分析；

· 提出解決的辦法：培訓或其他解決辦法；

· 培訓需求：怎樣進行培訓？

二、培訓課程設計

培訓設計的前提是假定所有的問題都需要並可以通過培訓解決。

培訓設計要反映出課程或各個培訓活動的主要特點。設計要根據培訓需求評估進行：什麼是參訓員工需要知道和要去做的？

1.培訓設計過程

· 建立培訓目標：必須與經營戰略及行為需求相結合；

· 確定受訓員工與目標的差異；

· 決定實施策略；

· 決定對培訓結果的評價辦法；

· 確定所需的資源；

· 建立項目計劃和預算。

2.目標

描述培訓的目標是什麼？受訓員工應通過培訓達到何種程度？在什麼條件下目的可以達到？什麼樣的表現是最優秀的？評價、判斷工作成績的標準是什麼？什麼樣的結果是令人滿意的？

目的一定要寫清楚，使培訓者與受訓者可以很好地配合，明白應當怎麼學，怎麼教。

3.培訓形式

· 小組學習過程；

· 自我(個人)學習過程；

· 在崗培訓：有嚴格體系的或無一定體系的；

· 模擬、模仿；

· 案例研究；

· 教練、指導、導師制。

4.傳授與媒介形式

· 教授者引導；

· 錄影——電話會議形式：不同地區的學員在不同的地方同時　進行培訓；

· 以電腦為基礎的培訓與多媒體技術；

· 工作上的協助條件：論文報告(圖表)和電氣設備；

· 國際互聯網或公司內部的聯網：資料與資訊共用；

· 錄影帶。

5.培訓形式選擇

選擇策略的惟一標準就是使受培訓的人能達到培訓與工作所要求的目標。例如，多媒體電腦培訓雖然時髦，但對某些培訓不一定

有效，達不到理想的效果。只有因材施教，選擇合適的方法去實現
預期目標才是最好的培訓。

6.設計的結果
‧ 課程總體設計安排及各門課程的描述；
‧ 項目計劃及預算；
‧ 所需資源：人員、設備等；
‧ 實施策略：開發與授課；
‧ 對設計進行評價。

7.課程描述
‧ 為什麼此課程是必須的？
‧ 誰來參與？
‧ 誰來進行培訓？
‧ 誰來接受培訓？
‧ 課程內容是什麼？
‧ 內容順序怎麼去安排？
‧ 成本(費用)是多少？

8.課程設計：是自己創造還是買進(引進)
‧ 評價現在的培訓和開發課程：能否買到或用已有的部份課程
　組成新課？
‧ 是否需要開辦一些針對培訓員工需要的課程？
‧ 是否利用一些結合的方式？

9.設計上的魔方——選擇最佳組合
‧ 盡可能地設計可以共用的方案；
‧ 與現有的培訓相結合以降低成本並保持學習和資訊的連續
　性；
‧ 根據具體情況，選擇最佳方案。

10.預算

· 理想的情況是，先進行設計，然後再做預算；
· 實際上，資源是有限的，所以，必須在預算內進行設計；
· 在做決定時，必須和你的顧客合作，根據需求評價培訓目標
　等來做決定。

11.參與設計的角色

· 經營者；
· 主要執行者；
· 有關問題的專家：這些專家既可以是管理學的教授，也可以
　是經理；
· 培訓設計者和培訓項目經理；
· 滿足其他需要的專家。

三、培訓工具的開發

　開發是尋找、選擇或創造培訓材料和媒介，並在實施前對這些
材料進行檢查和修改的過程。

1.課程開發

· 預備：通過說明這次學習的重要性和將要學的內容激發受訓
　者產生學習動力；
· 示範：告訴聽課的人要做什麼事，如何做，什麼事要發生，
　並進行示範；
· 實踐：應用和做實例練習(演習)；
· 復習和應用：給出反饋，那些做得好，那些做得不好，如何
　改進。

2.參與開發的角色

· 經營者；

· 培訓設計者或培訓項目經理；

· 課程開發者；

· 主要執行者；

· 有關主題的專家；

· 有關媒介的專家：圖形設計者，多媒體專家，電腦程序員等。

3.檢查材料

· 準備所有材料的樣本；

· 請有關主題專家和主要執行者審閱、評價這些材料；

· 修改；

· 通過小範圍實踐進行檢查；

· 修改（如此反覆幾次）；

· 定稿。

四、整個培訓過程的實施

1. 選擇培訓者

確定對培訓者的要求：

· 需要有實踐經驗的教師嗎？

· 是否需要有關主題的專家，以增加受訓員工的信賴和接受程度？

· 是否以上兩種培訓者都需要？

為了工作的需要，培訓至少要有兩方面的專家，一個能對付各種人的情感問題，知道如何與大家談話；另一個在業務上很精通，是專家。另外，有時面對巨變，需要權威性的人，如經理等。

2.培訓培訓者

· 使新培訓者具備以下能力：主持培訓，新課程設計；

· 給予新培訓者提前實踐的機會；

· 經過幾個週期的培訓後，收集他們的反饋；

· 不同的培訓者的反饋相互交流，集思廣益。

3.教學實施過程的行政管理

· 對各類課程推出廣告或進行市場推銷；

· 受訓者註冊；

· 準備教具和其他設備；

· 確認教授者；

· 訂購所需的教材；

· 根據註冊情況做成本預算；

· 做最初的評價。

4.參與實施的角色

· 經營者；

· 培訓項目經理；

· 教師；

· 實施協調人員與培訓行政管理人員；

· 材料和設備協調員；

· 承包者與對外聯絡協調員。

五、整個培訓活動的評價

評價是為了確定受訓員工是否學到了需要掌握的內容，學到了多少，學得好不好，什麼原因造成這種差別，各種方法的運用是否恰當等。

1. 評價方法

· 面談：有些問題不好評價時，需通過深入面談獲得；

· 在受訓的人群中抽取重點團組進行調查；

· 記錄/發現問題；

· 考察/問卷調查。

選擇評價方法的出發點是根據評價的準則與需要，盡可能用兩種以上的方法，以保證結果的有效性。

2. 參與評價的角色

· 經營者；

· 培訓設計者/培訓項目經理：

· 評價專家；

· 行政支持人員；

· 受訓者。

表 7-1　學員培訓評價表

	類　　　型	目　　　的
反　　應	學員反應如何？——每次課後給學員反饋評價表，特別是對外請教師的評價（工作如何？是否合適？）	
知識/技能	學員的知識與技能通過學習之後如何？	
應　　用	學員能否應用所學到的知識（包括在教學過程中的應用與回到工作以後的應用）	
經營結果	從培訓前後的結果差異來看培訓效果。	

※案例　摩托羅拉的電子教學手段

1.摩托羅拉的課程設計模型

摩托羅拉大學在長期設計課程的過程中，始終遵循「系統的課程設計」模型，並且積累了非常豐富的經驗。現在，讓我們簡單地瞭解以下該模型的基本操作內容。該模型首先產生於美國，後來被眾多的專業人士所採納。摩托羅拉成百上千的課程都是按照該模型的基本原理來設計和開發的，並且取得了業內人士的高度評價和認可。該模型包括九個主要的步驟，在實際操作的過程中，我們可以根據實際情況，主要注重幾個核心的步驟。

⑴區分培訓需求和管理需求，目的在於用培訓來解決培訓需求，用其他方法來解決管理問題。

⑵實施培訓需求分析，確定培訓需求是實施有效培訓的前提。

⑶確定設計大綱和教學目標，撰寫課程設計大綱和確定具體課程培訓目標的目的是為實際的課程開發確定一個基本的框架。

⑷確定評估內容和實施策略，評估的內容和方法將決定課程的實施方法和工具(如角色扮演、遊戲、講授、小組討論、模擬等)，以保證課程的有效性。

⑸選擇合適材料、開發課程內容，該步驟的主要工作在於，收集、購買、修改培訓材料，以便滿足所確定的培訓目標的需求。

⑹實施課程試運行、測試其效果，其目的在於從小範圍內的目標學員中收集意見回饋信息，以便根據這些信息對課程進行改進和優化。

⑺根據試運行的結果修改材料，課程的試運行和測試工作結束後，課程的設計人員和開發人員將對課程進行進一步的改進，以便

適合更多目標學員的需求。

⑻實施課程的講授,將設計和開發的課程投入到實際的運用中。

⑼對課程進行評估,該步驟的目的在於,對課程的效果進行評估,以便對課程進行改進,同時也能對講師的情況給予及時的跟蹤。嚴格按照該流程,摩托羅拉大學設計了眾多適合公司內部使用的培訓教材和培訓項目。

2.摩托羅拉的電子教學手段

在當今競爭日益激烈的商業環境中,人們越來越需要知識和技能以更快、更有效的方法得到傳播。電子教學可通過各種媒體(包括廣城網、局域網、衛星廣播、錄影/錄音磁帶、互動電視節目、光碟等)來實現。

摩托羅拉大學是致力於電子培訓/學習的先鋒。通過電子教學手段,摩托羅拉大學可以在任何時候將知識更快、更有效地傳遞給任何地方的任何人。電子教學還為人們提供了將知識再利用和再傳播的機會,以便節約成本和時間,並且滿足摩托羅拉為了確保其市場競爭優勢而對知識的需求。目前,摩托羅拉有三類電子教學可對客戶開放:多媒體教學、網路教學和虛擬教室教學。

(1)多媒體教學

I^3(即時網路教學)是摩托羅拉大學最先進的教學技術之一。它可以在局域網上實現多媒體教學的設計和實施,I^3(即時網路教學)利用最新的音頻、視頻多媒體技術將演講、報告和幻燈片展示文件同步地攝製下來,並在一小時內將其發表在局域網。學員可一邊閱讀幻燈片展示文件上的核心內容,一邊聆聽專家完整的講解,其效果不亞於現場聆聽一個講座。I^3(即時網路教學)可節約時間和成本,同時可供許多聽眾參與學習,且可免除旅行之苦。本技術完全是應客戶的實際需求和成本節約的需要而產生。

(2) 網路教學

通過國際互聯網，網路教學課程在任何時候可為客戶提供詳細的信息和知識。由專業的老師和專家撰寫、由教學和網路設計師所設計和開發的網路教學課程具有容易下載、互動性強、可按學員時間要求來學習等優點。

(3) 虛擬教室教學

虛擬教室教學可模擬真實教室的情境，讓大量分散在各地的學生和教師通過廣域網和局域網實現即時的互動和學習。虛擬教室教學是電子教學申最具合作性和互動性的教學方式，它在有助於知識傳遞和全球性交互的同時，大大減少旅行、設備和電訊等方面的費用。

摩托羅拉大學利用「虛擬教室」這個強大工具，為客戶提供電子教學培訓，或為客戶建立「虛擬教室」平臺，從而為客戶提供完美的遠端教育解決方案。

為了保證相關服務及諮詢的順利實施，摩托羅拉大學還設立了「培訓信息管理中心」，該中心負責諮詢及培訓信息的發佈、登記、課程的安排、學員培訓記錄及培訓評估結果的分析與管理等，並配合全球系統，集中信息資源。以利於公司對所有這些信息的瞭解，並作為對員工職務升遷、業績考核、工作調動、崗位輪換等決策的有效參考。

第 **8** 章

企業培訓計劃的確定

　　所謂年度培訓計劃，就是根據企業人力資源發展戰略規劃制定的全年培訓運作計劃。其執行主體應該是公司各個責任部門，目的是保證全年培訓管理工作及業務工作的品質。它回答的是公司培訓什麼、給誰培訓、怎麼做、需要多少資源、會得到什麼收益等基本問題。

　　首先，各部門或下屬機構根據自身需求情況制定初步的部門級年度培訓計劃，這個計劃可以體現員工需求和部門需求兩個層次。

　　與此同時，總部培訓部門必須明確分析研究組織層面的需求，作為年度培訓計劃的方向。具體方法是，根據總部人力資源策略衍生出的培訓規劃進行培訓運作計劃分解。

　　然後，總部培訓部門綜合所有部門年度培訓計劃，並對各部份進行評價論證與協調，最後得出公司年度培訓計劃。

　　最後，各個部門或機構根據公司通過的年度培訓計劃，對本部門或機構的年度培訓計劃進行修改，並提交總部培訓管理部門進行備案。

一、制定培訓計劃的流程

　　培訓計劃的制定是培訓實施的前提條件，培訓計劃制定的好壞直接影響著培訓效果，培訓計劃制定流程是保障這項工作有效性的重要環節。制定培訓計劃的具體流程要與培訓計劃類型和制定原則一致。培訓計劃制定和實施的組織保障是落實負責人或負責單位；要建立責任制，明確分工。培訓工作的負責人要有一定的工作經驗和工作熱情，要有能力讓最高主管批准培訓計劃和培訓預算，要善於協調與生產部門和其他職能部門的關係，以確保培訓計劃的實施。

1.分析培訓需求

　　培訓需求是制定培訓計劃最重要的依據，沒有培訓需求培訓就會失去意義，或沒有了方向。

2.確定培訓目標

　　組織培訓目標從培訓的一般需求轉變而來，培訓目標的確定為培訓提供了方向和框架，培訓計劃則可使培訓目標變為現實。培訓目的或目標是考核培訓效果的標準。有了目標，才能確定培訓對象、內容、時間、教師、方法等具體內容，並可在培訓之後，對照此目標進行效果評估。

　　培訓總目標是宏觀的、較抽象的，它需要不斷地進行分層次細化，使其具體化，具有可操作性。明確了員工的現有職能與預期職務要求二者之間的差距，即確定了培訓目標。將培訓目標細化、明確化，則將其轉化為各層次的具體目標，目標越具體就越具有可操作性，越有利於總體目標的實現。

　　培訓目標是培訓計劃實施的導航燈。有了明確的培訓總體目標和各層次的具體目標，對於培訓指導者來說，就確定了施教計劃，

積極地為了實現培訓目的而教學；對於受訓者來說，明確了學習目的的所在，才能少走彎路，朝著既定的目標而不懈努力，才能達到事半功倍的效果。相反，如果目標不明確，則易造成指導者、受訓者偏離培訓的期望，造成人力、物力、時間和精力的浪費，提高了培訓成本，從而可能導致培訓的失敗。培訓目標與培訓計劃的其他因素是有機結合的，只有明確了目標才有可能科學地設計出培訓計劃的其他各個部份，使設計出科學的培訓計劃成為可能。

3.確定培訓計劃的組成要素，形成培訓計劃方案

培訓計劃是培訓目標、培訓內容、培訓指導者、受訓者、培訓日期和時間、培訓場所與設備以及培訓方法的有機結合，要在培訓需求分析和培訓目標的基礎上對培訓計劃各組成要素進行具體分析，在此基礎上進行培訓經費預算，然後編寫培訓計劃方案。培訓計劃方案是以一個以培訓目標和結果為指南的系統，而不是各組成部份的任意組合。雖然一個系統的培訓計劃不一定是有效的培訓計劃，但一個有效的培訓計劃必須是系統考慮的培訓計劃。

4.培訓計劃的評估及完善

從培訓需求分析到設計培訓計劃，從制定培訓目標到培訓方法的選擇以至最終制定了一個系統的培訓計劃，這並不意味著培訓計劃的設計工作已經完成，因為任何一個好的培訓計劃必是一個由制定→測評→修改→再測評→再修改……→實施的過程，只有經過不斷的測評、修改，才能使培訓計劃臻於完善。

培訓計劃的測評從三個維度來考察。

⑴從培訓計劃本身角度來考察，將其細化為三個指標：內容維度，看培訓計劃的各組成部份是否合理、系統化，從培訓計劃的本身來說，分析其是否符合培訓需求分析，各要素前後是否協調一致，是否是「滿意的」選擇；反應維度，看受訓者反應，受訓者是否對

此培訓感興趣，是否能滿足受訓者的需要，如果受訓者對此培訓不感興趣或不能滿足需要，那麼就要找出其中的原因；學習維度，以此方案來培訓，看傳授的資訊是否能被受訓者吸收，如果不能，則要考慮到傳授的方法以及受訓者學習的特點等各個方面的因素來加以改進。

⑵從受訓者的角度來考察，看受訓者培訓前後行為的改變是否與期望的一致，如果不一致，則應考慮是由於培訓效果不理想還是由於缺乏應用培訓所學內容的機會，或者是由於習慣的影響，使得培訓效果還未表現出來，需延長考察時間。

最後，從培訓實際效果來考察，即培訓的成本收益比。培訓的成本應包括培訓需求分析費用、培訓計劃設計費用、培訓計劃實施費用、受訓者在培訓期間的工資及福利。培訓計劃的收益則包括顯性收益和隱性收益兩部份，顯性收益是指產量的提高，廢品、次品的減少，採用節約原材料的生產方式，生產事故的減少等可測量的收益；隱性收益則是指組織團隊精神的生成、組織形象的提高等不可量化測量的收益。成本低於收益才證明此方案具有可行性，成本高於收益則證明此方案破產，應找出失敗的原因所在，以便設計出更優的方案。

5.培訓計劃的溝通與確認

培訓計劃制定以後要獲得決策者的審批，其中的溝通很重要。溝通時主要是做好培訓報告。

⑴明確報告的目的，主要是獲得與培訓相關的部門、管理者與員工的支持，以利於培訓計劃的落實。

⑵要說明報告的內容，如培訓的出發點、培訓要解決的問題、培訓的方案和行動計劃、希望得到的支援等。

這裏要注意報告方法是否得當，關係到培訓計劃能否在培訓部

門內部獲得統一認識，也關係到主管和公司管理層對培訓相關問題
的承諾。培訓計劃經過審批之後就可以付諸實施了。

二、培訓體系的類型

1.分層培訓體系

分層培訓體系又稱為「橫向劃分」。現代企業在進行企業設計的
時候，大多採用傳統的等級官僚體制，這種縱向的層級結構，能夠
保證企業的權利集中在少數人手上，有利於集中決策。在一個公司
裏，大致存在著高層管理人員、中層管理人員、基層管理人員和操
作工四個層級，如圖 8-1 所示。

(1)高層管理人員的培訓

高層管理人員，也就是所謂的「經營層」或「最高領導層」，包
括董事長、總經理、副總經理等。對高層管理人員開展的培訓，不
應僅僅局限於現任職者，還應關注那些有希望有潛力的管理人員。
培訓應側重於理念和境界的昇華、人脈的拓展、駕馭全局的戰略意
識和領導能力、創業精神以及商業道德和法律等。

圖 8-1　分層培訓體系

①高層管理人員培訓的目的。高層管理人員培訓的目的在於使
他們成為管理專家、改革者和領導者。

②高層管理人員培訓的內容。高層管理人員的決策往往直接關係到企業的命運與盛衰，因此，對其開展的培訓內容應偏重於全局的宏觀統攝，而不宜於微觀的實際操作。具體舉例包括：經濟和政治、全球經濟和政治、競爭與企業發展戰略、資本市場發展和運作、財務報表和財務控制、國內和國際市場營銷、企業行為和領導藝術、創業管理、投資項目效益評價以及企業社會責任和商法等。

③高層管理人員培訓的重點。在羅伯特‧卡茨提出的管理人員培訓內容結構三成分模型中，高層管理人員的技術能力培訓、人際關係能力培訓與創新能力培訓的比例為 18：43：39。由此可以看出，高層管理人員培訓應側重人際關係能力和創新能力。可以開設如下培訓項目：形象塑造、實際能力、溝通能力、社交能力、談話技巧、領導能力以及完善人格等。

④高層管理人員培訓的方式

a.座談法。通過認知和交流，將資訊傳遞給高層管理人員，並進一步將決策者身上的潛能激發出來，可採取座談法的形式對其進行情商教育。

b.討論法。請專家與決策者一起探討某個或某類問題，在辯解、認同、反駁、總結過程中，獲得對未來趨勢較清晰的預測，並將之用於企業經營管理，從而為企業發展指出正確的方向。

c.考察法。參加各種社團、集會和經濟論壇等企業，通過接觸社會上的各種人才和專家，從中得到資訊，獲得知識。

(2)中層管理人員的培訓

中層管理人員，也就是所謂的「管理層」。從縱向來看，這一層級的幹部起著上情下達和下情上傳的樞紐作用；從橫向來看，他們還需要進行大量的協調工作，因此，管理層必須學習更多的內容。

①中層管理人員培訓的目的

· 把握企業的經營目標、方針。

· 培訓相應的領導能力和管理才能。

· 形成良好的協調、溝通能力與和諧的人際關係。

· 讓未受過正規管理學習的管理人員掌握必要的管理技能。

· 讓管理人員學習新的管理知識和先進的管理技能。

②中層管理人員培訓的內容

· 各職能部門專業知識的變化

· 電腦和資訊技術應用

· 部門工作計劃的制定和實施

· 部門間的協調和溝通

· 設計和實施支援合作行為的獎勵系統

· 設計和實施有效的群體和群際工作

· 制定及跟蹤群體水準上的績效指數

③中層管理人員培訓的重點。在羅伯特‧卡茨提出的管理人員培訓內容結構三成分模型中，中層管理人員的技術能力培訓、人際關係能力培訓與創新能力培訓的比例為 35：42：23。由此可以看出，中層管理人員偏重於人際關係能力和技術能力培訓。

④中層管理人員培訓的方式。由於中層管理人員一般具有豐富的管理實戰經驗，針對此特點，除了可以採用討論法以外，還可以有以下方式：

a.案例教學法。通過明確問題、探討成因、提出多種可供選擇的方案、找出最佳方案等步驟，達到訓練管理人員解決企業實際問題能力的目的。在案例教學中，要求受訓員工扮演案例中的角色，學員面對同一案例，在培訓師的引導下，各抒己見，以引起爭論並經過充分討論，取得可行的最佳方案。

b.體驗式教學法。這種方法致力於對學習者能力的訓練，提倡

受訓者相互學習、經驗共用，引導積極思考、自我開發，極易得到學習者的認同和接受。調動了受訓者作為學習主題的積極性，提倡學員在實踐中領悟深刻的道理。

c.情景模擬法。是指在模擬具體工作情景的條件下，通過對被測對象的行為加以觀察與評估，從而鑒別、預測受訓者的各項能力與潛力。這種方法一般有幾種不同的表現形式：文件處理情景模擬、無領導小組討論、歸納發言、工作總結練習。

(3)基層管理人員培訓

基層管理人員培訓即針對工作人員直屬主管的培訓，也就是所謂的「監督指導層」的培訓，面向的學員包括部門主管、工廠主任、工段長、領班、班組長等。

這些人是最基層的管理幹部，是在工作現場對作業工人進行指導監督的關鍵人物，更是上下左右聯繫的紐帶。他們的素質狀況對企業的工作效率及企業的穩定性有很大影響。

①基層管理人員培訓的目的。從管理的要求看，一名員工工作表現出色，技術嫻熟，日常操作勝任有餘，未必能成為優秀的基層主管。從總的方面看，基層管理人員應具備以下四個方面的知識和能力：

· 管理方面。要清楚地瞭解企業的目標、政策和管理原則。
· 實務操作方面。要明白工作程序、工作標準和工作細節。
· 人際關係方面。要瞭解員工並能夠影響他們的工作態度和行為。
· 意識方面。能設想採用不同的工作方法，並預見其所帶來的結果。

②基層管理人員培訓的內容。基層管理人員通常在實務操作方面已經積累了相當豐富的經驗，因此他們才會有機會被提拔到管理

崗位上來，但這並不意味著他們在實務操作方面就無須再接受培訓。在以下兩種情況下需要接受實務操作方面的培訓：基層管理人員還沒有正確掌握實務操作的知識和技能時；當新技術、新程序、新方法在公司推廣應用時，基層管理人員原來掌握的老技術、老程序、老方法可能就會被淘汰，這時基層管理人員就需要接受新技術、新程序、新方法實務操作培訓。

　　一般而言，基層管理人員需要進行以下內容的培訓：各職能部門的專業知識和技能、基本的監督、激勵、合作精神、領導藝術、職業生涯規劃、績效反饋以及職業道德等。

　　在羅伯特‧卡茨提出的管理人員培訓內容結構三成分模型中，基層管理人員的技術能力培訓、人際關係能力培訓與創新能力培訓的比例為 $50：38：12$。由此可以看出，基層管理人員培訓偏重於技術能力。

表 8-1　年度培訓計劃

序　　號				
培訓類型				
培訓班名稱				
舉辦部門				
培訓人數				
培訓時間				
培訓內容				
教　　師				
教　　材				
培訓地點				
備　　註				

表 8-2　2005 年員工培訓計劃

課程類別	課程內容	主辦部門	時間	月份	內容	對象
電腦培訓	高級軟體培訓	人力資源部	4 天	2 月		
電腦培訓	日常辦公軟體培訓	人力資源部	10 天	3 月		
金融培訓	WTO 專題培訓	人力資源部	1 天	4 月		
工程建設管理培訓	工程現場施工管理	人力資源部	1 天	7 月		
法律培訓	法律常識	人力資源部	1 天	5 月		
法律培訓	新的財經法規	人力資源部	1 天	6 月		
物業建設管理建設	物業管理培訓	人力資源部	2 天	6 月		
管理培訓	企業管理培訓	人力資源部	1 天	8 月		
管理培訓	人力資源管理	人力資源部	2 天	10 月		
管理培訓	高級管理技能	人力資源部	1 天	9 月		
團隊培訓	成功學培訓	人力資源部	2 天	12 月		
業餘培訓	演講、書法	人力資源部	2 天	11 月		
秘書培訓	秘書實務培訓	人力資源部	1 天	10 月		
業餘培訓	攝影藝術培訓	人力資源部	1 天	12 月		
管理培訓	職業經理培訓	人力資源部	2 天	9 月		
司駕培訓	司駕培訓	人力資源部	1 天	5 月		
工程培訓	質量評定培訓	人力資源部	2 天	7 月		
管理培訓	商貿經營管理	人力資源部	1 天	8 月		
管理培訓	現代飯店管理	人力資源部	1 天	8 月		

(4)操作人員培訓

操作人員培訓又稱一線人員培訓、工人培訓，是指對生產、工作或服務在第一線員工的培訓。

①操作人員培訓的目的

· 培養員工積極的心態。

- 全面完成各項任務。
- 掌握正確做事情的原則。
- 掌握正確做事情的方法。
- 提高工作效率。

②操作人員培訓的內容。每個企業的操作人員由於工種不同，其需要的知識和技能也不同，因此，每個企業都應對操作人員特定的知識和技能進行培訓。除此之外，還可視企業的具體條件開展以下一些培訓項目：追求卓越心態、安全與事故防止、減少浪費、全員質量控制、企業文化、團隊建設、新設備操作、壓力管理、人際關係技能以及時間管理等。

2.分職能培訓體系

分職能培訓體系又稱為「縱向劃分」。企業僅僅根據受訓者層次而對其進行籠統的培訓是遠遠不夠的，還必須根據各個受訓者的工作職能加以區別來培訓。不同的崗位有不同的工作職能，也就需要不同的工作技能，因此必須區分對待。結合工作分析和崗位說明書，針對崗位的能力素質模型來設計，一般包括生產作業管理、市場營銷、人力資源、財務管理、研發等。

3.按培訓時間長短

以培訓計劃的時間跨度為分類標誌，可將培訓計劃分為長期、中期和短期培訓計劃三個類型。中期培訓計劃是長期培訓計劃的進一步細化，短期培訓計劃則是中期培訓計劃的進一步細化。

(1)長期培訓計劃

長期培訓計劃一般指時間跨度為 3～5 年以上的培訓計劃。

時間過長，則難以做出比較準確的預測；時間過短，就失去了長期計劃的意義。長期培訓計劃的重要性在於明確培訓的方向性、目標與現實之間的差距和資源的配置，此三項是影響培訓最終結果

的關鍵性因素，應引起特別關注。

(2) 中期培訓計劃

中期培訓計劃是指時間跨度為 1～3 年的培訓計劃。它具有承上啟下的作用，是長期培訓計劃的細化，同時又為短期培訓計劃提供了參照物。

(3) 短期培訓計劃

短期培訓計劃，或叫實施計劃，是指時間跨度在 1 年以內的培訓計劃。在制定短期培訓計劃時，需要著重考慮的兩個要素是：可操作性和效果。因為沒有它的點滴落實，組織的中、長期培訓目標就會成為空中樓閣。

除非特別指明，一般所指的培訓計劃大多是短期培訓計劃，並且從目前國內組織的培訓時間來看，更多的是某次或某項目的培訓計劃。

三、培訓計劃制定的流程

在進行詳盡的培訓需求分析之後，要有效地實施培訓，就必須制定詳細的培訓計劃。

所謂培訓計劃是按照一定的邏輯順序排列的記錄，它是從組織戰略出發，在全面、客觀的培訓需求分析基礎上，做出的對培訓時間（When）、培訓地點（Where）、培訓者（Who）、培訓對象（Who）、培訓方式（How）和培訓內容（What）等的預先系統設定。

培訓計劃必須滿足組織及員工兩方面的需求，兼顧組織資源條件及員工素質基礎，並充分考慮人才培養的超前性及培訓結果的不確定性。

以時間為區別，年度培訓計劃制定的步驟如下：

- 與總經理談當務之急的「與培訓有關之業務問題」。
- 與所有向總經理負責的經理逐一談他們部門的「與培訓有關之業務問題」。（9 月中）
- 編制明年培訓計劃書。
- 與總經理摘要介紹這份計劃書。（10 月中）
- 召開會議，向總經理和直屬經理介紹這份計劃書。
- 按他們的意見修改計劃書。（10 月底）
- 找總經理簽署計劃書。
- 複印派發給各經理和有關人員。（11 月初）
- 培訓計劃制定的常用方法

推動年度培訓計劃，要透過下列：

1. 培訓計劃會議

一個培訓計劃的制定，需考慮到其合理性、可行性；需要把計劃所描述的美好目標與實際——公司的實際狀況所聯繫起來；需要聽取各方面的意見，做到全面規劃；需要有效地整合組織培訓資源，妥善分配。要達到這樣的要求，就必須進行會議研究，用集體的智慧，集思廣益，對培訓計劃做出正確的判斷和決定。

參加培訓計劃會議的對象，面可以廣一點，不妨可以開成擴大會議。公司的高層管理者、培訓管理者、部門經理共同參加會議，有時為使培訓不偏離被培訓對象的需要，也可以考慮選擇幾名學員代表參與培訓計劃會議，有時可以具有旁證的作用。

2. 部門經理溝通

在制定部門培訓計劃時，最為常用的方法，當然是部門經理的溝通，缺乏與部門經理之間的深入溝通，培訓計劃再好，往往在實施的過程中要面對來自部門經理們的干擾。

3.上級的決策裁定

有爭論、分歧的問題，彼此都不認同對方的意見，處於僵持，這種情況出現了，最好的方式是請上級定奪。請上級對培訓計劃做出決策。

培訓計劃，不可以只準備一套方案，要為決策者決策時提供備選方案。這可以防備在第一套方案出現問題時，及時採取補救措施，避免出現損失。

四、培訓計劃的內容

有人將培訓計劃的內容概括為「5W1H」的原理，用來規劃組織培訓計劃的架構及內容。所謂「5W1H」即 Why（為什麼）、Who（誰）、What（內容是什麼）、When（時間）、Where（在那裏）、How（如何進行）。如果將其所包含的內涵對應到制定的培訓計劃中來，即要求我們明確：組織培訓的目的、培訓的對象、由誰負責、授課師、培訓的內容、培訓的時間與期限、培訓場地、培訓方法以及如何進行正常的教學等要素，這些要素所構成的內容就是組織培訓的主要依據。

1.培訓的目的

培訓者在進行培訓前，一定要明確培訓的真正目的，並將培訓目的與公司的發展、員工的職業生涯緊密地結合起來。這樣，培訓效果才更有效，針對性也更強。因此，在組織一個培訓項目時，要將培訓的目的用簡潔、明瞭的語言描述出來，以成為培訓的綱領。

2.培訓的負責人

負責培訓的管理者，雖然因組織規模、行業、經營方針、策略的不同而歸屬於各個不同的部門，但大體上，規模較大的組織一般都設有負責培訓的專職部門，如訓練中心等，來對全體員工進行有

組織、有系統的持續性訓練。因此，在設立某一培訓項目時，就一定要明確具體的培訓負責人，使之全身心地投入到培訓的策劃和運作中去，避免出現失誤。

明確培訓的責任人和組織者，有利於培訓工作的順利開展，能夠促使問題得到及時解決，保證培訓工作的高質、高效。

3.培訓的對象

根據組織的培訓需求分析，不同的需求決定著不同的培訓對象與培訓內容。在經過具體的培訓需求分析後，可以根據需求來確定具體的培訓內容，也可以確定那些員工缺乏相關的知識或技能，培訓內容與缺乏的知識及技能相吻合者即為本次受訓者。雖然一般情況下，培訓內容決定了大體上的受訓者，但並不等於說這些人就是受訓者，有時組織還專門為某個或某些員工單獨設計培訓內容。

在選擇受訓者時還應從學員的角度看其是否適合受訓：一方面，要看這些人對培訓是否感興趣，若不感興趣則不易讓其受訓，因為如果受訓者沒有積極性，那麼培訓效果肯定不會很好；另一方面，要看其個性特點，有些人的個性是天生的，即使通過培訓能掌握其所需的知識、技能，但他仍不適合於該工作，那麼他就需要換崗位，而不是需要培訓。從培訓內容及受訓者兩方面考慮，最終確定培訓的對象。

培訓對象的選定可由各部門推薦，或自行報名再經甄選程序而決定。確定培訓對象就是指要對什麼人進行培訓，那些人是主要培訓對象，那些人是次要培訓對象。

此外，事先確定培訓對象的數量也很重要。準確地選擇培訓對象，有助於培訓成本的控制，強化培訓的目的性，提高培訓效果。

4.培訓的內容

在明確了培訓的目的和期望達到的學習效果後，接下來就需要

確定培訓中所應包括的傳授資訊。培訓內容千差萬別，一般包括開發員工的專門技術、技能和知識，改變工作態度的組織文化教育，改善工作意願等，究竟該選擇那個層次的培訓內容，應根據各個層次培訓內容的特點、培訓需求分析以及受訓人員來選擇。

　　在擬定培訓內容以前，應先進行培訓需求的分析調查，瞭解組織及員工的培訓需要，研究員工所擔任的職務，明確每項職務應達到的任職標準；然後再考察員工個人的工作實績、能力、態度等，並與崗位任職標準相互比較。如果某員工尚未達到該職位規定的任職標準時，不足部份的知識或技能，便可能成為其培訓的內容。通過組織的內部培訓，能夠將其迅速地補足。

　5.培訓師

　　培訓效果的好壞，與培訓師的教學水準有很大關係。事先確定培訓師，有利於培訓師提前準備培訓內容，以保證培訓的效果。

　　當組織業務繁忙，組織內部份不出人手來設計和實施員工的培訓計劃時，那麼就要借助於外部的培訓資源。工作出色的人員並不一定能培訓出一個同樣出色的員工，因為教學有其自身的一些規律，外部培訓資源大多數是熟悉成人學習理論的培訓人員，可以比內部資源是供更新的觀點、更開闊的視野。

　　外部資源和內部資源各有其優缺點，但相比之下，應當首推內部培訓資源，只有在組織業務確實繁忙、分不開人手時，或內部培訓資源確定缺乏適當人選時，才可選擇外部培訓資源，但儘管如此，把外部資源與內部資源結合使用才為最佳。所選的培訓師必須具有廣泛的知識、豐富的經驗以及專業的技術，這樣才能受到受訓者的信賴與尊敬；同時，他還要有卓越的訓練技巧和對教育的執著、耐心與熱心。

6.培訓的時間和期限

培訓的時間是培訓計劃的一個關鍵項目。培訓時間的選擇如果及時合理，就能夠保證組織目標和崗位目標的順利實現，提高生產效率。培訓時間過於超前，就可能會在需要時，員工已經忘記了培訓內容，影響工作進度；培訓時間過於滯後，就會影響組織正常的生產經營活動，使培訓失去作用。

一般而言，培訓的時間和期限可以根據培訓的目的、場地、講師、受訓者能力及上班時間等因素來決定。

7.培訓的方法

在各種教育訓練方法中，選擇那些方法來實施培訓，是培訓計劃的主要內容之一，也是培訓成敗的關鍵因素之一。根據培訓的項目、內容、方式的不同，所採取的培訓技巧也有區別。

組織培訓的方法有多種，如講授法、演示法、案例法、討論法、視聽法、角色扮演法等，各種培訓方法都有其自身的優缺點。為了提高培訓質量，達到培訓目的，往往需要將各種方法配合起來，靈活使用。在培訓時可根據培訓方式、培訓內容、培訓目的而擇一或擇多種配合使用。不同的技巧與方法所產生的培訓效果是不同的，需要在制定培訓計劃時與授課講師共同研討與確定，以達到培訓效果的最優化。

8.培訓場所及設備的選擇

要事先選擇並確定培訓地點，便於受訓人員學習。培訓場地的選擇可以因培訓內容和方式的不同而有所區別，一般可分為利用內部培訓場地及利用外部專業培訓機構和場地兩種。

內部培訓場地的訓練項目主要有工作現場的培訓和部份技術、技能或知識、態度等方面的培訓，主要是利用組織內部現有的培訓場地實施培訓。其優點是組織方便、費用節省；缺點是培訓形式較

為單一、受外界環境影響較大。

外部專業培訓機構和場地主要是進行一些需要借助專業培訓工具和培訓設施的培訓項目，或是利用其優美安靜的環境實施一些重要的專題研修等的培訓。其優點是可利用特定的設施，並離開工作崗位而專心接受訓練，且應用的培訓技巧較內部培訓多樣化；缺點是組織較為困難，且費用較大。

培訓地點一經確定，就可及時通知培訓師和受訓員工，便於組織培訓的責任人事先做好培訓準備。

培訓設備則包括教材、筆記本、筆、模型，有的還需要幻燈機、錄影機等，不同的培訓內容及培訓方法最終確定了培訓場所和設備。

9.培訓經費預算

培訓經費分為兩個部份：一是整體計劃的執行費用；二是每一個培訓項目的執行或實施費用。

以上就是培訓計劃包括的一些具體內容。在實際操作中，培訓計劃可以像上面介紹的那樣，制定得較為詳細，但也不是一成不變的，也可以先制定一個原則和較大的培訓方向和內容，在每個培訓項目實施前再制定詳細的實施計劃。

10.培訓考評方式

為了驗證培訓效果、督促受訓人員學習，每一次培訓後必須進行考評。同時還要選擇一個能較好地測試培訓結果的方法進行考評，切不可走形式主義，失去考評的作用。

從時間上講，考評可分為即時考評和應用考評，即時考評是指培訓後馬上進行考核；應用考評是指在培訓後對工作中應用情況的考評。

一般的考評方式分為筆試、面試、操作三種方式。筆試又分為開卷和閉卷；筆試和面試試題類型又分為開放式試題和封閉式試題。

※案例　受訓人員劃分不明確

C 公司是一家大型民營紡織企業，面對員工積極性不高、工作的品質不高、產品的售後問題不斷等問題，公司認為管理層的管理不善是其中一個很重要的原因。公司總經理吳強決定對管理人員進行培訓，並將培訓的設計、實施、改進等交由人力資源部負責。

吳總決定，企業 80%的管理人員都應該參與培訓，並且把他們分為兩大塊：基層管理人員和高層管理人員的培訓。培訓後半年過去了，吳總發現公司的生產力並未得到提升，反而出現了更多意想不到的問題，如員工積極性下降、企業文化混亂、上級與下級之間衝突不斷等。吳總很困惑：為什麼培訓在公司中發揮不了應有的作用呢？

在做培訓的時候就要注意受訓人員的劃分，針對不同的層次和需求進行不同的培訓。假如將不同層次的人劃分在一起培訓，那麼可能應該培訓的人員沒有得到培訓；對一些人來說，應該培訓的東西在培訓的課程中根本沒有體現，不需要培訓的東西卻充滿了培訓課程。

C 公司雖然做到了培訓的基本分層，卻沒有更深入地進行細分，只是將公司的所有員工分為兩大部份培訓，這個分類過於粗糙。對管理層的培訓，應當注意培訓的是管理人員那方面的能力，是不是所有人都適合約樣的管理課程？在基層管理人員中有沒有應該得到提升的、有潛力的人員存在？

簡單的流水線的管理培訓是枯燥的，同時也在一定程度上限

制了員工的積極性和潛力的發揮。

　　很顯然，C 公司在做培訓計劃時並沒有考慮到這些，這也是導致原有的問題沒有解決反而出現新的問題的原因。

　　C 公司在做培訓時，應該更深入地認識受訓人員，從而做出正確的受訓人員劃分。這樣可以使不同的人得到最大的發展空間，透過培訓真正地解決公司的問題。

心得欄

第 **9** 章

提出具體的培訓計劃書

一、培訓計劃書的重要性

即使是最完美的培訓計劃，最後都要寫在紙上，形成一份計劃書。只有這樣，才能夠向你的上司、同事、下屬來闡述你的計劃，使之被其他人所接受。要想啟動培訓計劃，順利地實施並獲得良好的實施效果，請從製作一份完備的、充滿說服力的計劃書開始。

培訓本身就複雜，由於涉及到的人和事也很複雜，所以培訓管理者要通過策劃書來向他人說明培訓工作的流程和原因，並描述或是預測培訓實施後的效果、收益。

高層要關心的事情很多，不可能為了培訓而花費過多的時間或精力。他們沒有必要，也沒有興趣去瞭解過多的細節，更多的關注培訓實施後的效果。但是，作為決策者，在拍板的時候，他們對培訓的瞭解，其資訊幾乎就全來自你的策劃書了。你自己寫的策劃書決定了你所提出的培訓計劃是否被採納。

在醞釀階段，或許你的培訓方向是對的，但是在具體的安排、細節上存在些疏漏，確實要求管理者事先對各個環節做一番研究，

做到心中有數、統籌規劃。以往，經常有企業因為缺乏事前規劃，臨時被意料之外的突發事件弄得措手不及，最後培訓效果一塌糊塗。所以，透過撰寫策劃書，可以很好地完成培訓計劃。

表 9-1　企業高層、中層管理人員及培訓管理人員關注的重點

類別	高層管理人員	中層管理人員	培訓管理人員
組織分析	培訓對實現組織目標重要嗎 培訓將會怎樣支援戰略目標的實現	值得投入資金培訓嗎 要投入多少資金	有經費來購買培訓產品嗎 經理們會認同和支持培訓嗎
人員分析	那些職能部門和經營單位需要培訓	那些人員需要培訓	怎樣選擇和確定需要培訓的人員
任務分析	企業擁有具備相應態度、知識、技能的可參與市場競爭的員工嗎	在那些領域內培訓可大幅度提升產品和服務品質，創造更多效益	那些任務內容需要培訓支援 完成該任務內容需要員工具備什麼態度、知識和技能

二、培訓計劃的制定

依據培訓需求分析的結果，制定完善的企業培訓計劃，是企業培訓流程管理中的重要環節。沒有計劃，培訓工作就無從開展。

培訓計劃按不同方式可以分為不同的內容：按層次可分為公司培訓計劃、部門培訓計劃；按時間可分為年度培訓計劃、季培訓劃、月培訓計劃等。

表 9-2 公司培訓計劃表

月份	培訓項目	培訓者	培訓對象	課時	備註
1	公司管理制度培訓	人力資源部	全體員工	3	
2	員工禮儀與行為規範培訓	內部培訓師	外聘培訓師	3	
3	品質管理培訓	品質部經理	有關人員	14	
4	目標管理培訓	外聘培訓師	部門經理以上人員	14	
5	5S管理培訓	外聘培訓師	主管以上人員	14	
6	團隊建設與團隊合作	內部培訓師	全體員工	7	
7	高效會議	外聘培訓師	部門經理以上人員	7	
8	安全生產培訓	生產部經理	生產部員工	3	
9	培訓師課程	外聘培訓師	內部培訓師部門經理	21	
10	有效溝通與員工激勵	外聘培訓師	督導人員	14	
11	倉儲管理流程	倉儲部經理	倉儲部員工	3	
12	採購作業流程	採購部經理	採購部員工	3	
每月例行	新員工入職培訓	人力資源部	當月新入職員工	21	

部門培訓計劃表如表 9-3 所示。

表 9-3 部門培訓計劃表

日期： 第　頁　共　頁

序號	課程名稱	課程日期	受訓對象	備註
部門經理		培訓專員		

三、培訓計劃書的撰寫技巧

1.培訓計劃的目的、內容的簡要說明

要很有技巧地把實施該計劃的目的、要點用簡短的幾行字寫出，同時也要把策劃的核心構想或畫龍點睛之處明確地寫出。

2.培訓計劃的制定過程的說明

培訓計劃的目標背景，在制定過程中有誰參與，參考了那位領導的意見，經過什麼流程去完成等，這些緣起及經過都要加以交代。

3.培訓計劃的制定過程的說明

作為策劃書的正文部份，要通過簡單明瞭的方式使他人一目了然，很快就能抓住核心部份。

4.培訓計劃實施時的步驟說明

對培訓計劃的實施操作步驟、流程都應予以詳細的說明，或是單獨的制定其他的計劃作為補充。對培訓計劃實施是，應注意的事項要做成備忘錄，並巧妙地把它們整理出來附在策劃書上。

四、培訓計劃書的提出

很多培訓主管都會發牢騷說：「真是煩死人。好不容易才完成策劃書，他卻放在抽屜裏面，只關心培訓要花多少錢，真是氣死我了！」

這種事情其實太平常了，幾乎在每一個公司都有可能發生。別光是發火，首先得檢查一下：是不是自己這裏出了差錯？是不是計劃書沒有做好？一份被拒絕的策劃書，一定存在著某種缺陷，或是缺乏說服力。不可能由你去要求上級如何去做，而只能去迎合他，這是做下屬的不成文的規矩。

提出一個策劃與銷售產品非常相似，領導就是你的顧客，而策劃就是你的產品。既然如此，你就應該運用你所學的營銷手段，來使你的產品成功。

在向上司正式提出策劃書之前，你應該做好充分的準備。可以請你的同事扮演培訓計劃審核者，就你的策劃書，向你提出異議，你也可以就他們的問題予以解釋。

經過這種模擬練習後，你沒有發現的問題，或是被疏忽的問題，都可以被找出來，並針對這些問題，做出應簽的準備；或是對策劃書做出相應的修改，盡一步完善你的策劃書。

在提出策劃時，要把握好決策者的理論水準，有的放矢。有家公司在提出前面培訓的策劃後，由於參加策劃的全體人員都是大學以上的學歷，而且英語水準都很高，因此在策劃書上使用的說明，動不動就是英語的縮寫，並夾雜著很多的專業術語。策劃小組的人認為這很容易理解，但是到了決策者那裏，就讓人不明白，因為他們不具備回應的閱讀能力，或是早已經忘了。這樣的一份策劃說明書，效果自然可想而知。

如果你能事先瞭解決策者的知識水準，就不會產生這種令人尷尬的場面了。你只要利用與他們理解能力相當的方式，就能很好地引起他們的共鳴。

「紙上得來終覺淺」！只有書面的策劃書，太過於單薄，也無法形象地展示你的理念，難以給培訓計劃審核者留下深刻印象。所以，為了將策劃順利地向決策層推銷，必須善於利用各種輔助工具，製作一份全方位、有立體感和震撼力的策劃書。例如，可以嘗試利用幻燈片，播放錄影等形式來打動培訓計劃審核者。

表 9-4　培訓計劃書示例

培訓項目名稱		
培訓目的		
培訓進度		
培訓內容		
培訓步驟		
意外控制		
注意事項		
策劃人：		日期：
員工培訓計劃		
計劃編號：		月份：
編號：	□內部培訓	□外部培訓
培訓項目		
培訓名稱		
培訓時間、地點		
培訓老師教材		
培訓目標		
培訓費用(預算)		
考核方式		

五、培訓計劃書的編制技巧

培訓計劃的編制，要注意下列：

1.項目名稱要盡可能詳細寫出，不宜含糊不清。

2.應寫明培訓計劃者所屬部門、職務、姓名。若是團隊形式，就寫出團隊名稱、負責人、成員姓名。

3.培訓計劃目的要盡可能地簡明扼要，突出核心要點。

4.培訓計劃書內容應在認真考慮接受理解力和習慣的基礎上詳

細說明，表現方式宜簡單明瞭。

5.詳細闡述所計劃培訓的預期與預測效果，並解釋原因。

6.對計劃中出現的問題要全部列明，不應回避，並闡述計劃者的看法。

7.培訓計劃書是以實施為前提編制的，通常會有很多注意事項，在編寫時應將它們提出來以供給決策者作參考。

六、培訓項目計劃的流程設計

培訓項目的操作過程，應包括需求確認、培訓計劃、教學設計、實施培訓、培訓評估幾個環節。只有對每個環節中的各個要點進行專業操作，才能保證培訓項目的有效實施。圖 9-1 是常見的企業培訓流程圖。

舉例說明設計與實施培訓項目計劃的具體操作方法。

某公司發現，公司的會議越來越多，而且會議總是拖延、跑題、無果而終，嚴重影響工作效率，於是他便要求培訓部為部門經理進行培訓。

第一步：培訓需求分析

進行培訓需求分析是培訓項目設計的起點，也是培訓評估的依據。不管一個培訓項目的動意如何，培訓管理人員都應該透過培訓需求分析來確定具體的培訓規劃。

需求分析過程一般包括：

(1)瞭解問題表現。　(2)確認調查對象和調查內容。

(3)選擇調查方法，制定調查方案。　(4)實施調查。

(5)調查結果分析，確認問題原因和解決方法。

(6)確認培訓可解決的問題。

圖 9-1　培訓流程圖

第二步：設定培訓目標

培訓目標包括以下 3 個層次：

(1)最終目標。培訓項目消除或克服的組織問題。

(2)中間目標。為達到最終目標而必需的員工行為改變。

(3)直接目標。為達成中間目標(員工行為改變)員工必須具備的知識、技能和態度。

培訓是透過直接目標的達成來實現組織行為改善的。

第三步：確定評估目標

在培訓項目實施之前，培訓管理人員就必須把培訓評估的目的明確下來。這是因為，培訓評估的目的將影響數據收集的方法和所要收集的數據類型。

培訓數據的收集，需要培訓管理人員與其他部門人員相互間良好的配合。因為培訓需求來自直線部門，他們知道員工技能的差距，他們能夠指出員工技能改善的方向和預期改善目標，所以培訓管理人員只有與直線部門人員配合，才能更好地把握培訓方向。收集的數據最好有一定的時限性，以便進行實際分析比較。例如，前三個月的不滿意客戶的數量、去年處理的失誤次數、上一季事故發生的次數、或過去年份平均每月的銷售成本等。

第四步：估算培訓項目成本

在估算培訓項目的成本時，對企業培訓的成本效益原則不能忽略。培訓成本有直接成本和間接成本兩部份，需要對其進行綜合考慮。其中，直接成本包括：課程開發費、講師費、資料費、場地和設備租賃費、用餐住宿和交通費、其他雜費等；間接成本包括：學員薪資福利、培訓管理人員薪資福利、內部設施使用費用分攤等項內容。很多時候，成本直接決定著培訓項目能否實施。

第五步：項目溝通與審批

(1)完成項目申請書。項目申請書由項目背景、培訓對象、培訓將解決的問題、培訓時間安排、評估方案、項目預算情況、培訓將達到目標和預期收益構成。

(2)申請與審批。

(3)決定培訓項目是否執行。

第六步：培訓師的選擇和確認

(1)制定培訓師選擇標準。培訓師的選擇標準的制定以最易達到培訓目標為出發點。

(2)培訓師資料選擇。企業培訓師數據庫的建立，是日常培訓管理中應重視的內容。豐富的培訓師資料為培訓師的選擇提供了有利條件。

(3)培訓師面談和考查。面談前應做好充分的準備工作，才能降低採購成本。某公司為一天的培訓課程，約見了 17 位培訓師，一方面說明公司具有謹慎的課程採購的態度，但在另一方面，也暴露出公司在培訓師信息的積累等基礎工作上做得還不到位。

(4)確定培訓師。

(5)安排培訓師做課前調研。培訓師參與課程調研，既可以加強課程的針對性，也為培訓師授課提供了良好支援。

第七步：培訓內容和方法的開發和確認

(1)培訓內容二次開發。

(2)培訓內容和方法審核。

(3)與講師溝通評估要求。

第八步：培訓行政準備

(1)培訓場地、設施。培訓部門應做好培訓現場的安排，提供必要的後勤保障服務，如：座椅的擺放、設備的調試、茶水的準備及現場氣氛的佈置等都應該考慮到，以保證培訓課程的順利實施。

(2)製作、印刷資料。

(3)培訓學員簽到及交通食宿安排。

(4)講師安排。

(5)其他行政準備。

表 9-5　培訓前準備事項檢查表

課程名稱：　　　　　　　　　　　　填表日期：

類別	檢查項目	結果	類別	檢查項目	結果
A	培訓通知		C	電腦	
	學員名單			麥克風	
	課前調查			電視機	
	教學計劃書			錄放影機	
	學員手冊			投影儀/幕布	
	教具準備			桌簽/姓名牌	
	培訓評估表			海報紙	
	行動計劃書			場地佈置	
B	學員用筆		D	住宿名單	
	筆記本			餐飲安排	
	白板筆			休閒娛樂安排	
	釘書機			車輛	
	膠帶		E	培訓師接送	
	裁紙刀			培訓師費用	
	相機		F	其他	
	紙杯				
	茶點				
	禮品/獎品				

第九步：實施培訓項目

在整個培訓項目實施過程中，培訓管理人員都需做好溝通、協

調與監控工作，及時處理突發事件，做好培訓師與學員之間的橋樑。應該注意的是，培訓管理人員向培訓師轉達學員意見與建議時，應考慮該信息是否對於後續課程有益。曾有學員反應某培訓師講課口音過重，培訓管理人員不假思索地做了回饋，結果是培訓師短時間內難以調整，反而加重負擔，如此一來，後續課程的效果也就可想而知了。

第十步：收集各主要階段評估數據，起草總結報告

(1)整理各項數據。

(2)對數據做統計分析。

(3)起草總結報告。

(4)提出改善建議。

第十一步：歸檔各類資料

歸檔各類資料主要包括以下各項：

(1)課程介紹單/項目申請書。

(2)培訓通知。

(3)培訓需求分析報告。

(4)教材。

(5)簽到表。

(6)評估表。

(7)效果統計調查表。

(8)課前檢查表。

(9)培訓班基本情況表。

(10)課程實施記錄。

(11)培訓報告書。

(12)其他(如：教學案例、練習、教具等)。

第十二步：培訓結果溝通

在培訓評估過程中，人們往往忽視了對培訓評估結果的溝通。其實，這也是培訓項目操作中重要的一環。在溝通有關培訓評估信息時，培訓部門一定要做到不存偏見和有效率。

一般來說，企業中有四種人是必須要得到培訓評估結果的。其中，最重要的一種人就是人力資源管理人員，他們需要這些信息來改進培訓項目。只有在得到回饋意見的基礎上不斷改進，精益求精，培訓項目的品質才能得到提高。管理層是另一個重要的人群，因為他們當中有一些是決策人物，他們直接決定著培訓項目的未來。這樣的培訓是否有價值，應該由管理層做出答案，因為評估的基本目的之一，就是為妥善地決策提供基礎。第三個群體是受訓人員，他們應該知道自己的培訓效果怎麼樣，並應將自己的業績表現與其他人的業績表現進行比較。這種意見回饋有助於他們繼續努力，也有助於將來參加該培訓項目學習的人員不斷努力。第四個群體是受訓人員的直接經理。他們有必要瞭解下屬的培訓情況，以便在日後的工作中更好地跟進學員的培訓效果。

第十三步：調整培訓項目

對收集到的培訓相關信息進行認真分析，培訓管理人員就可以有針對性地調整培訓項目。如果培訓項目沒有什麼效果或是存在問題，培訓管理人員就要對該項目進行調整或考慮取消該項目。如果評估結果表明，培訓項目的某些部份有問題，例如，內容不適當、授課方式不適當、時間安排欠妥或受訓人員本身缺乏積極性等，培訓管理人員也就可以有針對性地考慮對這些部份進行重新設計或調整。相反，如果培訓評估結果證明，該項目各環節均受到好評，則應把成熟項目和工作方法標準化，以便為後期的工作提供指導。

※案例　培訓計劃書

(一)培訓分析

1. 企業戰略對培訓的要求

⑴公司戰略中對培訓職能的界定

⑵下年度經營計劃分析

①下年度的經營目標闡述

②達成目標的關鍵成功因素分析

③達成目標的重點、難點分析

④培訓在達成經營目標方面的貢獻

⑶年度人力資源計劃分析

①組織機構的調整帶來的培訓需求分析

②內部崗位調整(晉升、崗位輪換)帶來的培訓需求

2. 外部環境變化對培訓的要求

⑴行業環境分析

①相關規定對培訓的需求

②本行業主要技術發展趨勢

③新技術在本行業、本企業的應用

⑵競爭對手變化

①本企業重要競爭對手

②他們採取什麼樣的措施提高其競爭力?

③這些措施對市場或終端產生了什麼影響?

④我們應該採取什麼對策來適應競爭?

⑤需要通過培訓解決的工作

⑶客戶構成與管道的變化

①本企業主要的客戶

②這些主要客戶在經營管理方面最新的動向分析

③這些最新動向對本企業的業務的影響(正面、負面)

④這些主要客戶對目前本企業產品、質量、服務、人員工作方面的改善建議

3.企業內部各職能部門培訓需求

⑴部門 A

①本部門本年度培訓效果總結

②本部門下年度經營目標

③部門下年度主要工作

④需要通過培訓完善的工作

⑤需要通過培訓完成的技能儲備

⑵部門 B

①本部門本年度培訓效果總結

②本部門下年度經營目標

③部門下年度主要工作

④需要通過培訓完善的工作

⑤需要通過培訓完成的技能儲備

⑶部門 C

①本部門本年度培訓效果總結

②本部門下年度經營目標

③部門下年度主要工作

④需要通過培訓完善的工作

⑤需要通過培訓完成的技能儲備

4.下年度培訓的中心目標與任務

⑴下年度培訓的中心工作
⑵下年度培訓工作的基本任務

(二)本年度培訓專項職能分析

1. 本年度培訓工作總結
⑴本年度培訓計劃的整體執行情況分析
⑵部門培訓計劃執行情況分析
⑶崗位培訓計劃執行情況分析
2. 本年度培訓效果評估
⑴本年度主要的培訓課題與項目名稱
⑵各課題培訓效果分析
3. 本年度培訓工作的經驗與教訓
⑴本年度培訓管理工作方面的經驗與教訓
⑵本年度培訓方案方面的經驗與教訓
⑶本年度培訓計劃方面的經驗與教訓
⑷本年度培訓課題與內容方面的經驗與教訓
4. 下年度培訓工作面臨的課題點與建議對策

(三)下年度培訓計劃與相關費用預算

1. 關於年度培訓的基本安排
2. 內部培訓講師培養計劃

表 9-6　年度培訓計劃與相關費用預算

月	部門	對象	預計人數	培訓課題	講師	費用預算
1 月						
2 月						
3 月						
4 月						
……						
9 月						
10 月						
11 月						
12 月						

心得欄

第 *10* 章

培訓活動方案的設計

一、培訓對象

　　培訓活動方案的設計一般主要包括：培訓目標、培訓對象和組織範圍、培訓講師、培訓內容和形式、培訓時間、培訓地點、培訓設備以及經費預算等。

　　在培訓計劃中，應該把這些目標更明確、更具體的體現出來。培訓計劃的目標要詳細說明完成培訓後，受訓者所能夠達到的標準。培訓目標不僅能夠為接受培訓和實施培訓的人員提供共同的努力方向和目標，也為對計劃的評價提供了依據。

　　企業培訓對象範圍一般包含組織整體、部門和個人三個層次。對組織的培訓，培訓的對象常常涉及到企業的所有員工，如安全培訓、監督與管理等。針對某個部門的培訓，一般只對某一些人員開展，培訓的內容包括專業技能、部門規則等。同時，培訓計劃也可側重於員工個人，比如，晉升發展、潛能開發等。由於不同對象、不同規模的培訓關係到培訓形式、培訓內容、場所、培訓工具、培訓講師、培訓費用等一系列問題的選擇，因此在計劃中一定要明確

指出。

二、培訓的形式與內容

　　根據培訓目標，員工培訓可以採用多種多樣的形式進行，如職位培訓、專業培訓、自修計劃，委託培訓，職位輪換，轉崗培訓，業餘進修等。根據職業要求，培訓又可分為基本技能培訓、專門技能培訓、主管培訓、行政管理培訓、市場營銷培訓、更新拓展培訓等。總之，在制定培訓計劃時，不管選擇那種形式和種類的培訓，必須以有利於實現培訓目標和切實可行為原則。

三、培訓時間安排

　　根據培訓目標、培訓對象、培訓內容以及培訓費用等因素，培訓時間也會長短不等。確定培訓的時間長短，除以上因素外，還應該根據企業發展或業務進度的需要，同時還要充分考慮到不同類型的培訓使用各種資源和條件的差異性，進行合理安排。

　　短期培訓，一般為期 1 小時～1 天。主要進行一些專題講座，也進行簡單議題的討論。有時，在學習同一內容時，如果時間不夠用，也可分成幾個階段進行。

　　中長期培訓，一般為期 1 週～幾週或 1 月～幾月。中長期培訓主要為學員提供系列課程或系統課程的培訓，適合用於傳授較深和較難的內容。

　　另外，在設計培訓時間時，還應考慮到學員的工作時間和休閒時間的分配。如果在休閒時間進行培訓，要事先徵求學員個人的同意。

表 10-1　培訓類型與科目舉例

培訓類型	培 訓 科 目
基本技能	閱讀、寫作、計算
一般技能	學習技巧、人際關係、談判、團隊協作、解決問題、創造力開發、目標制定、顧客關係、基本管理工具
專門技能	會計、審計、法律、醫學、建築、教育、工程、消防
主管技能	員工評價、員工錄用選拔、溝通技巧、傾聽技術、激勵技術、團隊建設、員工培訓、會議技術、消除不滿
管理開發	勞動關係、人事管理、勞動計劃、計劃管理、決策與問題分析、資訊管理、風險管理、公共預算與財政計劃、正式和非正式組織管理
行政發展	大眾傳媒關係、公共演講、領導評價、戰略計劃、管理哲學、政策分析、機構與政府關係
更新發展	時間管理、壓力管理、演說、職業發展、面談技巧、戒煙、改善記憶、成功訓練、情商開發

四、培訓類型

　　培訓類型就是按照不同的培訓功能劃分的培訓形式。企業各類培訓形式很多，一般可以從培訓性質、培訓對象、培訓內容、培訓地點、培訓時間和培訓人數等方面進行區別和分類。

五、培訓場地選擇

　　企業培訓場地應根據培訓形式、培訓方法、學員數量和經費預算等條件進行選擇。培訓場地一般分為現場培訓場所和非現場培訓場所。

　　培訓場所主要在工作工廠、辦公室或會議室內進行，適用於在

崗培訓，自修計劃，技能操作訓練等。非現場培訓場所主要指教室
和專門的培訓基地。主要適用於專職培訓。

圖 10-1　培訓分類圖

六、培訓器材準備

　　培訓設備是保證培訓順利進行的重要資源。現代科技的開發應用，使培訓設備越來越先進，培訓者所應瞭解和使用的培訓工具也更為豐富和便利。培訓設備主要有兩大類：一是資料類，二是器材類。

表 10-2　常用的培訓設備

資　　料	設　　施
培訓教材、培訓說明、討論資料、測試資料、培訓評估表、記錄本等	黑板或白紙板、幻燈機、投影機、粉筆或白板筆、照相器材、錄音錄影器材、音響器材、影像器材、麥克風、座位名牌、多媒體網路終端等

1.資料類

　　主要包括配備給學員的教材、筆記本、評估表、培訓說明等，其中以培訓教材最為重要。做培訓計劃時要考慮到教材的選擇、編寫以及印刷裝訂等問題。在準備教材時要注意：一是要與講師授課內容相一致；二是要印刷清晰、裝訂整齊；三是要分開裝訂，不要把幾節課的內容和討論資料裝在一起，以免影響聽課效果。

2.器材類

　　主要包括視聽設備，錄音錄影設備以及教室佈置的器材。設備的配置要考慮到現有條件的可能性。比如，在條件允許的情況下，最好配備白板，因為白板不僅有環保作用，而且有利於使用不同顏色的筆來進行演示。如果培訓講師使用筆記本電腦攜帶講授資料，則要配備電腦投影機。

　　有些培訓師習慣使用白紙板作為輔助教學的工具，以便有關內

容可以保留和隨意翻看。音響和影視器材不僅可以輔助教學，而且可用於課間休息時調節氣氛。錄音錄影器材主要是為了收集培訓資料。另外，還要準備一些學員名牌，以便對號入座，相互溝通。

七、培訓計劃表的制定

培訓計劃表是培訓方案進入實施階段的表現形式，是每項培訓活動具體實施的時間表，其形式簡明、直觀、便於管理者安排培訓活動和受訓人員參加培訓活動。根據不同的需要，培訓計劃表有多種形式。

按培訓實施的頻率劃分，可分為慣例性培訓計劃（固定）和臨時性培訓計劃（不固定）。貫例性培訓計劃一般包含企業經常舉行的各類培訓項目，如新員工入門培訓、安全和衛生培訓，在職培訓、管理培訓等。臨時性培訓計劃一般由各部門根據特殊需要提出，並在年度計劃前送報培訓部門審批。

按培訓計劃涵蓋的內容劃分，可分為綜合性培訓計劃和專項培訓計劃。綜合性培訓計劃涉及的部門和人員較多；專項培訓計劃一般只側重於某個部門或某個專業的培訓。

按培訓計劃的時間長短劃分，又可分為長期、中期和短期計劃，如年、季、月計劃。中期計劃根據長期計劃制定，是長期計劃的具體化，而短期計劃同是中期計劃的進一步細化。

表 10-3 年度培訓計劃表

編　　號			
課程名稱			
預定訓練月份	1			
	2			
	3			
	4			
	……			
	9			
	10			
	11			
	12			
培訓對象			
經費預算			

表 10-4 年度培訓計劃匯總表

部　　門			
培訓項目			
培訓課程			
培訓人數			
培訓時間			
培訓地點			
講　　師			
預算費用			
主辦單位			

表 10-5　年度培訓及發展活動日程表

日期	培　訓　活　動	責　任　人
1 月	1.評估年度績效考核結果 2.評估及修正人才梯隊計劃 3.呈交下一年度培訓計劃	培訓主管/總經理
2 月	1.跟進部份管理層員工的培訓計劃 2.禮貌禮節方面培訓	總經理/培訓主管
3 月	1.管理及督導技巧培訓──員工輔導與紀律處分 2.組織落實第一批員工的交換培訓計劃	總經理/培訓主管
4 月	1.食品衛生培訓 2.對客服務技巧培訓	培訓主管/有關部門經理
5 月	1.對管服務技巧培訓──電話溝通 2.工作流程與工作流程培訓	總經理/培訓主管/有關部門經理
6 月	1.品質意識培訓 2.對客服務技巧培訓──價格談判 3.管理及督導技巧培訓──人的管理	總經理/培訓主管/有關部門經理
7 月	1.對客服務技巧培訓──溝通技巧 2.管理及督導技巧培訓──溝通技巧 3.品質觀念及其控制培訓	總經理/培訓主管/有關部門經理
8 月	1.管理及督導技巧培訓──培訓培訓者課程 2.對客服務技巧培訓──處理顧客投訴 3.工作流程與工作流程培訓	總經理/培訓主管/有關部門經理
9 月	1.消防安全培訓及消防演習 2.管理及督導技巧培訓會議組織藝術	總經理/培訓主管/有關部門經理
10 月	1.管理及督導技巧培訓──團隊精神建設 2.員工交換培訓計劃的組織實施	總經理/培訓主管/有關部門經理

續表

11 月	1.績效管理與績效評估技巧培訓 2.管理及督導技巧培訓——管理方式與目標管理 3.管理及督導技巧培訓——時間管理	總經理/人力資源總監/培訓主管/有關部門經理
12 月	1.總結及評估年度培訓工作情況 2.組織培訓及獎勵評選活動	總經理/培訓主管/有關部門經理
每月 例行	1.新員工入職培訓 2.指導及檢查各部門在職培訓 3.呈交培訓月報及三個月培訓計劃 4.語言培訓	培訓主管/有關部門經理
年中 例行	1.評估並修訂公司人才梯隊計劃 2.培訓工作會議	總經理/人力資源總監/培訓主管/有關部門經理
年度 例行	1.評估並修訂公司人才梯隊計劃 2.培訓工作會議	

表 10-6　培訓計劃表

部　　　門				
培訓項目				
培訓目標				
培訓地點				
學　　員				
培　訓　者				
培訓課時				
培訓方法				
培訓時間				
備　　註				

表 10-7　年度培訓計劃表

受 訓 者			
派出部門			
接收部門			
培訓目標			
培訓內容			
培 訓 者			
時間安排			
培訓方法			

表 10-8　年度培訓計劃表

月份	培訓項目	培訓者	培訓對象	課時	地點
1	公司管理制度培訓	部門管理者	全體員工	5H	本部門
2	員工禮貌禮節、行為規範培訓	部門管理者	全體員工	5H	本部門
3	品質管理技術	品管部經理	有關人員	18H	培訓室
4	目標管理技術	總經理	主管級以上人員	5H	培訓室
5	5S 培訓	副總經理	管理級人員	6H	培訓室
6	團隊精神訓練	培訓導師	部份員工	7H	戶外培訓
7	會議組織技巧	總經理	主管以上人員	4H	培訓室
8	機器保養與安全生產	工程部經理	管理級人員	4H	培訓室
9	培訓培訓者課程	培訓主管	管理級人員	18H	培訓室
10	溝通與激勵	培訓導師	經理級以下督導	6H	培訓室
11	倉儲管理流程	倉儲部經理	倉儲部全體員工	8H	培訓室
12	採購作業流程	採購部經理	採購部全體員工	7H	培訓室
每月例行	新員工入職培訓	培訓導師	當月新入職員工	18H	培訓室

表 10-9　人才梯隊計劃表

候任職位	候任者	現職位	可晉升日期	需要發展的能力或需培訓的項目	有否興趣	目前工作表現水準	提拔的可能性
市場總監		廣告經理		無推薦內容	有	傑出	已備妥當
市場總監		銷售經理		· 到廣告部及售後服務部進行交換 · 市場戰略及規劃課程	有	滿意	需進一步培訓
市場總監		售後服務經理		無推薦內容	無	尚需改善	還需觀察考慮
市場總監		製造總監		無推薦內容	有	傑出	已備妥當
市場總監		銷售總監		· 到財務部、製造部進行交換培訓 · 組織原理與規劃課程 · 有關企業全局性管理的其他課程	有	滿意	需進一步培訓
市場總監		財務總監		無推薦內容	無	尚需改善	還需觀察考慮

表 10-10　培訓評估課程計劃表

編號		班別			時數	
科目		培訓評估				講授人
內容大綱	訓練方法					輔教器材
	影片	講授	練習	個案研究	其他	使用
一、前言： 1.培訓的理論依據 2.培訓評估發展趨勢						
二、培訓評估原則： 1.應與訓練目標相結合 2.應配合企業全面發展 3.應為長期持續的過程 4.應鼓勵學員自我評價 5.應供改進措施時參考						
三、培訓評估範圍 1.培訓制度與政策評估 2.培訓機構評估 3.培訓計劃評估 4.培訓設施評估 5.培訓師資評估 6.培訓教材評估 7.培訓成效評估						
四、培訓評估的方法： 1.測驗：有效性、可靠性、客觀性、 　可用性 2.調查：書面調查、實地調查 3.訪問與會談						
五、分析、統計與應用						
六、結論						

表 10-11 年度在職職計劃表

培訓班名稱		本年度辦班數		培訓地點		班主任人選	
培訓目的							
培訓對象		培訓 人數		培訓 時間	自___月___日起至___月___日止 共___個月(週)共___天		
教學目標							
培訓科目	科目名稱	授課時間	講師姓名	教材大綱	教材來源	備　　註	
培訓方式	1. 上課與實習同時進行：每日上課 小時，實習 小時。 2. 上課與實習分期舉行：上課___週(月)每日__小時，實習___週(月) 　 每日___小時。 3. 全部培訓時間在工廠實習，每日___小時。 4. 講習方式：每日上課___小時，晚間學術座談會，討論有關內容或 　 技術問題，每週___小時。						
培訓進度	週　　次	培訓內容摘要				備　　註	
	第一週						
	第二週						

表 10-12 團結精神培訓計劃表

培訓目標	培訓內容	培訓重點	培訓對象	培訓時間
· 改進員工間的關係 　及其對企業的認識 · 提高工作效率 · 促進個人目標與企 　業目標統一，發揮團 　隊精神	· 團隊角色關係及任務 · 激勵因素的作用及表現 · 領導、影響等決策方式選 　擇與評估 · 矛盾與危機的化解、處理 · 個人與團隊關係	如何認識 及改善個 人與團隊 的關係	副總經理 及其所屬 下一級部 門主管	2 天

表 10-13　綜合培訓課程計劃表

課程內容 ＼ 培訓級別	新進人員職前培訓	共同性(在職)培訓				
		一般人員	班長級	組長級	科長級	經理級
公司簡介、產品介紹、工廠參觀	✓					
人事管理規則	✓					
升等考試制度	✓	✓				
薪資、考級制度、績效獎金制度	✓	✓				
提案改善制度	✓	✓				
目標管理制度		✓	✓	✓	✓	
會計制度		✓	✓	✓	✓	
預算制度		✓	✓	✓	✓	
成本概念	✓	✓				
成本會計業務				✓	✓	
成本控制與成本分析					✓	
電腦概念	✓	✓	✓			
電腦化介紹				✓	✓	✓
文書管理		✓	✓	✓		
品管活動		✓	✓	✓		
內部控制與稽核						✓
標準成本制度		✓	✓	✓	✓	
企業組織與管理				✓	✓	
利潤中心制度				✓	✓	✓
問題與決策分析					✓	
企業診斷與經營分析					✓	
系統分析與工作簡化						
如何做好基層管理工作			✓	✓		
如何激勵員工士氣			✓	✓	✓	✓
領導統禦					✓	✓
抱怨與牢騷處理					✓	✓
工作效率管理			✓	✓	✓	
業績評價制度			✓	✓	✓	

表 10-14　培訓前期準備工作檢查(一)

名　稱	使用與否		準備人	準備完成日期	設備調試人	檢查人
投影儀	是	否				
麥克風						
投影幕布						
揚聲器						
白　板						
Mark 筆(雙色)						
水彩色						
攝像機						
錄影帶						
DVD						
電視機						
錄音筆或採訪機						
延伸插座						
光　源						
條　幅						
姓名牌						
遊戲道具						
不乾膠貼紙						
磁　條						
白　紙						
參考資料						
培訓手冊						
培訓證書						
小禮品						

表 10-15　培訓前期準備工作檢查（二）

準備工作	參照標準	實施細節	負責人	完成日期	檢查人	檢查日
座椅擺放						
燈光調節						
溫度調節						

表 10-16　培訓項目計劃書示例

培訓項目名稱	
培訓目的	
培訓進度	
培訓內容	
培訓步驟	
意外控制	
注意事項	

策劃人	日期
員工培訓計劃	
計劃編號：	月份：

編號 1	□內部控制　　　　□外部控制
培訓項目	
培訓名稱	
培訓時間、地點	
培訓老師教材	
培訓目標	
培訓費用（預算）	
考核方式	

八、培訓課程設計流程

培訓課程設計是一項創造性和系統性的工作。因此，培訓經理在設計培訓課程時要有一個指導體系，並遵循一定的程序。

表 10-17 現有培訓課程匯總表

序號	課程名稱	培訓對象	授課方式	課時	費用/期	每年期數	備註

一般來說，培訓課程設計的完整流程包括以下幾個部份：

1. 分析培訓課程

培訓課程分析是培訓開發流程的重要步驟，是培訓課程調查與研究的階段。分析階段的總體目標是確定學員必須掌握的、用來執行符合課件意圖的分內工作的知識和技能。

2. 確定課程目標

培訓進程中最難的事情莫過於制訂培訓目標或課程目標。所有的目標應該表現為可遵循的行為和表現，而且目標不應只是描述學員們應學會什麼或在學習中熟悉什麼。

在撰寫培訓目標之前，培訓經理需要先明確培訓目標有那些作用，這樣寫出來的目標才能達到預期的目的。課程目標的作用主要有以下兩點：

其一，目標決定課程內容。

目標是重點強調課程內容的陳述，目標應該對培訓引起的行為

變更做出具體規定，並將課程內容與任務能力直接聯繫起來。

由於課程內容取決於目標的結構，所以教學無效很大程度上是由制訂的目標不合理造成的。

其二，目標決定課程考核標準。

合理的目標是可以得到驗證的——透過考試、模仿、核查表或檢測活動來衡量目標的合理性。由於驗證方法檢驗的是已經教授的知識，所以同樣可以稱為測試。測試題目應該與績效目標保持一致，測試題目應該檢驗目標所規定的能力。

3.撰寫課程綱要

在明確了培訓主題和培訓對象之後，對培訓內容和培訓方式的初步設想，課程大綱給課程設定了一個方向和框架，整個課程將圍繞著這個框架一步步充實和延伸。在課程大綱裏，將給出本課程的主要內容和學習的方式。

在此步驟階段，培訓經理將最終敲定教學方法，編寫緊扣概念的學習內容，制定落實學習內容的活動。在編寫課程綱要的時候，首先根據課程目的和目標寫下你的主題；然後為你的提綱搭一個框架；寫下每項你想講的具體內容；選擇各項內容的授課方式；要修改、重新措辭或調整安排內容。

內容的編排要符合課程的目標和學員的需求，有時根據這樣的要求分析出需要學習的內容很多，但是考慮到實際的需要以及企業培訓投資效益的因素，有必要對所需培訓的內容做一個優先順序的排列，透過排列把那些屬於不切實際的歷史資料、與主題無關的問題和其他不適用或無用的內容剔除掉。

4.設計課程流程

制定好了課程綱要之後，要根據綱要及培訓內容之間的邏輯順序，將課程的內容及所需要的時間固定下來。

　　培訓流程設計是把所有培訓項目前後串聯起來的過程。大多數培訓都是以改進工作和提高績效為目的的，因此它必然是一連串項目的邏輯組合。將培訓流程安排成若干個可行的單元，是從安排學習目標開始的。

　　為了把培訓資料變成可以進行教學的成品，把全部資料「單元化」至關重要。要儘量把內容劃分成模塊形式，這有兩個原因：第一個原因是這種做法遵循了培訓內容逐步展開的邏輯，因為培訓內容總是最可能形成若干個模塊的；第二個原因是這種做法有利於更改培訓內容，只需把要更改的模塊取出來，修改好以後再把它放回去就行了。

　　不管什麼培訓課程，都要求培訓內容組織得有條有理，符合邏輯，這樣才能易於學員理解。這就是課程設計人員的首要任務——按照課程內容的邏輯組織課程內容。

　　⑶培訓課程安排時間原則

　　在制定時間表的過程中，除了要考慮培訓內容的邏輯順序外，還要遵循以下原則：

　　每天的學習重點最多不能超過 5 個，以 3 個為佳。上午學員精力充沛，可多安排理論知識的學習；下午學員精神難以集中，要多安排休息和活動。以從 9：00 學到 17:00 為例，每天至少要預留一個多小時的休息時間，其中包括 1 小時的午飯，三次 15 分鐘的休息。

　　每天最好留出半小時的時間來答疑或處理問題。

5.編寫學員手冊

　　學員手冊也就是學員教材，它是供參與團體培訓的學員所用的材料。學員可以透過教材熟悉培訓課程的整體框架，還可以在教材上記錄他們在每個單元所學到的知識要點、心得以及將要採取的行動。

學員手冊的內容包括：課件意圖、學習目標、主要課題、估算出每個課題歷時的課程道路圖、成功完成該課程的要求，其他資料還包括表格、圖示、新術語或縮略語等。

其實學員手冊製作很簡單，只要列出學員教材應包括的要素和課程大綱的內容提要，並在教材中留出足以做筆記的空間就行了。

6.製作幻燈片、投影片

它是集聲音、圖像、文字於一體的電腦演示文稿，它最大的好處是激發學員的學習興趣，並對培訓師的講課起著提綱挈領的作用。培訓師可以將大綱和主要步驟羅列出來，完成幻燈片的編寫，在課堂中給學員放映演示。

使用電腦製作演示文稿的好處之一就是能讓所有的元素動起來，培訓師可以在幻燈片中給每一張設置切換效果和停留時間，甚至每一行的文字都可以不同的形式出現。

7.課件製作與組織

①理論知識

理論知識是培訓課程的中心內容，培訓師在做收集工作時可以圍繞培訓的主題，從相關書籍、雜誌、網路上，去尋找這部份資料。理論知識有大小之分，所謂大的理論知識是能夠統領整個培訓架構的，可以將這個理論的每一個部份拆解為培訓大綱中的每一章內容，並以此為基礎鋪設課程的邏輯架構；而小的理論知識是指僅僅可以證明某一個論點或者作為一個簡單工具來使用的理論。一般來說，這兩類理論都需要在資料收集時留意。

在培訓課上用好了一個理論，就會給培訓增加不少權威，同時也會給學員帶來深刻的印象和豐富的啟迪。如果理論知識淺顯易懂、結合現實，學員還會自覺地將它應用到實際生活當中去。

②相關案例

案例的獲得可以透過和相關同事的交流、平時的觀察和積累等途徑。當然，如果培訓師有足夠的能力，也可以根據課程開發的需要，自己設計相應的案例。無論是從那裏獲得的案例，都要有針對性，即案例的場景確實是學員在日常工作中經常會遇到的。更重要的是，案例的分析要準確而全面，這是整個課程的精華和亮點之一。

③遊戲

在培訓中，遊戲是必不可少的環節，它是一種很好的活躍課堂氣氛、啟發深入的思考、加深學員印象的方式。

遊戲分為兩種，第一種是破冰遊戲和暖場遊戲。它主要是在培訓開始時使學員互相認識、打破隔膜；在課程中激發大家的積極性，活躍課堂氣氛。這樣的遊戲適用於各種各樣的培訓課程，是培訓師隨身的百寶箱。這類遊戲有「成語接龍」、「戳氣球」、「松鼠搭窩」等。作為培訓師要掌握一定數量的遊戲，以便在課程中靈活運用。

另一種遊戲是與培訓主題密切相關的遊戲，只適用於特定主題或特定內容，一般會固定在某一類型的課程中應用。如在「人際溝通」中的「傳話遊戲」、「團隊精神」中的「背摔遊戲」、「領導藝術」中的「空方陣」等。這些遊戲必須根據課程內容事先準備，收集的方法一是可以從各種資料來源獲取，二是可以根據課程的需要發揮創造力來設計。

有關各種培訓遊戲，請參考我公司出版的一系列 20 多本「培訓遊戲叢書」。

④故事

　好的故事最能打動學員，給其留下深刻的印象。一些有用的道理，透過講故事的方式，能夠長久地留在人們的心中，並且還能夠使人們自覺地思考、深刻地總結。在選用故事的時候，切記要緊扣主題，有的放矢，這對說明和強調培訓內容及要點有幫助；而不是漫無目的地講一些奇聞軼事和小道消息，使學員群情激昂地聽了一場，結果卻不知道有何意義。

8.準備課程道具

表 10-18　各種課程用具的特點

名　　稱	優　　點	缺　　點
海報和圖表	價格便宜、攜帶方便、能反覆使用、形象直觀。	缺少動畫，需事先準備和製作。
印刷材料	價格便宜，可以給學習留作永久資料。	只限於圖表和文字，可能會影響學員注意力。
書寫板	不會弄髒衣服和手、易操作、易移動、價格便宜、耗材容易獲得、易於修改。	不夠正式、對書寫的字體要求高、有距離的限制、標註筆墨水容易乾枯、只限於簡單的圖表和文字。
夾紙板、粘貼展板、磁性展板	易操作、易移動、價格便宜。	受距離的限制、只限於圖表和文字、對書寫的字體要求高、需手動更換、事先準備好。
實物投影儀	隨時佈置和撤換授課信息。	價格昂貴、體積大、不易運輸和安裝、需要學習操作技巧。
電腦投影儀	直觀、形象、方便。	價格昂貴、不便於隨便移動、需要與其他設備配合使用、需要學習操作技巧。
錄影機、VCD/DVD機	直觀、形象、大多數材料可租用或購買。	價格昂貴、需要借助其他媒體、需要學習操作技巧。
幻燈機	易操作。	只限於圖表和文字、製作幻燈片過於耗時、缺少動畫效果、要求較暗的燈光。
電腦	可以展示各種內容、直觀、形象、速度快。	需要操作技巧、需要結合其他設備使用、事先製作好相關內容。

培訓中常用的輔助工具包括：海報和圖表、印刷材料、書寫板、夾紙板、粘貼展板、磁性展板、實物投影儀、電腦投影儀、錄影機、VCD/DVD 機、幻燈機、電腦等。

9.編寫導師手冊

編寫導師手冊是整個培訓課備課過程中最艱巨、最具創造性的工作了。在製作導師手冊的過程中，最重要的就是按照課程大綱的思路，依照時間表的時間分配來進行資料的收集和編排工作。就像演講一樣，培訓也分為三個部份：開場、主體部份和結尾。

一個好的開場對於培訓來說是非常重要的。你的學員是昏昏沉沉地度過這一天還是聚精會神地投入到課程的學習中，有很大一部份在於開始的時候，培訓師是否強調了課程的重要性，是否帶來了一些趣味性在裏面，是否有效地激發了學員的學習積極性。

主體部份是培訓的中心內容，它佔用的時間最長，信息覆蓋面也最廣。一般來說，主體內容的編排形式是：先列出課程的第 1 個要點，再引出各個分論點，每一個分論點下面都有一些論據（案例、數據、名人名言等）來支撐，講完了這些分論點後，就講清楚了第 1 個要點。接著講述第 2 個要點，也是按照同樣的方法和順序進行。

等到把要點1、要點2、要點3……直至最後一個要點都講完了，就完成了主體部份的講述和培訓，要進入結尾的階段了。

一個好的結尾與好的開頭同樣重要，好的結尾可以加強學員的記憶，激發學員的熱情，激勵學員按照所學內容去行動。一般培訓課結尾的方式有培訓師總結、向學員提問和以故事結束三種。

數小時的培訓行將結束之際，學員已經精神鬆懈。培訓師要透過結束語來激發學員新一輪的注意。最普通的方式就是回顧課程：「課程到這裏就要結束了，下面我們來總結一下……」這樣，有的學員可以復習一下；有的學員正好可以把漏聽的內容補充一下。

不是透過講師的口來回顧課程內容，而是透過發問課程的要點，讓學員經過思考和總結來回答。在「溝通技巧」的課程結束時可以提問「溝通的六個步驟是什麼」，在「團隊精神」的最後可以提問「團隊模型的四個部份是那些」，這可以使學員主動回顧課程內容，印象更加深刻。

如果課程的內容實在是很多、很雜，難以清楚地總結或提問；或者相反，全部內容簡單易懂，無須總結，那麼就可以用一個故事來結束培訓。這個故事可以與培訓課程有關，也可以是和培訓效果有關，最好是能夠鼓勵學員課後行動的小故事。

10.設計課程簡介

課程簡介是幫助人們瞭解這門培訓課程全貌的文檔，它需要的筆墨不多，然而卻要不遺餘漏地各個方面都介紹到。一般來說，課程簡介包括四部份內容：課程目標、課程對象、培訓師簡介、課程時間。

心得欄
‥‥‥‥‥‥‥‥‥‥‥‥‥‥‥‥‥‥‥‥‥‥‥‥‥‥‥‥‥‥‥

‥‥‥‥‥‥‥‥‥‥‥‥‥‥‥‥‥‥‥‥‥‥‥‥‥‥‥‥‥‥‥

‥‥‥‥‥‥‥‥‥‥‥‥‥‥‥‥‥‥‥‥‥‥‥‥‥‥‥‥‥‥‥

‥‥‥‥‥‥‥‥‥‥‥‥‥‥‥‥‥‥‥‥‥‥‥‥‥‥‥‥‥‥‥

‥‥‥‥‥‥‥‥‥‥‥‥‥‥‥‥‥‥‥‥‥‥‥‥‥‥‥‥‥‥‥

‥‥‥‥‥‥‥‥‥‥‥‥‥‥‥‥‥‥‥‥‥‥‥‥‥‥‥‥‥‥‥

第11章

企業各部門的培訓需求分析

一、培訓需求分析的意義

　　培訓需求分析是確定培訓目標、設計培訓規劃的前提，也是進行培訓評估的基礎，因此是培訓項目運作成功的關鍵。作為培訓活動首要環節的培訓需求分析具有重要的意義。

1. 找出並確認差距

　　培訓需求分析的基本目的就是確認差距，即確認績效的應有狀況與現有狀況之間的差距，也就是實際的績效與理想的、標準的或預期的績效之間的差距，從而揭示出員工的能力發揮了幾分。績效差距的確認，有助於找出影響績效問題的真正根源，有助於最終尋找出解決績效問題的有效方法。

　　一些突然發生的變化會帶來培訓的要求。例如，一台新的設備或者一項新的管理制度都可能意味著一次新的培訓。

2. 協助建立人力資源開發系統

　　通常企業的人力資源分類系統作為一個基礎資料，並沒有有效地應用於員工的培訓發展和問題解決。例如，分類系統不能夠幫助

員工確定他們缺少什麼技能以及如何獲得這些技能，員工就不可能在一個較高的工作職位上更好地承擔責任。如果這種系統不能包括培訓的詳細和特殊的需要，它對培訓開發也沒有起到作用。如果它不能分析由任務決定的功能，就不能形成高質量的目標規劃。但當培訓部門同分類系統的設計與資料收集密切結合在一起時，就會帶有更多的開發意味，這對企業是非常有價值的。

3.提供可供選擇的問題解決方法

進行培訓需求分析的一個重要原因，還在於它能為問題的解決提供一些可供選擇的方法。但這些方法可能是一些與培訓無關的選擇，例如，增加薪水或招聘新員工等。假如人事部門預測，本企業需要一批營銷專家，這便出現這樣幾種選擇：一是對在職的營銷人員進行再培訓；另一個是僱用已經擁有高資歷、經驗豐富的營銷專家；再就是僱用一些低薪的、缺乏資格的人員，然後對他們進行大規模的培訓。對這些問題的分析和解決方案的提供，就為培訓部門提供了多種解決問題的方法和途徑。

4.形成培訓規劃與評估的研究中心

成功的培訓需求分析能夠確定出一般的需求、培訓的內容、最有效的策略以及特殊的學員等。同時，在培訓實施之前，通過研究這些資料，建立起一個標準，然後用這個標準來進行項目評估。如果培訓需求評價沒有做好，就無法衡量培訓是否取得了成效，也無法判斷是否要對培訓項目進行改進，這一項目是否切實，所花的時間和資金是否有價值。

5.獲得全方位的支持

一般來說，員工通常會支援建立在堅實的需求分析基礎之上的培訓規劃，特別是當他們參與了培訓需求分析過程時。讓員工參與培訓需求的分析和培訓規劃的制定，這就為培訓活動獲得各方面的

支持提供了條件。如果企業能夠證明知識和技能可以被系統地傳
授，就可以避免或減少不利條件的制約。同時，決策部門在對規劃
投入時間和金錢以前也可能對一些支援性的資料感興趣。中層管理
部門和受訓員工通常支持建立在堅實的需求分析基礎之上的培訓規
劃，因為他們參與了培訓需求分析過程。無論是企業內部還是外部，
需求分析提出了選擇適當的指導方法與執行策略的大量資訊，從而
可能獲得全方位的支持。

6.瞭解員工對培訓的態度

如果人們不認為他們需要改變，那麼想讓他們改變將是一件十
分困難的事情。通過培訓需求分析，可以向有關人員強調和明確培
訓的重要意義，從而有助於增強培訓效果。

7.決定培訓的價值和成本

好的培訓需求分析還可以使管理人員把成本因素引入到培訓需
求分析中去。即考慮不進行培訓的損失與進行培訓的成本之差是多
少。如果不進行培訓的損失大於進行培訓的成本，那麼培訓就是必
需的和可行的；反之，如果不培訓的損失小於培訓的成本，則說明
目前還不需要培訓或不具備培訓的條件。

通過培訓需求分析，可以幫助企業瞭解如下問題的答案：

⑴某次(項)培訓的重要性。關鍵是目標人群的重要程度以及參
訓次數。

⑵涉及的人員，包括培訓者、部門經理、其他部門如人力資源
部的專家。

⑶培訓需要花費的時間。

⑷培訓需要的教材與設備。

⑸培訓的時間規劃。

8.避免浪費

當培訓滿足不了需求的時候就會造成浪費。實際上浪費的不僅僅是金錢，更重要的是時間。有時候管理者可能會發現，培訓並不是最好或不是唯一解決問題的辦法。例如，通過提供各崗位的工作程序和幫助等，可能比集中培訓更有效。

9.為建立企業培訓體系提供基準

作為培訓的首要環節，準確的培訓需求分析為後面的課程開發、計劃與企業、實施和評估工作建立了明確的目標和準則。否則，一切努力只能達到事倍功半的效果。一個好的培訓需求分析能夠確定培訓的需要、確立培訓的內容、指出有效培訓的戰略等。同時，在培訓之前，通過研究這些資料，還能夠建立起一個標準，並依此標準評估培訓項目及培訓效果的有效性。

上述理由充分說明了需求評價的價值，但在實際應用時應該注意大規模的、耗資巨大的需求分析會使企業和員工對培訓的期望值提高，而後可能失望也大。如果涉及的人員過多，會造成混亂和不必要的延期。如果用 6 個月的時間來瞭解情況，6 個月之後可能瞭解到的情況和問題都已經不存在了。此外，大規模的、耗資巨大的需求分析，會給人們造成一種錯覺，即把太多精力放在了需求評價上，而不是培訓本身。

二、培訓需求分析的參與對象

由於培訓需求分析的目標是要明確是否存在培訓需求、誰需要培訓這樣一些問題，因此，培訓需求分析過程應該包括管理者、員工和培訓者的參與。傳統上，只有培訓者參與需求分析過程。但是，隨著培訓日漸成為輔助公司實現戰略目標的工具，中高層管理者都

應該參與需求分析過程。

　　高層管理者、中層管理者和培訓者對企業分析、人員分析和工作分析的關注點是有差異的(見表 11-1)。

表 11-1　高層管理者、中層管理者及培訓者需求分析的關注重點

	高層管理者	中層管理者	培訓者
企業分析	培訓對實現我們的經營目標重要嗎？培訓將會怎樣支援我們戰略目標的實現？	我願意花錢搞培訓嗎？要花多少錢？	我有資金來購買培訓產品和服務嗎？經理們會支援培訓嗎？
人員分析	那些職能部門和經營單位需要培訓？	那些人需要接受培訓？經理？專業人員？一線員工？	我怎樣確定出需要培訓的員工？
工作分析	公司擁有具備一定知識、技術、能力、可參與市場競爭的員工嗎？	在那些工作領域內培訓可大幅度地改變產品質量或客戶服務水準？	那些任務需要培訓？該任務需要具備那些知識、技能或其他特點？

　　一般來說，不同的企業以及企業內部的不同部門，培訓需求分析的主體是不一樣的。通常企業和其內部各個部門都要通過培訓部門、管理者和員工來進行培訓需求分析。

三、培訓需求分析的內容

　　培訓需求分析至少包括組織分析、任務分析和人員分析 3 個層面的內容：

1. 組織分析

組織分析是指透過對組織的目標、資源、環境等因素進行分析，

準確地找出組織中存在的問題，即現有狀況與應有狀況間的差距，並確定培訓是否為解決這類問題的最有效的方法。

組織分析需要依據公司經營戰略的要求去進行，它決定著相應的培訓內容，為培訓提供可以利用的資源，並可獲得管理者和員工對培訓活動的支持。清晰明確的組織目標，可以為培訓規劃指明方向。

進行組織分析是為了確定組織範圍內的培訓需求，以保證培訓計劃符合企業的整體目標與戰略要求。在選擇培訓作為解決方案之前要考慮 3 個問題：企業戰略導向分析、企業資源分析、管理者和受訓者對培訓活動的態度。

2.任務分析

進行任務分析時，首先確定員工它需要完成那些方面的重要任務，然後確定為了幫助員工完成他們的這些任務，應當在培訓中強調那些知識、技能以及行為。工作任務可以透過崗位說明書和工作規範來完成。任務分析的最終結果是有關工作活動的詳細描述。

任務分析調查的結果，可以用來決定某一項任務是否應包括在培訓計劃中。對那些重要的、經常執行的，同時也是難度較大的任務，應當優先進行培訓。相反，對那些既不重要又不經常執行的任務，則無須進行培訓。

3.人員分析

進行人員分析的目的，例如，是判斷業績不佳到底是什麼原因引起的，是知識、技能不足，還是由於員工工作動機方面的問題，或者是工作崗位設計本身有問題，以及工具設備等硬體的問題。如果是知識技能上的不足，培訓可以直接給予支援，進而即可確定誰需要和應該接受什麼樣的培訓。但若是其他因素導致業績的低落，培訓就不是解決問題的最佳途徑了。

　　進行人員分析時，應首先明確培訓是否為解決人員問題的最優方案。

　　工作者分析主要是透過分析工作人員個體現有狀況與應有狀況之間的差距，來瞭解存在的問題及其原因所在，工作者分析的重點是評價工作人員實際工作績效及工作能力。

　　事實上，不同層次的管理人員在培訓需求分析中關注的重點是有差異的。企業在具體進行培訓需求分析時，必須考慮到他們不同的要求，以獲得更好的支援和配合。

　　進行培訓需求分析，需要做好組織層面的分析、任務層面的分析以及人員層面的分析。具體地說，培訓需求分析的過程就是分析和確定組織與員工的現狀與六項內容要求之間的差距，進而對這些差距進行剝離，找出培訓可以解決的問題，設計相關的培訓支持項目。這六項內容包括：企業組織戰略與企業文化、企業年度經營目標、工作目標與崗位職責、競爭對手優勢、企業核心能力、個人發展規劃。企業的培訓規劃應當體現出現狀與六項要求內容之間的關係。

四、培訓需求分析的準備

　　培訓活動開展之前，培訓主管就要有意識地收集有關員工的各種資料，這樣不僅能在培訓需求分析時很方便地調用，而且能夠隨時瞭解培訓需求的變動情況，以便在恰當的時候開展適當的培訓課程。

　　培訓主管培訓需求分析的準備如下：

1.建立員工培訓檔案

培訓部門應建立起員工培訓檔案，培訓檔案應當注重員工素

質、員工工作變動情況以及培訓歷史等方面內容的記載。

員工培訓檔案可參照員工人事檔案、員工工作績效記錄表等方面的資料來建立。另外,培訓主管應密切關注員工的變化,隨時向檔案增添新的內容,以保證檔案的監控作用。

2.掌握員工動態

培訓工作的性質決定了培訓部門要和其他部門之間保持更密切的合作聯繫。只有和其他部門緊密接觸,才能隨時瞭解企業生產經營活動、人員配置變動、企業發展方向等方面的變動,這樣培訓活動開展起來才能滿足企業發展需要,才能更有效果。

培訓部門工作人員要盡可能和其他部門人員建立起良好的個人關係,這樣會為培訓收集到更多、更真實的資訊。

3.瞭解員工的培訓要求

培訓部門應建立一種途徑,滿足員工隨時反映個人培訓需要的要求。我們可以借鑑投稿信箱的方式,或者安排專門人員負責這一工作。

培訓部門瞭解到員工需要培訓的要求後,要立刻向上級彙報,並彙報下一步的工作。如果這項要求是書面的,在與上級聯繫後,最後也以書面形式作答。如果得到的是一項口頭要求,培訓者可以口頭作答,但應把主要內容以書面形式向上司彙報。

4.準備培訓需求分析

培訓主管通過某種途徑意識到有培訓的必要時,在得到主管認可的情況下,就要開始調查的準備工作。

五、培訓必要性的調查

　　培訓需求分析屬於培訓前的評估活動，是培訓運行的首要階段。其主要目的是確定是否有必要進行培訓、培訓對象、培訓內容以及培訓的可行性，為制定培訓計劃提供依據。培訓需求分析主要由三個環節組成（如圖 11-1）。需求分析完成後就可進入制定培訓計劃階段。

圖 11-1　培訓需求分析的流程

　　決定企業生存與發展的因素是多方面的，解決企業中存在問題的策略與手段也是有多種選擇的，而培訓只是其中的一種。因此在制定培訓計劃前，首先要根據對企業的問題進行診斷，判斷企業的問題是否有必要通過培訓解決，培訓能夠解決那些問題，等等。這就是培訓的必要性分析。

　　一般來講，培訓必要性分析的方法主要是通過資料收集和資訊分析，以確定是否通過培訓來解決組織存在問題。在進行必要性分析時，經常採用的方法是：資料收集、觀察分析、訪談分析和調查問卷等。

1. 資料收集法

　　企業現有的一些文獻資料是發現問題、明確培訓需求的第一手資料。通過這些資料的收集，可以對培訓需求狀況有一個整體瞭解。然而，資料的收集必須是有目標的，資料來源一般主要有：

　　⑴反映組織整體狀況的資訊；

⑵來自各部門的資訊；

⑶員工個人的資訊；

⑷來自外部環境的資訊。

具體來講，主要包括組織發展戰略資料、生產經營狀況資料、人事資料、部門與崗位工作資料以及外部培訓資訊資料等(見表 11-2)。

表 11-2　培訓需求資料收集

組織發展資料	生產經營資料	人事資料	部門資料	外部資料
· 決策者指導性文件 · 組織發展規劃 · 管理工作质量報告	· 生產經營報告 · 品質管理記錄 · 企業財務資訊 · 新技術、新產品開發與推廣 · 營銷部門的情況報告(銷售、顧客反應)	· 部門及職責描述 · 人才培養計劃 · 人員招聘調動 · 員工績效考核報告 · 員工個人發展規劃 · 員工知識測試和評估資料	· 部門發展計劃 · 部門培訓需求 · 部門工作總結	· 競爭企業的培訓戰略 · 外部培訓市場和外部培訓諮詢機構資訊

在實際操作中，為了確認資料收集的程度，明確責任和便於檢查，還可以製作資料資訊一覽表(見表 11-3)。

2.觀察分析法

觀察分析法是一種實地考察的方法，可以在較短時間內，在不影響企業日常工作的情況下，對企業的狀況及培訓需求情況進行概括和形象的分析。

在觀察分析中，為了達到對培訓需求進行評估的目的，我們必需確定觀察的範圍、對象和內容。

觀察的範圍與對象包括三方面的內容：

⑴企業整體狀況；

⑵部門工作狀況；

⑶個人工作情況。

表 11-3　培訓評估資料一覽表

編號	資料名稱	收集管道	收集時間	負責人
1	企業發展規劃	發展與規劃部	2005/03/25	
2	員工考核表	人力資源部	2005/03/26	
3	新產品開發計劃	研　發　部	2005/03/28	
4	顧客反饋資訊	市場營銷部	2005/04/05	

　　同時，對每一部份的觀察還要確定所觀察的內容，如觀察員工紀律、領導風格等。為了做好這些工作，可以通過編制有一定結構的調查表，幫助我們更有效地收集到培訓需求重要資訊。

表 11-4　培訓需求調查表

姓名：	單位：	職務：	職稱：
性別：	年齡：	學歷：	所學專業：

現從事專業：

從事本崗位年限（自我評價）：

上崗前參加過的培訓		
培訓項目	時　　間	考核結果
1.		
2.		

對本次培訓課程需求的程度				
序號	課程名稱	需要程度		
		非常需要	需　要	可有可無	不需要
1				
2				

希望和建議：

表 11-5 觀察分析的主要內容

觀察範圍或對象	項　目	觀察結果評價
企業整體狀況	企業的整體風貌	
	企業領導風範	
	企業改革創新精神	
	員工風氣	
部門工作狀況	工作紀律狀況	
	工作流程執行情況	
	管理者工作能力、工作方法	
	部門凝聚力	
	工作效率	
員工狀況	工作積極性、主動性	
	工作技能	
	團隊精神	
	工作情緒	
	安全意識	
	工作中損耗情況	
	時間安排的合理性	

表 11-6　培訓需求員工調查觀察項目及平價表

觀察對象：　　　地點：　　　時間：				
觀察項目	很好	好	一般	差
工作的熟練程度				
工作情緒				
合作態度				
服務態度				
工作中的損耗情況				
工作中的安全意識				
工作效率				
工作完成質量				
工作紀律遵守情況				
團隊意識				
工作的方法是否恰當				
時間安排的合理性				
領導組織能力				
語言表達能力				
發現問題解決問題的能力				
團隊中的影響力				
部門整體情況：				

　　觀察法一般比較適合於生產作業和服務性工作人員，對於技術開發、銷售部門和管理人員的調查不易採用此法。由於觀察法收集資訊的隨意性和觀察者的主觀影響較大，因此在選派觀察者時，要注意觀察員的選擇，避免選擇容易產生偏見的人去執行此項任務，也可以派兩名觀察者同時進行觀察，以增強評價的客觀性和公正性。

3.訪談分析法

訪談的對象可以是個人，也可對一特定的群體開展。通過隨意的或專門設計的提問或討論，可以比較深入地瞭解到調查對象對有關問題的切身感覺，瞭解到產生問題的原因以及解決的辦法。根據調查的目的我們可以設計有關的問題。例如：

⑴為了實現當前的組織目標，您認為那些是需要亟待解決的問題？

⑵您認為員工培訓與組織發展有什麼關係？

⑶您認為目前管理工作存在那些問題？

⑷您對目前自己的工作情況是否滿意，存在那些需要改進的方面，應如何改進？

⑸您期望您的上司應達到怎樣的水準？

⑹您認為您的下屬在工作中有那些不足，應如何改善？

⑺什麼樣的培訓對您的上級和下屬最適合？

⑻您對以前的培訓如何評價(內容、效果、費用)？

4.問卷調查法

問卷調查是一種能在較大範圍內，快速、全面收集資料瞭解情況的調查手段。

通過一定的量化處理，還可對調查結果進行定性、定量的分析。因此，在企業組織中常常使用此法。培訓必要性調查問卷的設計可以採取開放式問卷和封閉問卷兩種形式。

開放式問卷的設計，通過提出若干主題，並讓被調查者根據自己的主觀感覺自由回答。比如，您認為目前企業工作存在那些問題？那些是與培訓工作有關的？等等。

封閉式問卷的設計，調查問題採取提問或陳述句的形式，回答採用選擇填空形式，並同時進行定量化處理。

很多情況下，常常根據開放式問卷調查後的有關資訊進一步製作封閉式問卷。

表 11-7　培訓必要性的調查問卷

您好！為了適應企業發展和員工發展的需要，更有成效地開展培訓工作，需要您的積極參與和大力支持。這裏請您花費一點精力和時間，共同完成這份調查問卷。請您在相應的項目上，對應您認為的評價等級在空格中打對號。謝謝您的參與！

問題	評價等級			
	非常符合	基本符合	不太符合	不符合
1. 您對企業發展的目標非常瞭解				
2. 您對部門的工作職能非常瞭解				
3. 您對自己崗位的工作要求非常瞭解				
4. 您認為培訓對企業發展很重要				
5. 您有足夠的能力承擔本職工作				
6. 您的上司工作很出色				
7. 您認為企業經營者需要培訓				
8. 如果自己接受培訓，工作能夠更出色				
9. 以前的培訓效果很好				
10. 您能夠積極參加培訓				

5. 關鍵事件法

企業在生產經營過程中，常會遇到一些意外事件，這些事件的出現不僅對正常的生產經營、對員工和顧客造成較大的影響，而且通過對關鍵事件的分析，可以發現企業存在的問題或隱患，從而發現那些問題是可以通過培訓解決的。一般常見的關鍵事件見表 11-8。

表 11-8　企業常見的關鍵事件

· 生產過程中的事故	· 企業大批裁員
· 重大安全事故	· 競爭對手對企業產生重大衝擊
· 產品質量或服務投訴	· 經濟糾紛給企業帶來損失
· 員工違紀造成重大損失	· 新聞媒體等社會機構對企業的負面反應
· 產品大批滯銷	

　　以上問題的發生，並非是培訓全能解決的。但是通過這些關鍵事件的分析，可以發現員工在知識、技能、工作態度等方面的問題，從而採取必要的培訓措施。同時，當出現重大事件時，由於員工的情緒產生很大的波動，會影響工作數量與質量。因此為了儘快消除這些不良因素，避免企業蒙受更大的損失，要及時進行培訓，通過轉變員工的態度，調整員工的情緒，提高工作成效。

　　應注意，應付突發事件的培訓，往往是培訓計劃中所沒有預計到的，但決不能由於沒計劃安排就不進行培訓。為了以防萬一，培訓者在制定培訓資源分配計劃時，要多預留出來一些，以備突發性的培訓使用，避免由於多層審批貽誤培訓的時機。

　　關鍵事件的資訊收集，可以通過訪談形式完成。

表 11-9　關鍵事件調查表

訪問對象：	訪問時間：	訪問地點：
訪問者：		
訪問主題：		
訪問事件概述：		
問題一：		
問題二：		
問題三：		

六、培訓需求的分析與確認

1.做出需求分析報告

由人事培訓部門進行綜合分析後，寫出需求分析報告。培訓需求分析報告應主要包括以下內容：

⑴培訓必要性的分析；

⑵普遍的培訓需求；

⑶部門培訓需求；

⑷短期培訓需求；

⑸長期培訓需求；

⑹近期培訓需求；

2.彙報討論、形成共識

由培訓部門、各部門經理、職員代表和培訓顧問，對整個培訓需求資訊的收集和分析情況進行彙報，然後由參會人員進行討論。

3.確認培訓需求

在對培訓需求達成共識後，為了便於以後各部門培訓的組織實施，減少糾紛，最後需要用一份正式的組織文件進行確認，此文件可以採取由各部門會簽的形式。

表 11-10 培訓需求確認會簽表

培訓部門	個別培訓	短期培訓	長期培訓	目前培訓	未來培訓
經培訓需求調查和分析以及培訓需求討論會通過，確定以上為本部門員工培訓需求情況。					
部門經理： 員工代表： 培訓主管：					
地點： 時間：					

※案例　忽略培訓需求分析

　　培訓需求分析就是在計劃與設計每項培訓活動之前，由培訓部門、主管人員、工作人員等採取各種方法和技術，對各種組織及其成員的目標、知識、技能等方面進行系統的鑑別與分析，以確定是否需要培訓及培訓內容的過程。

　　培訓需求分析具有很強的指導性，是確定培訓目標、制定培訓計劃、有效地實施培訓的前提，是現代培訓活動的首要環節，是進行培訓評估的基礎，對企業的培訓工作至關重要，是使培訓工作準確、及時和有效的重要保證。

　　公司銷售部在會議室裏的一段對話。

　　銷售經理：「對了！羅偉！上次培訓部要我報一位員工參加一個銷售方面的課程，是在外地的封閉式培訓，上課地點在一個風景區，一共三天。你這兩個季的業績做得都很好，我想讓你去參加這次培訓。」

　　羅偉：「那好極了，是什麼課程啊？我正好對最近一些新興的行銷方法很感興趣。」

　　銷售經理：「我也不清楚，反正培訓部給我們一個名額，你去參加就是了。」

　　姚健：「經理，我也希望能有機會接受這類的培訓。」

　　銷售經理：「可以啊，不過你這段時間的業績做得都不好，那還有時間去培訓，等你業績好了，我也會讓你參加。」

　　培訓的目的是為了提升員工的能力，為有需求的員工安排適當的培訓。但在上述實例中，這名銷售經理卻把培訓當作福利或獎勵，並未重視員工在培訓上的需求，看誰有空就讓誰去參加培訓，使閒

人變成培訓公差。用輪流派訓的方式，大家輪流參訓，看似人人平等，卻成了形式化。這樣不但浪費了培訓的資源，甚至產生負面作用，有需求的員工心生不滿，對參訓的員工也不見得會因此產生激勵作用。

　　在上述實例中，該公司應該在培訓的安排中從不同層次、不同方面、不同時期對培訓需求進行分析，使得培訓確實起到提高員工技能的作用。

心得欄

第 *12* 章

內部講師的建立

　　培訓的授課實施者，可稱為培訓師，是培訓成敗最為關鍵的因素。培訓師可分為內部培訓師和外請培訓師，企業組織單位的主管、具備特殊知識和技能的員工，都是組織的內部培訓師，外請培訓師是指專業培訓人員。選擇何種培訓教師，最終要由培訓內容及可利用的資源來決定。

　　隨著企業培訓市場和培訓事業的發展，出現了一種嶄新的職業──企業培訓師。培訓師應當具備人力資源管理的專業知識、相關專業工作經驗和教學經驗，具有良好的語言表達能力和知識傳授能力。這就是說，培訓師應當具備三個條件：專業知識、專業工作經驗和教學能力。

　　優秀的培訓師應當具備以下條件。

　　①有教學願望。一個不想幫助他人學習的人肯定不是一個好的培訓師，所以選定的培訓師首先要有強烈的教學願望。

　　②對主講的課程有豐富的相關工作背景，特別是有在著名大公司任職的資歷。培訓師特別需要有刺激氣氛的能力和案例分析的能力，能夠設計並運用課堂討論、案例分析、模仿遊戲和角色扮演等

教學方法，最好有過專門的培訓師受訓經歷。

③培訓時間有保障。如果培訓師連最起碼的授課時間都沒有保障，那麼授課效果可想而知。

④表達能力強。表達能力的強弱直接影響著雙方的溝通與交流，最終會影響到培訓的效果。

⑤培訓熱情。培訓師的熱情傳遞給受訓者，可以激發受訓者的積極性，高漲的學習情緒是培訓成功的基本條件。

⑥培訓師應該寬容、有耐心，對學員無偏見。

培訓計劃制定完成後，還需要將其最終落實在培訓課程上，而培訓師就是培訓課程的實施主體。企業培訓師的構成主要有外部培訓師和內部培訓師兩類人員，兩者各具特點。為了保證培訓的效果，培訓管理人員既要根據每次培訓的目標、內容的要求，有針對性地選擇外部培訓師，也需要在日常的培訓管理活動中，注重建立一隻合格的內部培訓師隊伍。

一、培訓講師的選擇

培訓師的來源有二種，第一種是向外聘請，第二種是企業內部自行培訓。

企業培訓講師與普通大學講師的最大區別在於：企業培訓講師對個人的綜合素質和資歷要求甚高。優秀的企業培訓講師不僅要有深厚的專業理論基礎，豐富的工作經驗，高學歷，在海外或著名國際企業任職高級職位等要求。同時，必須掌握高超的授課技巧，對於企業的人事管理、市場管理、財務管理都必須有一定深度的認識和獨到的成功經驗。一名出色的企業培訓講師就是能把自己的知識與成功經驗有效地教授給學員的高級職業經理人。

對於這樣近乎苛刻的素質與資歷要求，使得真正的企業培訓講師風毛麟角、炙手可熱。

1. 內部講師

可以從各部門中有豐富實際工作經驗和熟練的專業技能的骨幹員工和主管中選擇。使用企業內部的培訓講師有很多優點：

⑴對企業文化、員工的需求十分瞭解，課時可以對症下藥。

⑵不僅在課堂上能發揮講師作用，而且可以在日常工作中起到邊幹邊教的作用。

⑶通過給別人講課，可以進一步提高自身的素質。

⑷可以降低培訓成本。

但內部講師的不足之處是在傳授新知識、新技術和新理論方面有一定的欠缺，權威性較低，講課技巧和經驗不足等。因此，企業為了提高內部培訓講師的整體素質，造就一支優秀的內部培訓者隊伍，還必須注意對他們進行有關培訓方法，授課技巧，教材製作，以及使用現代培訓工具等方面的訓練。

2. 外部講師

主要來源於企管顧問公司、專業培訓諮詢機構、兼職培訓顧問、培訓專家等方面。外部講師的優點是，授課經驗豐富、理論性強、知識面較寬。但他們的不足在於，由於是臨時性的，他們往往不瞭解企業的情況，授課的內容可能缺乏實用性和連貫性，而且培訓成本較高。

因此，在選擇培訓講師時，培訓管理者要根據企業的實際情況，充分發揮內、外部講師各自的優勢，本著揚長避短的原則，為員工培訓配備最合適的師資。

表 12-1　瞭解培訓師的方法

方　法	目　的
讓培訓師做一次培訓	全面瞭解其知識、經驗、培訓技能和個人魅力，再對其去留作決定。
一份培訓師簡歷	通過簡歷，可以知道其受過什麼教育，有什麼經驗，從事過什麼工作，主持過什麼培訓。
提一些問題	如對培訓方法的熟悉程度，是否瞭解企業職能部門的運作，是否知道培訓與一般教育的區別，怎樣達到本次培訓的目的等，以瞭解他的實際水準。
要求制定一份培訓大綱	從大綱中，我們可以知道其是否熟悉培訓，是否知道培訓技能，是否善於通過培訓達到企業目標。

表 12-2　內部培訓師管理辦法

	目的	規範對內部培訓師的管理，充分激發內部培訓師對培訓的積極性，全面提升培訓效果
	適用範圍	公司內部培訓師
	權責部門	人力資源部負責公司內部培訓師的組織評定、聘請、培訓效果評估及授課報酬計算與申領發放
管理辦法	基本資格	1. 熱愛培訓工作，態度認真負責 2. 具有豐富的相關專業知識或工作經驗 3. 語言表達能力強，善於溝通
	評定與聘用	1. 培訓師來源：內部推薦、部門指定或自我推薦。公司經理級以上管理人員是內部培訓師的當然人選。 2. 由人力資源部和培訓課時涉及單位的主管和專家組成評審小組對候選人進行考核。 3. 考核合格者，由人力資源部聘為內部培訓師，列入內部培訓師人才庫，並發放證書，聘期為1年

續表

目的	規範對內部培訓師的管理，充分激發內部培訓師對培訓的積極性，全面提升培訓效果
適用範圍	公司內部培訓師
權責部門	人力資源部負責公司內部培訓師的組織評定、聘請、培訓效果評估及授課報酬計算與申領發放
管理辦法 — 職責	1. 負責培訓課程的教材選定或制定、授課、輔導，並收集受訓者的回饋意見。 2. 在培訓開展之前將培訓方案、教材等材料上報人力資源部審核。 3. 嚴格執行經批准的培訓方案
管理辦法 — 相關待遇	1. 各部門主管或部門指定人員作為內部培訓師對本部門員工實施的內部培訓，公司不予發放授課費。各部門可將內部培訓師授課時數列入內部考核範圍，作為晉升和加薪的重要依據 2. 經考核被公司聘為培訓師的人員，在正常上班時間授課的話按100元/小時的標準發放授課費，在正常上班時間之外授課的按200元/小時的標準發放授課費
管理辦法 — 評估	1. 教學過程中的評估，以發放教學效果評估表給學員填寫的方式進行。 2. 每年3月份進行年度評估。 3. 人力資源部門根據年度總培訓時數以及教學過程評估結果，對內部培訓師評定級別，給予獎勵。 4. 對聘請屆滿的內部培訓師，由人力資源部門根據評估結果決定是否續聘
附件及表單	1. 聘書 2. 教學效果評估表

二、建立內部培訓講師制度

建立內部培訓講師隊伍並有效地利用，在企業人力資源的開發和培訓中是必要的，同時也是可行的。可行的流程如下：

1. 進行工作動員

這是建立內部培訓講師隊伍的首要環節。因為這些培訓講師都是兼職的，本職工作是主要的，而培訓工作是兼任的。

⑴要在企業高層管理者的支援下進行。具體做法可由高層管理者象徵性地出席動員會或親自舉行動員會。這樣使得選聘兼職培訓講師的工作更具有權威性，從而自上而下獲得各方面的支持。

⑵各部門在本部門管理者的主持下自上而下獨自進行動員。

2. 上報候選人，培訓部門進行篩選

在前期動員工作的基礎上，人力資源培訓部門或培訓的企業者就要著手實施選拔工作。這是建立內部培訓講師隊伍關鍵的一環。

⑴公佈兼職培訓講師的資格條件。一般的，這些資格條件要說明目前所從事的業務知識和技能、EQ（包括溝通能力、合作精神等）、培訓技能等方面的標準。

⑵整理上報的名單。對於那些更符合資格條件的人員，尤其是在職的管理人員、業務精湛及 EQ 高的員工，應納入候選人行列而予以重視。

⑶對候選人進行考試篩選。考試篩選可採用試講、面談的方式進行，考查其培訓的基本功潛力，比如企業能力、表達能力、邏輯能力等，兼顧考查其他的素質和能力。

⑷初步確定培訓師隊伍組成人員。按照資格條件進行考察後，就可以按照一個部門或一類部門 1～2 個名額的原則進行人員的確

定，並上報至高層管理者予以確認和認可。

3.進行培訓技能方面的培訓

對所有培訓講師隊伍的組成人員進行培訓，是建立內部培訓講師隊伍的最重要的環節。這直接關係著初步建立的培訓講師隊伍能否有效地發揮應有的作用，直接關係著整個人力資源開發和培訓的效果。

由於這些組成人員以前很少或沒有接觸過企業培訓，因此對於培訓的專業技巧方面掌握得很少，即使具備一些，也需要加以規範和強化。因此，培訓的重點就是關於培訓活動的策劃企業技巧方面，具體包括：培訓講師的職責和角色、培訓講師的基本技能、課堂企業技巧、培訓效果的評估方法等。

對這些組成人員培訓後，再次進行測試，以確保組成人員被培訓的效果，提高培訓講師隊伍的整體素質。

4.高層進行培訓講師資格認定

培訓測試後，要對這些組成人員進行正式的資格確認。這一最後環節標誌著培訓講師隊伍最終建立起來。進行資格確認可以仿照培訓動員的方法，即由企業的高層管理機構或管理者出面，以頒發證書的方式進行公開確認和表揚，宣佈培訓師隊伍的最終建立。

要激發他們對於培訓工作的積極性和主動性，除了進行頒發聘書或榮譽證書以授予資格外，還有物質上的激勵以認可、鼓勵其所做的培訓工作，比如提高薪酬、增加福利等。具體操作既可以按照本企業內部的薪酬設計標準進行，也可以按照項目管理的市場運作標準進行。當然，給予提供充足的職位晉升空間也是很重要的。經無數實踐和理論證明，此舉的激勵作用非同小可。

5.人力資源部歸檔錄入資料

人力資源部將其培訓師資格歸檔並錄入個人人事資料，從而成

為績效考核、晉升、薪酬評定等方面的依據。

6.對內部培訓講師隊伍的雙重管理

如何正確處理好培訓講師的本職工作與兼職工作之間的關係呢？這就需要從管理體制上著手進行。遵照「分開管理、雙重管理」的原則，對這些培訓講師的管理可從以下幾個方面進行。

⑴對於本職工作，由其所在的部門進行管理，人力資源培訓部門不必、不需、不要予以干涉，而且要負責與其所在部門及其管理者溝通協調妥當，保證其本職工作順利圓滿地完成。

⑵對所兼任的培訓工作，人力資源培訓部門要及時、經常地給予他們適當的指導和監督。人力資源培訓部門和培訓師之間是夥伴合作的關係，是業務指導與被指導的關係，而不是領導與被領導的關係。

保持培訓講師開發實施培訓的相對獨立性，但需及時協作、指導和監督按照上述的管理原則。

三、企業內部講師的甄選與培養

企業內部培訓師的甄選與確認需要一個過程。首先是由個人自薦與組織推薦，其次是對候選人進行相關培訓，最後根據培訓結果，綜合考察後確定最終人選。內部培訓師一定是先培養後使用的。

對企業內部培訓師的培養應循序漸進地完成，除了給他們安排相應的培訓課程外，也要協助他們開發與講授課程，直至他們可以獨立操作課程。對內部培訓師的培訓應包括以下幾個課題：

⑴企業培訓特點和培訓師角色定位。

⑵基本演講技巧。

⑶課程開發技巧。

⑷課程實施技巧。

⑸培訓項目管理。

⑹培訓輔導追蹤與評估。

課題難度逐步加深，每個課題都是以前一個課題為鋪墊和基礎的。對內部培訓師的培訓方式，可以是集中訓練式或「三明治式」。「三明治式」培訓就是將課程內容分段培訓，每培訓完一個主題，即給學員留一段時間進行應用和理解，講練結合。這樣做不僅印象深刻，還能發現應用中的問題，並可在後續的課程中及時對其加以調整。

下面是某企業內部培訓師的整體培訓計劃：

⑴第一階段集中培訓：基本演講技巧(2 天)。

⑵第一階段鞏固練習(分組實踐 4 週)。

⑶第二階段集中培訓：課程開發流程和技巧(2 天)。

⑷第二階段鞏固練習(分組實踐 4 週)。

⑸第三階段集中培訓：培訓執行技巧(2 天)。

⑹第三階段鞏固練習(分組實踐 4 週)。

⑺培訓測試與考核認證。

四、內部培訓師的激勵方法

企業內部培訓師隊伍能否真正發揮作用，不僅取決於嚴謹與科學的甄選過程，以及後續專業的培養，還取決於有沒有合理的激勵機制與方法。後者在其中起著非常關鍵的作用，直接影響著內部培訓師授課的積極性。目前，企業對內部培訓師的激勵方式通常有以下幾種方式。

(1)職責明確化

把管理人員培訓下屬的工作視為一種職責納入職位說明書，培訓屬於其分內之事，就像很多公司提出的「部門經理首席培訓師制」那樣。一旦職責明確後，經理人講課一般也就不再另付課酬。

(2)發給課時費

有些企業為了支持和鼓勵培訓師主動積極地開展課程研發和授課工作，往往會給培訓師一定的課程準備時間和課時費。這種方式已經成為很多企業激勵內部培訓師的一種選擇方法。有的企業則是根據培訓師的不同認證等級發放不同的課時費，或是根據培訓師是否佔用了個人休息時間來決定課時費的多少，目的則都是為了更好地激發內部培訓師的積極性。

(3)提供更多的培訓機會

內部培訓師有更多的參與培訓的機會，可以更好地提升自我。這種方式也是很多培訓師所期望的。

(4)頒發培訓師資格證書

很多企業都制訂有《內部培訓師資格認證制度》，從專業知識、專業經驗、工作成就、表達能力、講課意願等多方面對培訓師進行考核和認證。對培訓師的工作結果和培訓績效可以一年考核一次，優勝劣汰。

(5)設定級別，定期考核複評

根據培訓師資歷、講授課程內容、學員回饋等因素，將培訓師劃分為不同的級別，給予不同的獎勵與回報。這樣可以使培訓師有一個清晰的發展目標與成長路徑，從而起到激勵員工的作用。採用這種方式，通常是每年複評一次。

(6)優先提拔

在同等條件下，為培訓師提供優先提升的機會，是企業常用的

激勵方法。

(7)舉辦培訓師研討會

定期或不定期地舉辦培訓師研討會議，既為培訓師之間的信息交流、互補餘缺提供了平台，也是培訓師自我蓄能與提高的一個非常好的機會，最終則提升了整個內部培訓師隊伍的專業化水準。

(8)資料費

有些企業會定期發給內部培訓師一定數額的資料費，以鼓勵培訓師充分備課，同時做好課程的開發工作。

內部培訓師的管理辦法與激勵政策直接影響著培訓師的工作積極性，進而則會影響到內訓課程的效果。因此，建立一整套完善的培訓師管理與激勵方法，是培訓管理工作中必須考慮的問題。

心得欄 ----------------------------------

第 *13* 章

外部培訓師資源的管理

　　企業的培訓資源對培訓效果的影響顯而易見，可以說是一切培訓工作的基礎。沒有培訓資源，再好的培訓計劃，一切培訓制度都是空中樓閣。由於企業規模的不同，企業所處的環境不同，企業的效益及企業發展的階段不同，每個企業的培訓資源都不一樣，但無論培訓資源匱乏或者豐富，加強對培訓資源的管理，用有限的培訓資源創造最大的效益，對每個企業的培訓管理者來說都是重要的工作內容。

　　企業的培訓資源包括很多，如培訓資金、培訓場所、培訓資料、培訓講師等。其中最重要的資源是培訓資金和培訓講師。因此，培訓資源管理的主要工作包含：外部培訓師的挑選、內部培訓講師隊伍的建設、培訓預算經費的管理、培訓信息化管理等。

一、挑選外部培訓機構

　　外部的培訓資源主要包括了外部專業機構與商業院校兩大類，具體說明見表 13-1。

表 13-1 外部培訓資源一覽表

分類		說明
外部專業機構	專業化培訓服務公司	專業化培訓服務公司主要承擔大型公開課、企業內訓課程的設計、開發、實施工作，他們具有豐富的培訓組織經驗和講師資源，所開設的培訓課程可以根據企業需要細分為知識的傳播、熱點問題討論與實戰經驗的傳授等內容 　　以知識傳播為主的培訓通常會請院校教授、講師擔綱，他們的特點是具有系統的知識，以講授和研討為主，但缺乏實際工作經驗，不瞭解受訓企業所面臨的具體問題或特性問題，需要企業結合自身的情況轉化所學的知識 　　面對於實戰經驗傳授為主的培訓，更偏重於企業的實際情況，講師也以從事管理工作的經理人或企業內部培訓講師為主，他們注重啟發與互動，通過培訓傳授與培訓課題相關的技能與經驗並引導企業正確使用這些技能。而這種培訓受時間的限制，講師會重點傳授現實工作的經驗而忽略內容的系統性
	諮詢公司	諮詢公司屬於知識、經驗密集型企業，凝聚了一批既具有實際工作經驗，又接受過系統專業教育的員工（很多諮詢公司招募諮詢顧問的標準是至少五年以上的工作經驗，擁有MBA學位、具有良好的工作記錄、具有批判性思維和團隊合作精神）。合夥人、諮詢顧問是這類公司為企業提供培訓服務的主要講師。以自有資源為主向企業提供服務是諮詢公司有別於一些專業培訓公司的首要特點 　　經驗豐富的諮詢公司對自己服務過客戶及其行業有深刻的認識和瞭解。他們以與客戶建立長期合作為目標，合作的範圍包括了諮詢與培訓。許多的培訓衍生於諮詢項目，在這種情況下開展的培訓業務是為企業量身訂做的 　　諮詢公司的經驗與知識積累也有助於培訓品質的保證。服務的行業越多，客戶知名度越高，諮詢公司在同樣課題上積累的經驗就越豐富。這些經驗有助於在培訓中抓住重點、執行難點和容易被企業忽視的地方 　　請諮詢公司作為培訓合作夥伴也有一定的缺陷。諮詢公司專業化分工越來越明確，它所能提供的培訓課程可能不如專業培訓公司那樣全面。受職業道德與保密協議的影響，諮詢公司有時無法為那些與曾經深度服務過的客戶有產品競爭性的企業提供服務

分類	說明
商業院校	企業可以通過多種形式與商業院校合作，包括：與商業院校開設聯合課程，為本企業定向培訓員工；派出員工到商業院校脫產學習；對商業院校的教學計劃提出修改意見；由商業院校提供長期的知識傳播型為主的培訓(參加夜校學習或脫產培訓)；由商業院校與企業共同開展案例編撰、企業文化研究等專項課題等 　　與商業院校建立長期合作關係在西方企業界是一種很通行的做法，有利於成功經驗的提煉與傳播，具有極大的社會價值。目前，中國不少大企業已經開始了這方面的工作

二、外部培訓資源的問題

　　在從外部資源中選擇培訓合作夥伴時，表 13-2 所列的對比問題清單可為確認合作夥伴提供參考。

　　通常，企業在制訂了(年度)培訓計劃、確認了合作夥伴之後，就應該由培訓機構對潛在受訓者展開全面的調研或需求調查以進一步明確課程涵蓋的範圍和受訓者的背景、學習風格，隨後，外部機構應就培訓項目的具體內容和建議的培訓方法、培訓課時安排、培訓講師介紹等內容出具《培訓項目合作建議書》，與企業進一步商洽。當培訓項目建議被企業接受後，雙方就可以簽署合作與保密協議並開展培訓。在培訓結束後，需要進行相關效果的評估，評估是一項很系統的工作，將在本書的其他章節給予詳細的解釋。這整個的流程如圖 13-1 所示。

表 13-2　選擇培訓合作夥伴的對比問題清單

基本狀況	・ 專業機構的簡介、培訓課程、收費標準等 ・ 專業機構的信譽 ・ 該專業機構是否能夠提供本企業所需要的培訓課程 ・ 如果是諮詢公司，還應該考慮該公司的主要諮詢業務方向是什麼，提供的培訓課程是否專注於這些方向
向專業機構瞭解的問題	・ 貴公司曾為那些客戶服務過？是那些方面的合作 ・ 貴公司是否提供過類似課題的培訓服務 ・ 對於這些培訓服務貴公司有何經驗 ・ 貴公司如何看待我公司的培訓需求 ・ 我公司培訓要求屬於企業共性問題還是特性要求
向專業機構瞭解的問題	・ 如果是共性問題，貴公司近期內是否有相關培訓公開課 ・ 貴公司將由誰擔任我公司講師？該講師是否曾在我公司所在行業服務過？貴公司還有誰可以參加這個項目 ・ 為什麼可以證明他們是合適的人選 ・ 這些講師目前是否還有其他的項目在進行 ・ 我們將怎樣合作 ・ 貴公司是否會在項目開始前進行調查？將調查那些問題？這些問題對培訓的開展有什麼幫助
向商業院校瞭解的問題	・ 貴校開設了那些課程？分別面向什麼類型的對象 ・ 貴校的核心課程是什麼？由誰來講授？他/她的講課風格是什麼樣的 ・ 貴校在那些研究領域有獨到的研究？為什麼 ・ 最受歡迎和最不受歡迎的課程是什麼 ・ 是否有校友會？若有，是否有定期的活動

圖 13-1　企業與專業機構、商業院校合作的程序

需要注意的是，為了確保培訓更有針對性，企業需要給合作夥伴提供部份內部資料或允許其進行深度訪談，為了防止內部信息外洩，有必要簽訂保密協議，允許培訓合作方在企業許可的範圍內有限度地使用該部份資料，尤其是當培訓對象是企業高級經理人時。保密協定中應該對合作夥伴可以使用的內部資料名稱、使用範圍、培訓結束後的保密期等具體內容進行約定。很遺憾，保密協議經常被企業忽略。

選擇合適的培訓合作夥伴並不意味著企業要在專業機構和商業院校中做出取捨，而是指面向不同的培訓對象企業應選擇合適的培訓合作夥伴。例如，商業院校教授的是管理學課程，他們無法提供諸如領導藝術之類的技巧性培訓，這就要求企業在培養接班人時借助於專業結構的力量。而對於管理訓練生的培訓可以通過到商業院校進修或參加 MBA 學習來完成。根據實際情況選擇合適的培訓和夥伴是企業需要注意的第一個問題。

三、挑選外部培訓師

(1)培訓講師的類型

根據知識與經驗、培訓技巧和個人魅力三個方面，培訓講師可以分成以下類型(見表 13-3)。

表 13-3　培訓講師的類型

標準　　　類型	知識與經驗	培訓技巧	個人魅力
大師型培訓講師	非常豐富	豐富	高
專業型培訓講師	比較豐富	一般	一般
技巧型培訓講師	偏下	豐富	一般
演講型培訓講師	一般	豐富	高
一般型培訓講師	一般	偏下	一般
膚淺型培訓講師	偏下	一般	偏下
敏感型培訓講師	一般	偏下	偏下
弱型培訓講師	偏下	偏下	偏下

對於企業來說重要的是挑選符合自身實際情況的培訓講師，選用何種類型的培訓講師與課程內容、學員的知識準備、學員的職級層次、企業文化等有密切的關係，需要結合經費預算選擇性價比最高的培訓講師。大師型培訓講師當然好，但費用昂貴，不一定就適合企業。總之，各種類型的培訓師都有適合的學員對象，沒有絕對的好壞之分，根據學員、企業的實際情況選擇合適的培訓師，而不是盲目跟風才是明智之舉。

(2)瞭解外部培訓講師的途徑

①聯繫和瞭解培訓公司。這種方法是現在企業採用最多的方法，通過培訓公司仲介，一般都能挑選到中意的專業培訓講師。但是，由於目前培訓市場還很不規範，培訓公司良莠不齊，選擇有一定資質的培訓公司很重要，不一定培訓公司越大越有名氣越好，但是從培訓公司的制度規範、流程控制、諮詢顧問可以判斷該培訓公司的資質，從而判斷該公司培訓講師的大體素質。

但是一個一流的培訓機構會有三流的培訓講師，一個三流的培訓機構可能也會有一流的培訓講師，因此，在選擇培訓講師前一定要全面瞭解培訓講師的素質。判斷培訓講師的最有用的方法之一就是去聽課，但自己花錢聽課又有點不合算，不過培訓公司為了拓展培訓業務，通常會採取先讓客戶試聽培訓課程的方式進行洽談合作的業務。為了能全面瞭解培訓講師素質，企業很有必要讓一個對選擇培訓講師有經驗的人去試聽課程，主要是在現場觀察學員的反應、培訓場所的氣氛和培訓師的講解、組織水準。同時，應該有所準備，將一些能試探出培訓講師水準的問題及時向培訓師提問。

在做出最後決策之前，與培訓講師進行交談增進瞭解，或看其是否有先前培訓過與自身企業相類似的其他企業，都是可行的方法。如有可能，最好到先前培訓過的企業對該培訓師的培訓效果進行瞭解；另外，對培訓講師所提供的培訓方案要進行仔細地審查，看是否適合公司和學員的實際情況。

②熟人介紹。這是一種很好的途徑，比通過培訓公司要快捷高效，同時減少培訓公司的中間環節，可以降低成本。從熟人那裏可以得到很多真實有用的信息，來判斷這個培訓講師是否適合你的企業。一般來說，既然是熟人介紹，溝通起來就相對容易，可以省去一些中間過程，並有更多的機會與培訓講師交流，找人的成本大大

降低。

③去高校旁聽。高校教授也許沒有很多實際操作經驗,但他們往往有豐富的理論知識,並且一般都知道相關專業最前沿的知識。有的教授還會收集大量的企業實際案例,在理論和實踐相結合方面也做得很好,同時高校講課機會多,在授課技巧方面也不比培訓公司的培訓師差。高校是人才濟濟的地方,一些一流的培訓師常常是先在高校的 MBA 論壇或學術研討會上被發現的。對於一些主要為提高受訓者知識面,開闊眼界的課程不妨到高校去發現合適的培訓講師。

④參加各種培訓班。這種方法會花費大量的資金,但對於那些不瞭解培訓公司和培訓講師的企業,同時由於企業培訓規模較小,不容易得到培訓公司試聽機會的企業來說,是一種積極的嘗試。企業可以預先初步瞭解培訓班的相關信息,然後選一些可能適合企業的培訓班去參加,這樣可以避免漫天撒網,徒勞無功。通過參加培訓班不僅可以瞭解相關的感興趣的課程,而且可以找一找合意的培訓師,同時和有相同培訓需求的其他企業同行交流,不失為一種一舉多得的好途徑。

(3)企業內部挑選和外部引進的優劣比較

①內部挑選培訓講師的主要優勢

對企業內部情況非常熟悉,因而知道員工最需要什麼,能教到點子上。

通過培訓講師自身的成長能激勵員工的上進心,有利於樹立榜樣,有利於形成學習型組織和企業文化的形成。

培訓總體成本低。

容易控制培訓品質。

容易跟進並做持續輔導。

②內部挑選培訓講師的主要劣勢

「近親繁殖」，不容易擴大視野，提升境界。

選擇範圍小，受制約大，往往無法培養出「大師級」的培訓講師。

太熟悉，沒有權威性，可能引不起受訓者足夠的熱情。

③外部引進培訓講師的主要優勢

選擇範圍廣，可以聘請到大師型培訓講師。

可提升培訓的檔次，開闊受訓者的視野，引起企業內各方的重視。

帶來許多全新的理念，耳目一新的同時積極思考自身工作的改進。

往往有權威性，對受訓者有好奇心和新鮮感，有利於受訓者的認真學習。

容易釀造培訓氣氛，從而促進培訓效果。

④外部引進培訓講師的主要劣勢

容易被對方的學術成就和頭銜光環掩蓋其不足之處。

培訓成本往往偏高。

因接觸時間短(甚至根本就沒有接觸)，對人無法作精確的判斷，容易選錯，而選錯的代價是巨大的。

可能被對方說服，而忘記了自身培訓的本來目的。

因各種條件的限制，溝通相對困難，以致培訓效果沒有預期的好。

因對本企業的陌生，傳授的內容難於轉化為企業的業績提升。

可能是理論豐富而實際經驗欠缺。

實際的管理和控制存在不少難度。

四、外部培訓機構的選擇

1.外部培訓師的選擇

外部培訓師的構成通常有大專院校的教授、專職培訓師、在職培訓師、行業內的專家等。選擇外部培訓師時通常要考查培訓師對所要講授內容的熟悉程度、授課方式、培訓課程大綱的適用性和規範性、工作背景、實施培訓的經歷、個人口碑等內容。

對外部培訓師的瞭解考查途徑有：

⑴文字資料：培訓師個人背景介紹、課程提綱。

⑵業界評價。

⑶試聽試講的結果。

⑷受訓過的企業回饋情況。

⑸透過面談或電話溝通來判斷。

2.諮詢式培訓

目前，在實施培訓服務的過程中，越來越多的培訓機構都把諮詢式培訓作為賣點。開展諮詢式培訓已成為一種趨勢。

(1)什麼是諮詢式培訓

諮詢式培訓就是以協定或合約的方式固化企業的培訓需要和期待解決的問題，然後由培訓師展開調查分析，在此基礎上實施相關培訓，並將培訓效果轉化為執行力和生產力。

這種諮詢式培訓模式，真正做到了以客戶為導向，直接針對企業的實際問題來開展培訓。

(2)諮詢式培訓的優勢

①培訓課程的設置具有很強的針對性。正是因為有了前期對企業深入的診斷和分析，培訓師對企業發展的瓶頸和障礙了然於胸，

因而也就可以利用自身掌握的先進的管理理念、完善的知識結構體系來有針對性地設計培訓課程，滿足企業的要求。培訓師在課程中可以講述直接取自企業內部的案例，結合公司的實際情況，以顧問式的引導、諮詢、答疑的方式，找出符合企業個性特色的方案來，從而讓員工感受到切實的培訓效果。

②培訓具有連貫性和系統性。諮詢式培訓課程是培訓師根據企業學員的實際需要設計的，每次培訓都會有針對性地解決幾個問題，如此不斷積累，循序漸進，就可以使培訓變得更加完善和系統。

③培訓目標明確。每次培訓都有明確的目標，有利於培訓師和學員之間的溝通交流，有利於雙方就具體問題深入探討，提升培訓效果。

④培訓效果轉化率高。諮詢式培訓具有很強的實踐性，加之培訓後的跟蹤輔導，能夠有效地避免「聽時感動、回去不動」的問題，使培訓真正做到落地生根。

⑤建立長期合作關係，有利於實現雙方的共贏發展。諮詢式培訓師長期與企業接觸，對企業有深入的瞭解，再加上自身扎實的理論功底、專業視角和前沿思維，以及豐富的企業諮詢經歷和實戰經驗，可以為企業提供更貼近的培訓支持。而企業則不僅能獲得直接的培訓收益，還能獲得間接的諮詢指導和幫助，從一定意義上說，等於是降低了培訓成本。同時，培訓師也在與企業的實際溝通、諮詢、培訓中，不斷地豐富著自己的實戰經驗和案例。在把這些實戰經驗與方法運用到指導企業經營管理的實踐過程中時，培訓師的自身素質與水準也得到了不斷提升。在這一雙向過程中，可以說是兩全其美，共贏共榮。

(3)諮詢式培訓的操作方法和流程

①確立諮詢式培訓意向。首先，企業要對諮詢式培訓有一個比

較深入的瞭解。企業管理人員或培訓負責人要同培訓師進行深度溝通，在溝通中建立初步信任關係。透過溝通，企業可以瞭解培訓師的相關情況，如：資歷、水準、風格、人品等；同時，培訓師也在這一過程中初步瞭解了企業的基本情況，這是做好諮詢式培訓的基礎，同時也可為培訓師下一步確定「諮詢式培訓服務方案」收集信息和素材。

②確定諮詢式培訓服務方案。方案一般由培訓公司或培訓師負責起草。方案中通常都會列明：培訓服務內容、培訓服務流程、實施時間、實施注意事項、效果評估、跟進輔導、報酬標準及給付辦法以及雙方的責任和義務等項目。

③雙方簽訂協議。諮詢式培訓服務協定一般有兩種：一種是企業與培訓公司簽訂，這種服務一般是以項目為單位來操作；另一種是企業直接與培訓師簽訂，這種服務一般以年度為單位，培訓師應當在規定的年限或時間內為企業進行諮詢式培訓服務。

④企業情況調研。這是諮詢式培訓的重要起點。在調研過程中，培訓師要準確把握客戶企業的現狀、問題及其根源以及企業的遠景發展規劃；瞭解即將接受培訓的人員的現有素質狀況、能力狀況、心理狀態、學習能力、素質缺口等；明晰員工現有能力與企業遠景發展及現階段工作所期望的能力之間的差距；找出推進當前企業發展所急需的能力和素質是什麼。

調研是否深入扎實，直接關係到今後各個步驟實施的成效。透過詳盡、切實的調查來反映企業的實際個性及培訓需求，是諮詢式培訓與公開課等其他培訓的顯著不同之處。

⑤有針對性地設計企業培訓方案。在深入企業進行大量調研的基礎上，針對企業存在的問題和亟待解決的素質差距，培訓師負責起草企業年度培訓實施計劃或項目實施計劃。計劃完成後，培訓師

還應與企業負責人或培訓管理人員進行充分溝通，直至最後敲定實施計劃的每一個具體細節，形成具體方案。

⑥有針對性地設計符合企業狀況的培訓課程。量身定制設計培訓課程是諮詢式培訓最大的亮點。課程設計一般必須對照行業特點、企業特點、受訓員工現階段特點等進行創造性的課程開發。其特徵為個性鮮明，每個課件一般只能使用一次，不具有普遍性；不可以「放之四海而皆準」。

⑦有針對性地實施諮詢式培訓。整個諮詢式培訓過程就是一個諮詢與互動的過程：從找出問題，分析原因入手，以顧問式的引導方法，由學員共同參與，找出比較清晰的解決思路和方法、工具，並形成對培訓內容付諸工作行動的共識和信心，進而在管理和工作實踐中加以有效運用。

⑧評估、跟進與輔導。培訓師或培訓機構還會針對學員在運用培訓知識、技巧等方面遇到的困惑、問題等進行深度輔導，鞏固培訓成果，提高培訓的轉化率。這也是諮詢式培訓賣點中最突出的部份。

(4)企業在進行諮詢式培訓中應注意的問題

①選擇好顧問培訓師。首先，要瞭解培訓師的長項，每位諮詢式培訓師一般都具有自己擅長的培訓領域，要確保這些擅長正好與企業目前的需要相吻合。其次，培訓師要有一定的諮詢或實戰經驗，能夠更有效地將理論與企業實際結合起來，只有這樣才能真正發現問題，並完成培訓後的輔導。再次，應當瞭解培訓師的品質、職業道德與價值觀，這樣才能保證服務的品質。最後，協議簽訂時限不宜過長，一般以一年為宜。

②積極支持和配合培訓師的工作。要為培訓師開展培訓提供便利的條件，充分信任對方，與對方保持及時的、良好的溝通，以保

證最終的培訓效果。

　　③勇於面對問題，不能諱疾忌醫。諮詢式培訓師在一定意義上就是為企業找問題、揭家醜、定方案。當培訓師與學員一起找到企業的短處時，作為企業的管理者一定不要「護短」——要知道，找到問題恰恰是解決問題的第一步。

心得欄

_____

_____

_____

_____

_____

_____

第 *14* 章

各種有效的培訓方法

　　培訓方法是指將知識、技能和觀念傳授給對方的手段。培訓方法的選擇是否恰當，運用是否合理，將極大地影響培訓的效果。因此，培訓經理既要重視培訓的內容，也要重視培訓方法的選擇與運用。

　　培訓的方法種類繁多，稱呼各異。不同的培訓方法因培訓目的不同，開展的方式也有所區別。培訓經理為了達到最佳的培訓效果應做好各種培訓方法的分析，並綜合使用，以達到培訓的目標。

一、影響培訓方法選擇的因素

　　不同的培訓方法有不同的培訓效果。培訓經理應指導培訓人員選擇最佳的、最合適的培訓方法。

　　(1)時間與場地

　　如果培訓時間短，可選擇課堂講授法、計劃學習法、強化訓練等；如果培訓的時間長，可採用實習、自由討論、案例研究、角色扮演、商業遊戲等方法。

培訓場地面積大,可多用互動性的方法,如角色扮演、商業遊戲等方法;反之,培訓場地小,則以課堂講授法為主。

(2)培訓內容

培訓內容是決定培訓方法選擇的基本要點之一。

在向員工傳授知識時,就不能選擇行為模仿的培訓方法,而應選擇課堂講授法,如介紹企業情況、講授財務知識等,課堂講授法更能體現其邏輯相關性,對於一些概念性內容、專業術語,透過講授更便於培訓對象的理解。

在講授技能性課程的時候,選擇角色扮演、行為模仿等培訓方法就比課堂講授更為合適,因為技能性培訓的目的是要求培訓對象掌握實際操作能力,如銷售技能、服務技能等,學員透過角色扮演,反覆的操作使本來不會做的事經過模仿,最後達到應用自如的程度。

如果技能性的培訓內容僅僅是課堂講授,則會造成培訓對象知道怎樣做,但不一定能夠做的紙上談兵現象。在講授態度轉化課程時又與知識性、技能性課程有所不同,靠課堂講授會使學員感到空談大道理,用角色扮演和操作訓練的方法又很難體現態度轉化課程的內容,因而對團隊精神、服務意識等態度轉化的課程,採用商業遊戲、自由討論等培訓方法會較為合適。

透過培訓對象共同參與的商業遊戲與自由討論,使培訓對象在輕鬆愉快的商業遊戲中得到啟發,從而在感受中轉變自己的態度。如再透過培訓師的引導,培訓對象很快就會轉變為自主行動。而僅想透過課堂講授來實現培訓對象心態的轉變這一培訓目標會很困難。

表 14-1　培訓內容與培訓方法對照

序號	培訓課程內容	適合培訓方法
1	領導藝術	分組討論、案例研究等
2	戰略決策	案例研究、分組討論、課堂講授等
3	企業管理	課堂講授等
4	產品知識	課堂講授、小組討論等
5	行銷知識	課堂講授、小組討論等
6	財會知識	課堂講授、專題講座等
7	生產管理	課堂講授、實習、案例研究等
8	資本運作	課堂講授、案例研究等
9	禮節禮貌	課堂講授、角色扮演等
10	品牌管理	課堂講授、案例式等
11	管理技能	角色扮演、模仿訓練、訓練輔導等
12	銷售技能	角色扮演、行為模仿等
13	服務技能	角色扮演、行為類比、影視錄影等
14	人際溝通技巧	角色扮演等
15	創新技能	自由討論、模仿訓練等
16	商務談判技巧	角色扮演、專題討論等
17	團隊精神	商業遊戲等
18	服務心態	商業遊戲等

⑶培訓對象及人數

　　對新員工或知識、經驗少的員工，應選用課堂講授、實習、訓練輔導、行為模仿等方法；對一般員工，採用分組討論、案例研究等方法；對骨幹員工，採用工作輪換、自由討論等方法。

培訓對象多，應選用課堂講授法、座談法、分組討論法等；10～15 人培訓，採用自由討論法、腦力激盪法、案例研究法等；5～6 人培訓，採用分組討論、經營演習等；單人培訓，採用計劃學習法、輔導、實習等方法。

二、講課法

1. 準備階段

(1)選定授課教師

這是該方法的關鍵，教師是授課法的靈魂人物，教學質量全由他把握。該人必須是儀表、談吐俱佳，在臺上有天生的表現欲，對講授的知識應瞭若指掌。最好外聘知名專家，切勿濫竽充數。

(2)培訓依據

調查受訓人員的基本情況，包括知識、學歷、職位等，進而作出相應的授課計劃，此步驟及以後各步驟由授課教師著手完成。

(3)準備資料

授課教師應針對講課內容準備詳細資料，並將大概內容印成書面資料散發受訓者。

2. 實施階段

在具體實施時，應遵循授課的階段性：

(1)開始階段——闡明課程的大致內容和重點；

(2)重點階段——強調課程的主旨和要點；

(3)闡述階段——舉實例印證主旨；

(4)重覆階段——復習課程內容，並於總結時提示重點，加強印象。

應注意的是，此階段並非一成不變的。授課者應該根據內容和

自己一貫的風格來把握實施。只要能抓住聽課者的注意力，讓他們充分理解消化，就應打破陳規，創新求變。

3.實施要點

為了使授課法充分發揮效果，除了授課的內容應符合對象外，授課的技巧也應得到重視。要使聽課者完全融入授課的氣氛中，講課者就應注意講課中的每一個細節，不斷提高授課技巧。

(1)上臺前的要點

①授課法的關鍵在於教師講課的聲音與節奏，在未登臺前，應首先確認幾點事項，使自己的聲音呈現最佳狀態。

- 確認會場空間大小；
- 確認學員人數；
- 事先應檢查話筒，並測試；
- 在無人處模擬講課，檢查嗓音有無沙啞。

②檢查自己的儀表及著裝。

- 照鏡，觀察頭型是否滿意；張嘴，看是否有附著物；檢查鬍鬚是否刮乾淨；
- 檢查衣服、下裝，特別留意領帶與拉鏈；
- 關掉手機。

(2)引出主題的方式

為激發聽者的聽課興趣，導入主題的技巧非常重要，一般可採取以下方式：

①開門見山直入主題；

②以社會熱點問題作開場白；

③以格言、警句引出問題；

④以幽默、笑話的方式引出話題。

不管以何種方式作開場白，都應迅速地切入主題，切忌長久游

離於主題之外，喧賓奪主。

(3)講課時要點

①保持講述的條理性

授課時講師要保持清晰的條理，抓住授課的重點，突破難點。這要求講師必須在課前做好準備工作，不僅要收集大量的材料，且要對材料進行歸納整理，找出授課內容的重點，並到熟悉為止。

②聽覺與視覺結合

在授課中，指導教師如果只想憑藉優美的聲音就能打動聽眾，是很不現實的。若只憑聲音的技巧來講授，很容易變得僵硬、單調。因此最好能活用黑板、幻燈片等輔助教具，配合自己的表情、手勢，達到視覺與聽覺的雙重效果。

③身體語言的重要性

講課中，應注意自己的手勢與動作，特別是手勢應符合當時的語氣與內容，身體姿勢切不可單一、僵硬，應儘量放鬆自然。有時手中拿一小道具是放鬆的要訣，小小一根教鞭也能輔助教師達到理想的效果。

4.講課法的優點與缺點

(1)優點

①經濟而又有效，有利於大面積培養人才；

②快速而又直接，有利於發揮教師的積極主動作用；

③有利於受訓者接受不同風格教師的教育，促使受訓者全面進步；

(2)缺點

授課法並不是萬能的教學方法，它的缺點是：

①授課中指導講師只是單向的傳授，受訓者則只是被動的接納，參與性不強。

②講課法不能使受訓者直接體驗教師所講的知識與技能。

③講課法的記憶效果相對較差，隨著時間的推移，其效果呈下降的趨勢。；

④由於採用統一的教學資料、統一要求、統一方法來教學，學員因接受能力不同而導致學習效果的差異，不能貫徹因材施教原則。

三、研討法

課堂研討法是僅次於講授法的一種常用的培訓方法。它的實施步驟為：

1.選擇並公佈討論提綱

為此，選題最好為一個，難度要適中，並有一定的啟發性和代表性。

2.作好研討準備

教師要設計好研討進程，確定中心發言人選，預計可能出現的特殊問題及應對方法，準備好總結發言。如果課前已佈置論題，受訓者要主動查閱有關文獻資料，準備發言提綱。

3.課堂討論

教師要先公佈研討要求，安排研討流程，確定研討形式，引導研討進程，創造活躍的研討氣氛，提供教師的答案或看法(注意：教師的答案或看法不一定是唯一正確的)，最後評估研討質量。

採用研討的優缺點是：

(1)研討法的優點是

①有利於激發學習者的學習動機、探索精神、批判精神；

②有利於培養學習者的邏輯思維能力和科學精神；

③有利於培養學習者綜合性的個人能力；

④有利於學習者正確客觀地評價自己的優缺點；

⑤有助於增強教師與學習者之間的思想和感情交流；

(2)研討法的缺點

①研討法組織與實施起來比較複雜和困難；

②選題難於滿足所有人的興趣點；

③學習者主動準備的熱情不高；

④研討難於組織，易於為少數人控制局面，或者出現冷場現象，內向型學習者參與度不夠；

⑤也不利於評定個體效果和成績；

⑥對教師素質要求較高等等。

四、案例教學法

1. 案例分析的類型

案例教學與傳統講授法相比具有以下特點：

(1)著眼於能力的培養

案例教學是模擬真實問題，讓學員綜合利用所學的知識進行診斷和決策，從而提高學員分析問題和解決問題的能力；案例教學所追求的不是要求學員找到唯一正確的解決問題的答案，而是要求學員在開放的教學環境中，發揮主觀能動作用，增強消化和運用知識與經驗的能力。在案例教學過程中，學員不僅能從討論中獲得知識、經驗和思維方式上的益處，而且能從討論中學會與人溝通，提高學員處理人際關係的能力。

表 14-2　案例教學特點表格

方法	目的	特徵	方式	重點	解答	主體
講授法	傳授知識	以理論案	記憶理解	是什麼	一元	教師
案例法	培養能力	以案論理	思考創見	為什麼	多元	學生

(2)教學案例具有真實性

案例的素材取之於實踐，有真實的細節。案例教學法是把案例作為一種教學工具，使學員有機會身臨其境地將自己置於決策者或解決問題的地位，認真對待案例中的人和事，認真分析各種資料和錯綜複雜的案情，找出解決問題的方法。因此教學案例一定要真實可信，應從企業現實經營管理的需要出發，立足企業實際，這樣才有可能搜尋知識、啟迪智慧、訓練能力。

(3)保持案例問題客觀性

儘管案例編寫者對情景素材有選擇的自由，但案例是對真實情景進行客觀描述，作者要表達的是事實和背景，而不是任何的解釋和判斷，不應摻有個人傾向性的意見或觀念。學員將所學的理論和所積累的經驗應用於案例中蘊含的管理問題，根據案例材料提供的資訊作出客觀分析、判斷，提出切實可行的決定方案。

(4)強調全員參與性和主動性

案例教學法中教學的主體應是全體學員，教師的責任是選擇組織好案例，組織和指導好課堂討論，讓全體學員都參與進來，在案例所描述的特定環境中，對案例所提問題進行討論、爭辯，並在此過程中相互學習，促使學員刨根問底地找到最佳決策。因而，它強調全體學員的共同參與和積極思維，強調主動學習。

(5)案例答案的多元化和最佳化

案例為全體學員提供了同樣的情景和資訊，從同一起點出發，

人們會提出不同見解,它不存在什麼標準答案。為了解決問題,有時會有多種解決的方案,有時也可以從多種方案的比較鑑別中尋找出最為合適的答案(即最佳化)。當問題較為複雜時,也可能會一下子找不出什麼解決問題的方法。此時教師可通過提問引導學員一步步思考、探索,直到能看出這會導致什麼樣的結果為止。這種多元化和最佳化答案選擇,可開拓學員思路,調動學員的學習積極性。

2.備課

在講課之前,教師必須全面瞭解案例的主題(如管理)。即使他曾經使用過該案例,培訓前也需要對之再作研究。

教師在準備使用案例分析時應向自己提出以下問題:

⑴這個案例可能產生什麼作用?

⑵提出了什麼問題?什麼是真正的問題?

⑶教師有偏見嗎?

⑷書面案例中那一部份有助於確定和理解實際問題?

⑸教師怎樣解決這個問題?

⑹學員很可能提出什麼問題?

⑺有毫不相干的內容嗎?

⑻分析過程中不同的步驟需要多少時間?

教師還必須計劃何時講授概念和怎樣講授概念。在講授案例分析之前,培訓小組的學員之間也應有機會互相認識,以便他們自由談論、共用資訊。

上課時,開展「破冰船」活動或者採用其他的學習技巧,可以讓小組成員瞭解案例分析的內容、所涉及到的概念,為他們提供合作的經驗。使用案例分析時學員們可能產生一些想法,如為什麼要到這裏來,為什麼使用案例分析或者案例本身的作用。最好能在講授案例分析之前直接解決上述問題。

3.導向

⑴首先介紹課程的目的，講述如何使用案例

強調案例分析的益處，並在講課前交代清楚期望值。學員需要明白案例分析不是一項「遊戲」，而要將自己視為案例組織機構中的管理者或專業人員。

教師可以簡要地介紹一下該案例是怎樣研究和準備出來的。案例陳述了特殊情況的相關事實，但是，在大多數案例中，不直接涉及案例的資訊已經被有意地省略了。學員的任務就是找出關鍵論點，討論相互之間的關係和問題；考慮備選的解決方案、可能出現的結果以及決定採取的措施，這是一項很複雜的任務。他們還必須檢查事實之間的相互關係，在試圖解決問題、作出決策或者採取行動計劃之前，還必須收集資料，決定那些資料的關聯度最強，而且有效。

還需要指出：有的案例要求對問題或建議的解決方法進行診斷。案例分析法的突出特點在於要求小組對案例，實際涉及到的人員、其他部門的人員、整個組織機構、顧客、股東等提出多種觀點，培訓小組的全體成員都應積極參與。這時強調指出活動的目的不是決定什麼是正確的，而是承認和面對存在的多種現實。因為這些情況存在於商業或人際之間，可能會有多種解決辦法。

學員做案例分析的目的不是「做決定」，而是去「發現」。輔導案例分發下去，學員可以在講課前花點時間看一看案例，或者一發下去就給大家提供閱讀的時間。每個學員必須獨立地看案例。

⑵教師可以概述學生們已經看過的內容，然後讓大家提問

這時，教師是否熟悉案例就非常關鍵了。不過，教師應該堅持回答方法或書面案例的問題，還不到闡述細節、事實或開始為大家解決問題的時候，同學們解釋案例的方法可能存在差別，這就是進

一步討論和學習的主題。老師不應該為案例作辯解。

(3)教師選擇怎樣開始案例討論，取決於學員們現有的知識
和經驗，或者他們準備的程度

建議幾個人先討論案例，為了讓更多的人參與，開始時要求學員討論案例組織發生了什麼事。同時，讓大家區分正面和負面的影響。允許這幾個人有一定的討論時間。

下一步是由組長牽頭的整個小組的討論。先討論一下幾個人所得出的結論，然後考慮大家想的是否與案例有關。教師在紙上列出一些觀點，提問為什麼與大家所想的特殊事件有關。查明真實的問題就需要提高技巧。

還要提醒學員們思考案例研究中個人或組織的目的、宗旨或目標。假設他們實際上就處在案例之中，鼓勵大家思考案例的實際情況，而不要作為外人來看待案例，試著感覺個人處在實際情形中的約束和壓力。

在這一階段和往後的討論中，教師的任務就是引導討論的方向而不是內容本身。在案例教學中，老師不是傳統意義上的教師，不要在案例討論中插入「專家」的建議或事實，重要的是讓學員們表達各種觀點和想法，學員們可以憑藉自己的看法、知識和經驗來評價案例。教師不應該加速這一過程，學員們需要時間去考慮、進而得出新概念、多角度進行聯想等（特別是首次做案例分析時）。如果學員感到「被追趕」，他們就沒有時間進行分析和評價，而急於得出結論。這時，可能需要告訴大家一些分析的「原理」。

第一，規定或「提出的」問題不一定是（可能很少是）實際的問題。

第二，徵兆不是原因。

第三，規定的問題可能是技術方面的，而真實的問題可能是人

的因素。

(4)教師還需要幫助學員們區分個人價值觀與案例的理論和事實，區別實際的資料和他們所想像的資料

教師讓學員們確定真實的問題時，可以要求他們討論案例中所採取措施的正反兩個方面，並給出支持結論的證據。討論時，教師可以以講課、講義、電化教學等形式提供認知輸入，描述與案例有關的理論和各種模式(如，決策模式和解決問題的模式)。例如，教師可以用直觀教學法進行某一方面的分析，或者集中講授適合案例的一種專門技巧。認知輸入是引導學員們思考，提高分析問題的能力，提出相關和實際的問題，找出更進一步的解決方案。

(5)教師可以告訴學員講授概念、理論或模式的目的是讓大家能夠活學活用，而不僅僅停留在理解的表面上

恰當地運用知識的能力就是案例分析法的主要目的之一。因此，學員們要確定那些概念或理論最適合於解決實際的問題。

有時候，教師還可以放錄影或電影，讓大家看看案例中的對話，或案例組織工作(如會議或過程)中的一部份。視聽教材應與案例的材料相吻合，不重覆或不令人厭煩。閱讀案例的某些重點，然後看看實際的情形是否有助於提高學員們對案例組織及其實際情況的認識。

在教師把討論轉向讓大家做案例之前，學員們必須理解案例中講述的內容。教師應該列出作為小組討論的要點、人物、特點等。他還可以畫圖表說明人物與事實和相互作用模式之間的關係。這些有助於集中討論，提醒大家那些是已經討論過的問題。

不應該讓學員們過早地討論解決方案，也不應該讓他們過分地「處理」資料。如果學員們偏離了討論理論的方向，教師可以重新引導他們回到案例的內容上，例如，讓大家檢查其中的重要關係或

外部減輕壓力的因素。教師的任務之一就是評定小組的討論進行到什麼地方,控制討論的進程。過於注重分析很容易偏離方向,或者在完成分析之前就走向另一個極端,做出衝動的行為,所以有必要保持兩者的平衡。學習小組一旦找到主要的問題,就可以接著找第二個和第三個問題。

五、遊戲培訓法

遊戲訓練法是一種在培訓員工過程中常用的輔助方法。他的目的是為了改變培訓現場氣氛,並且由於遊戲本身的趣味性,可提高參加者的好奇心、興趣及參與意識,並改良人際關係。

現在已有許多企業將遊戲訓練引入培訓員工的課程中,作為一種輔助教育方式。

遊戲訓練法只是一種輔助教育的方法,在此僅簡單介紹一下運用這一方法時應注意的向題,至於選擇何種遊戲,如何插入培訓教育中,相信讀者們一定能夠根據實際情況處理好這些問題的。

1. 引入遊戲時應注意

⑴注意引進遊戲訓練法的目的是為了服務於「培訓學員」這一任務。因此不要以遊戲本身作為培訓的目的,而使之成為一種單純的遊戲,而應將其納入培訓計劃,作為輔助教學的方式。

⑵慎重考慮遊戲在整個課程中的插入位置,避免使其與此前後內容格格不入,無法連貫培訓計劃的前後。因此指導員最好能熟知各遊戲的特徵(目的、效果、觀察要點等),然後在訂立培訓時,反覆斟酌在那一階段的培訓過程中加入那種遊戲。

⑶平常應注意收集各種團體教育訓練遊戲,如領導能力診斷、設計人生、探險等等,並且還要瞭解其優勢特性,以便將其合適地

納入培訓計劃中。

2.遊戲指導員應注意

在遊戲訓練中指導者應是遊戲的組織者、旁觀者和協助者。在遊戲過程中指導員應把握參與遊戲的「度」，既不能對遊戲方法不聞不問，又不能過分熱情地參與遊戲。

這是由於指導員在遊戲中還有其他職責，他除了讓遊戲順利開展外，還應注意現場狀況，掌握各種情況的變化。

同時，指導者除對遊戲方法、規則有充分的瞭解外，還應瞭解遊戲的目的，更要有洞察團體及個人行為含義的能力。在達到遊戲的目的後，就應適可而止。

3.當培訓對象是管理階層人員時應注意

當培訓對象是管理階層人員時，採用遊戲訓練法的目的大多用來營造氣氛，促進團體合作，並不一定要與經營管理直接相關。

特別提醒：

⑴注意選擇恰當的遊戲，並插到恰當的位置。

⑵遊戲訓練法目的在教育，而非遊戲。

⑶指導員要做好遊戲組織者、協助者、旁觀者，能洞察隊員行為心理。

4.不是每次培訓都要有遊戲，要視具體情況考慮需不需要遊戲輔助教育。

以下列舉一些遊戲實例以供參考：

遊戲培訓法之一：手與腳

材料：水、水杯一個

遊戲目的：團隊合作

遊戲規則：在參與的團隊成員中，每個人扮演不同的角色：

有的人是缺手，有的人是缺腳，有的人是瞎眼，但他們要去取一
杯水。

啟示：

1. 在這個過程中，他們需要商討出辦法，也許最不看好的小
角色到最後是完成任務的最關鍵人物，比如最後通過瞎眼的人去
取杯子。

2. 團隊成員不應分什麼彼此，相互合作十分重要。只有把這
些人加在一起才能成為一個完整的整體，從而完成靠個人力量所
無法完成的任務。

遊戲培訓法之二：瓶子與氣球

材料：氣球 1～2 個；繫氣球的帶子一個；開口很小的瓶子
和開口很大的瓶子各一個；

規則：培訓師從包中拿出一個開口很小的瓶子放在桌上，然
後指著氣球說：「誰能告訴我怎樣把這只氣球裝到瓶子裏去？——
當然，不能使氣球嘭地爆炸。」

啟示：改變一下方法，問題就解決了。然後，在黑板上寫下
一個「變」字。並說「當你遇到一個難題，解決它很困難，那麼，
你可以改變你的方法。」指著自己的腦袋，「思想的改變。現在你
們知道它有多麼重要了。這就是我今天要說明的。」

規則：做遊戲時，請一位學員配合完成這個遊戲。請這位學
員，用這只瓶子做出 5 個動作，什麼動作都可以，但不能重覆。
好，請開始。然後，再做 5 個動作。但不要與剛才做過的重覆。
然後，請再做 5 個動作，但不要與剛才做過的重覆。發出 5 次、6
次同樣的指令。

> 　　啟示:「變」有多難！可是商戰中「變」有多重要。你們就是發瘋也要選擇「變」，因為不變比發瘋還要糟，那意味著死亡。」
>
> 　　規則:培訓師從包裹那出一隻開口很大的瓶子放到臺上，指著那只裝氣球的瓶子說「誰能把它放到這只新瓶子裏去?」(誰都明白:直接裝進去是根本不可能的。)
>
> 　　啟示:這個問題很簡單，只要改變瓶子的狀態就能完成。一項改變最大的極限是什麼?是完全改變舊有狀態，徹底的改變需要很大的決心，如果有一點點留戀，就不能真的完成。

六、室外拓展訓練法

　　拓展訓練法的來源有一個故事。在二戰時，大西洋上有很多船隻由於受到攻擊而沉沒，大批船員落水，由於海水冰冷，又遠離大陸，絕大多數的船員不幸犧牲了，但仍有極少數人在經歷了長時間的磨難後終於得以生還。當人們在瞭解了這些生還下來的人的情況後，發現一個令人非常驚奇的事實，那就是這些生還下來的人不是人們想像的那樣都是一些身體強壯的小夥子，而大多數是一些年老體弱的人。

　　經過一段時間的調查研究後，瞭解到這些人之所以能夠活下來，關鍵在於這些人具有良好的心理素質。當他們遇到災難的時候，首先想到的是:我一定要活下去，因而有一種強烈的求生慾望。而那些年輕的海員可能更多的想到的是:這下我完了，我不可能活著回去了。

　　德國人庫爾特‧漢恩提議，利用一些自然條件和人工設施，讓那些年輕的海員做一些具有心理挑戰的活動和項目，以訓練和提高他們的心理素質。

在英國出現了一種管理培訓，這種訓練利用戶外活動的形式，對管理者和企業家進行心理和管理兩方面的培訓。

「多一點勇氣與自信、多一點理解與溝通、多一點進取與互助」，在緊張的工作之餘開拓進取、展現自我。

1.什麼是室外拓展訓練

室外拓展訓練(Outdoor Management Development)是一種現代人和現代組織全新的學習方法和訓練方式。它利用奇、秀、峻、險的自然環境，通過獨具匠心的設計，在參與者解決問題和應對挑戰的活動過程中，使學員達到「磨練意志、陶冶情操、完善自我、熔煉團隊」的培訓目標。

拓展訓練並非是簡單的體育活動，而是對正統教育的一次全面提煉和綜合補充。如何開發出那些一直潛伏在你身上，而你自己卻從未真正瞭解的力量，怎樣才能弄清，自己與他人的溝通和信任到底能深入到什麼程度？這就是拓展訓練的真正意義！

拓展訓練通常利用崇山峻嶺、翰海大川等自然環境，通過精心設計的活動達到「磨練意志、陶冶情操、完善人格、熔煉團隊」的培訓目的。

2.室外拓展訓練的特點

(1)綜合活動性

拓展訓練的所有項目都以體能活動為引導，引發出認知活動、情感活動、意志活動和交往活動，有明確的操作過程，要求學員全身心的投入。

(2)挑戰極限

拓展訓練的項目都具有一定的難度，表現在心理考驗上，需要學員向自己的能力極限挑戰，跨越「極限」。

⑶集體中的個性

拓展訓練實行分組活動，強調集體合作。力圖使每一名學員竭盡全力為集體爭取榮譽，同時從集體中吸取巨大的力量和信心，在集體中顯示個性。

⑷高峰體驗

在克服困難，順利完成課程要求以後，學員能夠體會到發自內心的勝利感和自豪感，獲得人生難得的高峰體驗。

⑸自我教育

教員只是在課前把課程的內容、目的、要求以及必要的安全注意事項向學員講清楚，活動中一般不進行講述，也不參與討論，充分尊重學員的主體地位和主觀能動性。即使在課後的總結中，教員只是點到為止，主要讓學員自己來講，達到自我教育的目的。

⑹通過拓展訓練

參訓者在如下方面有顯著的提高：

· 認識自身潛能，增強自信心，改善自身形象；
· 克服心理惰性，磨練戰勝困難的毅力；
· 啟發想像力與創造力，提高解決問題的能力；
· 認識群體的作用，增進對集體的參與意識與責任心；
· 改善人際關係，學會關心，更為融洽地與群體合作；
· 學習欣賞、關注和愛護大自然。

3.室外拓展訓練的組成

一次拓展訓練課程主要由團隊熱身、個人項目、團體項目和總結回顧四部份組成。

⑴團隊熱身

在培訓開始時，團隊熱身活動將有助於加深學員之間的相互瞭解，消除緊張，建立團隊，以便輕鬆愉悅地投入到各項培訓活動中

去。

(2)個人項目

奉著心理挑戰最大、體能冒險最小的原則設計,每項活動對受
訓者的心理承受力都是一次極大的考驗。

(3)團隊項目

團隊項目以改善受訓者的合作意識和受訓集體的團隊精神為目
標,通過複雜而艱巨的活動項目,促進學員之間的相互信任、理解、
默契和配合。

(4)回顧總結

回顧將幫助學員消化、整理、提升訓練中的體驗,以便達到活
動的具體目的。總結,使學員能將培訓的收穫遷移到工作中去,以
實現整體培訓目標。

4.室外拓展訓練的項目

「超越訓練」的培訓形式可根據企業的需要而設計。大致分為:
場地項目(場地課程是在專門的訓練場地上,利用各種訓練設施,如
高架繩網等,開展各種團隊組合課程及攀岩、跳越等心理訓練活
動)、水上項目、野外項目和室內課程。每一種訓練形式可以是獨立
的,也可互相交叉組合。具體內容如下:

(1)場地項目

淩空跨越、相托、大渡鐵索、信任背摔、穿越封鎖線、雲梯、
求生、空中飛人、下降、沼澤、有軌電車等多種團隊合作組合項目。

(2)水上項目

紮筏、游泳、龍舟、潛水、跳水、划艇等。

(3)野外項目

野外定向、遠足露營、登山攀岩、徒步長城、傘翼滑翔、野外
生存技能。

室外活動一：踩著隊友肩膀往上爬

團隊牆是 100 多個隊員一起參加的項目，每個隊員都必須爬過一面高達 3.6 米的光滑牆壁，牆上沒有任何借力處，完全要靠集體的智慧和人力達到目的。領頭的人靠「眾人托＋自己攀」爬上牆頂，然後幫助後來人爬越，但是規定牆頂上只能站 4 個人，已經爬越的人就不能再回頭來幫助別人。最後一個隊員爬的時候便要依靠「前人」搭成的「人梯」。

團隊必須在 10 分鐘裏面商量出讓每一個隊員都成功爬越的有效策略來，確保相互支持、挑戰和監測，以使每個參加者都成為贏方。

室外活動二：閉目倒向「人肉救生床」

一個約 1.5 米的高臺前，12 個人分兩排站在兩邊，各伸出自己的雙手搭成一張「人肉救生床」。「主角」背對隊伍站在高臺上，雙手握在胸前，然後筆直地倒向「救生床」。

該活動對「主角」來說，最重要的是兩個字：「勇」與「信」。

七、腦力激盪法

腦力激盪法，就是最大限度地發揮大家的想像力，利用集體的智慧，通過創造性的思考，達到分析問題、最後解決問題的方法。

1.腦力激盪的具體步驟

⑴先告訴大家題目、目的以及討論要遵循的原則；

⑵自由發言，主持者同時記下發言者的創意；將創意分類、歸納和評價；

⑶將其中最切合實際又最有代表性的創意作為答案。

2.腦力激盪法的運用要求

⑴主持人要使會議保持熱烈的氣氛,讓全體參加者都出謀劃策;

⑵主持人應避免發表任何評論,一切有礙創造性思考的判斷或批評應留在最後。

⑶問題最好應在召開會議前一至兩天告訴參加者,問題應當有特定的範圍,但又不要限制太僵硬。

⑷每個小組的參加者以 5～10 人為宜,而以 6～7 人(含主持人和記錄員)為最佳。小組成員水準應相當。

⑸想到就立即說出來,不要等完全想好後再說。

⑹不要立即否定其他人的想法。

⑺有什麼疑問就立即提出來。

⑻每次發言不要太長。根據參加人數,以 1～2 小時為宜,在已決定結束時開始,再延長 5 分鐘最好。

⑼對設想的評價,最好過幾天再進行評價,以便提出者進一步完善方案。

3.腦力激盪法的優點

⑴有利於運用啟發式教學,培養擴散性思維。

⑵有利於在自由開放的氣氛下,激發受訓者的創造力。

⑶有利於在短時間內收集到大量的有創造性的建議。

4.腦力激盪法的缺點

⑴題目選擇不當的話,容易誤導。

⑵小組成員容易互相受影響,特別是受第一位發言者的影響。

八、角色扮演法

角色扮演法往往在一個模擬真實的情景中，由兩個以上的培訓對象相互作用，使其掌握必要的技能。這種方法比較適用於培訓人際關係技能。培訓對象要扮演的角色常是工作情景中經常碰到的人。例如：上司、下屬、客戶、其他職能部門經理和同事等。

角色扮演的效果較好，但主要取決於培訓師的水準。如果培訓師能作及時、適當的反饋和強化，則效果相當理想，而且學習效果轉移到工作情景中去的程度也高。但是角色扮演的培訓費用較高，主要原因是這種培訓只能以小組進行，人均費用會提高。

1.角色扮演法的作用

⑴把已發生過的實際事件重新表演一番，可以訓練培訓對象解決問題的能力。

⑵讓培訓對象表演某一故事情節中的某個角色，使這些角色看起來就像在眼前，感情真摯。

⑶通過扮演角色，可以思考如何處理某些困難，擺脫困境。

⑷當培訓對象在扮演角色時，他將說出他作為這個角色的真實感受，而不是別人想聽什麼就說什麼，因此，通過表演，培訓對象可以發掘自己的情感和培養洞察力。

⑸通過表演別人的角色可以加深培訓對象對別人的理解，可以改變對別人的態度。

2.角色扮演法的優點

角色扮演法的優點如下：

⑴培訓對象參與性強，培訓對象與培訓師之間的互動交流充分，可以提高培訓對象與培訓的積極性。

(2)特定的類比環境和主題有利於增強培訓效果。

(3)通過觀察其他培訓對象的扮演行為,可以學習各種交流技能。

(4)通過類比後的指導,可以及時認識到自身存在的問題並進行改正。

(5)在提高培訓對象業務能力的同時,也加強了其反應能力和心理素質。

3.角色扮演法的缺點

角色扮演法的缺點如下:

(1)場景的人為性降低了培訓的實際效果。

(2)模擬環境並不代表現實工作環境的多變性。

(3)扮演中的問題分析限於個人,不具有普遍性。

4.一般角色扮演法的實施

以一定的事例為基礎來實施,也是一般所謂的實際演練。一般法實施時,培訓師不參加演出,由培訓對象全員參與演練。如果培訓對象人數較多而培訓時間夠長的話,這是個理想的方法。其實施程序如下:

(1)事前準備。配置桌子、椅子等背景和一些必要的小道具等在練習場地,使演練隨時可進行。

(2)說明目的。說明借由這種演練希望學習和理解的內容。剛開始角色演練時,要先說明背景等必須事先知道的事項。

(3)設定場面,進行準備(熱身)活動。說明狀況,必要的話做一下簡單的熱身活動。

(4)決定角色。讓培訓對象自行選擇,有角色沒演員時再指名,其他沒有角色可以演出的人全部當觀察者。

(5)告知案例。將事例發給所有參加者,培訓對象用 2~3 分鐘理解自己的角色。觀察者另外發給觀察表。

⑹開始演練。按照培訓師的指示開始演練。觀察者將各演員必須注意的要點記入觀察表內。

⑺分析和檢討。演練結束之後，培訓對象依照下列的順序來進行分析和檢討：

①演員先提出自己的感想。

②觀察者提出觀察感想及意見。

③如果有錄影的話，邊看錄影帶邊檢討。

④培訓對象對演技的好壞加以評語。

⑻重新再演練一次。以感想和評語為基準重新演練一次，以完成一次理想的演練。重新演練時可以更換演員。

5.即興角色扮演法的實施

即興角色扮演法的實施就是不設定場面也不做事前準備，培訓師也參與演練，隨時隨地演練的方法，又稱實際演練的簡略型。因為是即興的緣故，無法演練太複雜的事例，只能選待客的應對、電話對應或業務員面試等比較簡單的事例來演練。

表 14-3 各種培訓方法比較

培訓方法	培訓內容	各種方法促進學習的程度					對各種不同人員的適應程度	費用
		回饋意見	強化	實踐	激勵	舉一反三		
案例研究法	決策技能	中等（一般性）	中等（一般性）	良好	中等（一般性）	中等（一般性）	有局限性	低
討論法	人際關係技能，獲取新知識、信息	有局限性	中等（一般性）	有局限性	很好	良好	良好	較低
遊戲活動法	決策技能	良好	中等（一般性）	中等（一般性）	良好	很好	有局限性	較高
影視法	技術技能、人際關係技能	很好	良好	良好	很好	中等	中等	中等
電影與錄影帶	獲取新知識、信息	有局限性	有局限性	有局限性	有局限性	有局限性	有局限性	中等
工作輪換	各個方面技能	中等（一般性）	中等（一般性）	有局限性	良好	很好	中等（一般性）	低
實習	各個方面技能	中等（一般性）	中等（一般性）	中等（一般性）	良好	很好	有局限性	低
角色扮演法	人際關係技能	良好	良好	良好	中等（一般性）	中等（一般性）	中等（一般性）	較低

續表

訓練與輔導	技術技能、人際關係技能、決策技能	中等(一般性)	中等(一般性)	有限	良好	很好	很好	低
行為模仿	人際關係技能	很好	良好	良好	中等(一般性)	很好	中等(一般性)	高
實驗小組	決策技能	中等(一般性)	中等(一般性)	良好	中等(一般性)	中等(一般性)	中等(一般性)	較高
研討會	獲取新知識、信息	有限	有局限性	有局限性	有局限性	有局限性	有局限性	較低
講座	獲取新知識、信息	有限	有局限性	有局限性	有局限性	有局限性	有局限性	低
專項講授、指導	獲取新知識、信息	很好	中等(一般性)	良好	良好	有局限性	一般可以	高
基於電腦的培訓	獲取新知識、信息	很好	很好	良好	良好	有局限性	良好	高
多媒體指導、討論法	獲取新知識、信息決策技能	很好	很好	很好	很好	很好	很好	高
在職培訓	技術技能	良好	良好	良好	良好	很多	良好	低
技工學校培訓	技術技能	良好	良好	良好	良好	很好	一般都可以	高
學徒培訓	技術技能	良好	良好	良好	良好	很好	良好	中等

表 14-4　主要培訓方法的效果比較

方法	師資要求	培訓投入	交互性	培訓時間	對學員的要求	培訓效果
案例研究	較高	較少	較好	較長	有一定的工作經驗	不易見效
角色扮演	不高	少	好	較長	能積極參與，把握角色	較好
課堂講授	高	少	一般	可長可短	水準較一致為好	較好
分組討論	較高	少	較好	較長	有一定的工作經驗	好
操作示範	高	較少	較好	較長	無特殊要求	好
視聽教學	低	較少	差	可長可短	對培訓內容有一定瞭解	較好
管理遊戲	較高	少	好	較長	能積極參與，有創新意識	較好
問卷方法	不高	較多	較差	較短	實事求是	一般
工作輪換	低	較少	較好	長	工作經驗豐富	較好
拓展訓練	高	多	好	可長可短	身體健康，有團隊精神	好
模仿訓練	不高	較多	一般	較長	有初步工作經驗，懂電腦	好
參與管理	較低	較少	較好	可長可短	有一定的管理水準	好
參觀考察	低	較多	一般	可長可短	有一定的工作經驗	較好

表 14-5　主要培訓方法學習效果比較

培訓方法	回饋	強化	實踐	激勵	轉移	適應個體	費用
專題討論	優	良	良	優	良	中	中偏低
案例研究	中	中	良	中	中	差	低
課堂講授	差	差	差	差	差	差	低
訓練輔導	優	中	良	良	差	中偏良	高
商業遊戲	優	中	差	良	中	差	中偏高
角色扮演	良	良	良	中	良	中	中偏低
錄影	差	差	差	差	差	差	中

　　從上表可以看出，課堂講授的效果最差，但是費用也最低；訓練輔導的費用最高，但是效果並非最好；效果最好的是專題討論，其費用僅為中偏低，其他的選項也不錯，所以可作為企業培訓的首選方法。

心得欄 _____

_____

_____

_____

_____

_____

第 *15* 章

培訓部門的檔案管理

培訓檔案詳細描述了以往培訓活動的相關資訊，這些資訊在許多方面具有參考價值。培訓記錄一般是按照公司要求進行記錄，所有的記錄就形成了培訓檔案，它至少可以在以下方面提供幫助：

一、立卷歸檔

最後形成的培訓評估總結，或是培訓評估結果，肯定不只是一張紙那麼簡單。它會涉及到很多的表格、報告、文件等許多文本，這麼多的文檔，都是正式的公文，在培訓評估結束後，是要作為憑據、文件來立卷歸檔來保存的。

二、便於管理、事半功倍

許多的表格、記錄放在一起，不便於查詢。一個公司，小到十幾個人，大到幾百上千人，每個人歷年的培訓記錄，如果不作歸檔整理，堆在一起，都快成小山了，如果這個時候要查詢某人某年的

培訓記錄，那真是要「書山無路勤為徑」了。

三、參考過去資料

在制定培訓計劃、選擇培訓形式等決策的時候，可以通過查詢以往的記錄，以過去的記錄作為借鑑。

1. 對今後的培訓計劃有指導意義。

2. 可以提供員工成長的準確記錄。

3. 幫助確定以後培訓的培訓需求。

4. 為管理部門及各部門經理提供已經完成的培訓總體情況，以及仍需完成的培訓。

5. 幫助跟蹤及控制公司培訓預算的有效使用。

四、受訓者的培訓檔案

受訓者的培訓檔案的內容應該包括：

1. 員工的基本情況，包括學歷、進公司年限、所經歷的崗位、現有崗位工作情況等；

2. 上崗培訓情況，包括培訓的時間、培訓次數、培訓檔次、培訓成績等；

3. 專業技術培訓情況，包括技術種類、技術水準、技能素質以及培訓的難易程度；

4. 晉級升職培訓情況，包括任職時間、任職評價、任職提拔晉升等情況：

5. 其他培訓情況，比如在其他地方參加培訓的經歷、培訓的成績；

6.考核與評估情況，包括考核定級的檔次、群眾評議情況等。

五、培訓部的工作檔案

培訓部工作檔案的住處內容應該包括：

1. 培訓工作的範圍；

2. 如何進行入職培訓；

3. 如何進行崗前培訓；

4. 如何進行升職晉級培訓；

5. 如何進行其他技術性專項培訓；

6. 如何進行紀律培訓；

7. 員工派出培訓情況；

8. 如何進行對外培訓；

9. 如何考核和評估；

10.全公司人員已參加培訓、未參加培訓的情況；

11.列入培訓計劃的人數、培訓時間、班次、學習情況；

12.特殊人才、重點人才、急需人才的培訓情況。

六、與培訓相關的檔案

其他與培訓相關的檔案內容應該包括：

1. 培訓講師的教學及業績檔案；

2. 培訓用財物檔案；

3. 培訓工作往來單位的檔案。

表 15-1　員工培訓檔案

編號：　　　　　　　　　　　　　　　　　人力資源部制

姓名		性別		出生年月		身份證號碼	
學歷		專業		所屬部門		職　位	

培訓時間	培訓內容	培訓機構	取得證書	所在部門	所在崗位	備　註

人力資源部評語：	所在部門評語：
簽名：　　　　　年　月　日	簽名：　　　　　年　月　日

表 15-2　員工在職培訓資歷表

項次	培訓時職　位	培訓課程名稱	課程編號	培訓日期	時數	累積時數	成績	評核記錄

第 16 章

培訓工作的實施

　　培訓實施以前的各個階段都是在為實施培訓做準備、做鋪墊，整個培訓活動的直接效果也體現在實施培訓的階段。屬兵秣馬千日，只為作戰一時，培訓部應切實在培訓實施過程中做好準備、掌控與跟進工作。

　　整個實施培訓工作，可分為三部分：培訓前的準備工作，培訓實施的控制，培訓實施後的跟進工作。

一、培訓前的戰略準備

　　在培訓實施前所需地準備工作有很多，總體可以分為三大類，即培訓氣氛準備、培訓者的準備、培訓工具的準備。

　　良好的培訓氣氛可以使培訓的一切活動將有積極的導向性，最終培訓自然也會取得最佳的效果。為形成這樣的氣氛，組織應做好以下兩大方面的工作：一是讓員工感到培訓是必需的；二是為員工營造一個良好的學習環境。

1. 讓員工感受到培訓的必要性

讓員工感受到培訓的必要性好處甚多，組織應透過種種激勵措施來引導員工接受培訓。應讓員工感到培訓不僅可以提高組織績效，還可以對員工本身的發展有較大幫助，一旦做到形成積極參與的局面，至少可以獲得以下益處。

⑴員工有強烈的學習願望。因為他們能深深認識到培訓對其自身發展的價值和意義，於是會利用自身的所有資源，最大限度地利用培訓給予他們的機遇。

⑵學習興趣變得越來越濃厚。在強烈願望的驅使下，員工對培訓的一切都會表現出巨大的興趣，不僅會努力去掌握有關知識、技能，完成本次培訓任務，而且也將對組織事務更為關注。只要有了興趣，學習將是一件輕鬆、愉快的事情，學習的效果也不言而喻。

⑶參與培訓將更為主動。由於學員現在已將培訓當成自己的事業，他們將積極主動地去完成各種任務。同時也會積極開動腦筋，為管理層出謀劃策，從而使培訓效果更好。

⑷「鯰魚效應」。部份學員積極參與培訓對那些不積極者、駐足觀望者會形成強烈的觸動，從而在組織內營造積極追求個人進步的良好氣氛，對組織文化建設起到積極的推動作用。最終將在工作上形成你追我趕的、互幫互助的良性循環局面。

2. 營造良好的學習環境

為培訓實施所營造的環境要讓學員感覺安全，沒有太多的壓力，並且學員之間，講師和學員之間都是相互尊重的。讓學員能自由表達自己的觀點，無太多拘束，同時它還應具有合作性而不是競爭性。學員樂於相互分享知識和技能，而不是懷有保守、猜忌，生怕他人超過自己的狹隘意識。有了這樣的學習環境，學員就能積極主動地和授課講師、培訓管理人員配合，使培訓取得更好的效果。

(1)積極創造誘因和提供必要行政支援

①可以訓練一部份人成為內部講師。如遴選優秀人員加以培訓使其成為內部講師，訓練各級主管使他們具備培訓下屬的能力。這樣可以先激發一部份人的積極性，從而起到好的帶頭作用。

②行政支援則包括提供合格、專業、舒服的培訓場所等工作。行政支援屬於「硬性」支援，可以顯示出企業對培訓的重視，也可以激發員工受訓的積極性。

(2)鼓勵持續改善及創新活動

①應對培訓成果做追蹤評估。將員工的知識、技能作為績效考核的評價項目。將接受培訓的時間進行統計，作為晉升的評價項目。

②培養員工創新、冒險的精神。創新和冒險沒有明顯的界限，一個新舉措如果試用成功則是創新，否則就是冒險。有了創新活動則可以大大活躍各種氣氛。

③建立品質改善系統。對於生產性企業而言，品質改善的作用尤為突出。企業應該運用先進管理理論，持續不斷地改進，使人人都追求突破，追求新知識和新技能。

(3)確定主管人員角色

①協助部屬建立生涯規劃並幫助其達成規劃目標。員工對自己的職業生涯規劃不一定都是非清楚，幫助他們完成規劃，並在適當的時候運用培訓來幫助他們。

②以旁觀者的身份來分析部屬觀念、態度、知識及能力的不足，並運用各種方法幫助其成長。有了這些做鋪墊，對安排的培訓自然非常重視。

(4)適當授權，讓員工有參與管理的機會

①提供一定的機會，讓員工參與目標的設定、執行、評估與決策。這樣不但能鍛鍊他們的能力，同時也在很大程度上能激發其積

極性。

②培養員工自我管理的工作意識，逐步形成自我管理的團隊。

二、培訓實施前的準備工作

培訓工作的實施，可分為培訓實施前的準備、培訓實施過程的管理、培訓結束時的工作。說明如下：

圖 16-1　培訓工作的實施

1.確認和通知學員

在學員入學前，首先，應該再一次確認參加本次培訓的學員類型、人數，以便安排合適的培訓場地以及食宿等問題。其次，要對本次培訓的目的、內容、時間安排、學員事先需要準備的事項、預先發給的資料以及培訓費用等問題通知學員，以便使他們在培訓前做好準備。另外，還可以借此機會瞭解學員對培訓課程安排的意見，以便及時調整和改進。

為了做好這項工作，培訓部門可採用發放入學通知書和調查表的形式完成(參見表 16-1)。

表 16-1　發放培訓通知

＿＿＿＿先生：
×××培訓項目目前已定於×年×月×日正式舉辦。為此，我們榮幸地邀請您參加本次培訓學習。請您於×年×月×日到×××培訓中心××樓前廳報到。報到前我們將有關事項通知您如下：

1. 本次培訓班的主要內容有 _____；授課的形式為 _____；主要目的是 _____ 。

2. 請您與單位協商，帶上一個您在工作中需要解決的問題來培訓班研討，並填寫隨寄的「培訓需求調查表」，請儘快寄給我們。

3. 請您來之前閱讀隨信寄上的有關資料，並記錄要點和準備提出的問題，以便上課時檢查和討論。

4. 本次培訓共××天，培訓費×××元，食宿費自理，請在報到時交齊。

本培訓班熱忱地恭候您的光臨。

×××培訓中心，聯繫人×××

×年×月×日

採取這種措施的好處是，一是使學員在報到之前就進入培訓的準備狀態；二是瞭解學員的基本情況，以便安排食宿、分組和選擇骨幹；三是瞭解學員對培訓課程的需求程度和建議，以便調整改進。

此項工作最好提前一個月進行。

2.培訓協議書

培訓也是企業的一種投資行為，需要耗費企業許多的人、財、物和錢，為了保證企業的利益和培訓為企業發展所用，同時也為了明確和保障企業與員工之間的權利和義務，有必要在進行培訓之前雙方簽訂培訓協議。

特別是企業出資較大的培訓活動，簽訂協定是必不可少的手續。

因為存在這樣一種現象：企業花費很多的金錢和精力送員工去培訓，比如送學員去攻讀學位，或是送他出國培訓，但是培訓結束

後員工卻以此作為跳槽的資本，而企業事前卻沒有向員工提出任何條件加以約束，白白地為他人做了嫁衣。為避免類似的情況發生，簽訂培訓協議書是完全必要的。

因此，我們歸納出一份員工培訓協議書的內容有以下幾點：

(1)培訓費用的支付說明

培訓費用的支付，可以由公司根據實際情況，或是培訓學習的內容來靈活決定。既可以採取公司完全支付的方式，也可以採取公司和員工按照一定的比例分別支付。一般，在接受培訓之前，員工需要向企業交納一定的保證金。

(2)培訓學習期限的說明

規定培訓學習的起止時間，並按照實際學習的時間計算。

(3)紀律要求

員工在培訓學校，代表的是企業的形象，不可以因個人行為而使公司的形象受損！

受訓員工應遵守培訓校方的各項規定與要求，凡因違規違紀受到校方處分的，公司將追加懲處，視同在本公司內的嚴重過失。

員工不得無故曠課，有違者，以曠工處理。

員工應按公司指定或約定的學校及專業就學。如需要變更，應事先及時通知公司，並得到公司的批准。否則，以曠工論處。

(4)員工的待遇、福利規定

在員工培訓期間，對其應享受的待遇、福利做出規定和說明，要作出詳細的說明，使員工免除後顧之憂，安心地接受培訓學習。

(5)獎懲規定

對於培訓期間，表現良好，考核成績優異的員工，應給予獎勵；對於表現比較差，學習結束後卻無法通過考核的員工，要給予一定的懲罰。

(6)違約

一旦發生員工違反規定,則按照事先簽訂協議的相關規定處理。

(7)免責聲明

培訓協議書的起草,要站在公平、合理的立場上去規定相關條款。既要保護企業的利益,也不能對員工處處刁難。簽訂培訓協定,要在雙方平等的基礎上進行,彼此接受的情況下,才可以簽訂。

(8)教授的課程

要明確是就那一方面課程而請講師對企業員工進行培訓。

(9)講授的人選

企業應選擇自己認為合適的講師來負責培訓。可以要求培訓公司派遣培訓師進行試講。

(10)課程的大綱和內容

在協議上,應附有課程的大綱或是詳細的內容介紹。培訓師應嚴格按照協議上的規定進行培訓。

(11)培訓的時間、地點

嚴格按照規定的時間和地點進行培訓。

(12)培訓的形式

明確培訓活動的形式。是在室內上課還是野外拓展,都應該有清楚的說明。

(13)培訓費用

協議應明確規定,公司就此次培訓應向培訓公司支付的所有費用,並列出支付費用的項目。

(14)違約

明確任何一方出現違約情況,應承擔的責任和向對方賠償的費用!

⒂其他事項

員工教育培訓協議書

為了提高員工基本素質及職業技能，公司應鼓勵並支持員工參加職業培訓。為確保員工圓滿完成培訓學業，並按時返回公司工作，公司與受訓員工訂立如下協議：

一、公司同意該員工赴_____學習_____，學習期自____年___月___日至____年___月___日，實計為期_____。

二、受訓員工應按公司指定或公司約定的學校及專業就學。如需要變更、應事先及時通知公司，並得到公司的批准。否則，以曠工論處。

三、受訓員工學習時間、計入工作時間之內，按連續工齡累計。

四、受訓期間的薪水視情況按原薪水的____%支付；獎金按通常支付額的____%支付。在晉級或薪水辦法修訂時，受訓員工作為在冊人員處理，社會保險及勞動保險，原則上按有關規定作為在冊人員處理。受訓人員受訓期內不享受年度休假。

五、受訓期間醫藥費用按在職人員對待。但由於本人過失或不正當行為而致病(傷)者除外。當受訓人員患有不能繼續學業的疾病時，應接受公司指令，終止學習，返回公司，並依有關規定處理。

六、受訓員工在學習期間，必須每隔___天(即每年___月___日前)向公司人事部書面報告學習情況，並附學校有關成績等記錄。

七、受訓員應自覺遵守培訓校方的各項規定與要求。凡因違規違紀受到校方處分的，公司將追加懲處，視同在本公司內的嚴重過失。

八、受訓員工的學費由本人承擔____元，由公司方面承擔____元。

九、受訓員工辭職，其工齡在一年以內，則需向公司交公司負擔部份的人事部培訓費用；二年以內向公司交納公司負擔培訓費用

的 50%，三年以內交納 25%；三年後則可免交培訓費用；因違紀被公司辭退的員工亦照此辦理。

十、在培訓期間，受訓員工接受公司交付的調查或出差，差旅費按員工差旅費規則支付。

十一、培訓結束，受訓員工應及時返回並向公司報到。

十二、為確保上述協議規定的執行，受訓員工應在就學前向公司交＿＿＿元作為保證金。受訓員工如有逾期不歸，受訓期從事超越學習範圍的業餘活動或擅自更改培訓方向與內容等行為，若涉及法律責任，由該員工自負，與本公司無關，其保證金歸公司所有。受訓員工圓滿完成學業，無任何違反上述規定的行為，按時返回，在向人事部報到後半月內，公司退還保證金。受訓員工若未通過結業考試，公司將從其保證金中扣除與本次培訓相關費用(含學雜費、書費、調研費、實習費、上機費、住宿費、交通費等)後，退還其保證金餘額。

十三、受訓員工在學習期間成績優異，有傑出表現，公司將視情況給予獎勵。

　　　　××公司(簽章)：　　　　　　受訓員工簽字：
　　　　　年　　月　　日　　　　　　　年　　月　　日

3.培訓場所的佈置

培訓場所陳設和佈置可給培訓的風格和氣氛定位。它能給人以各種感覺，諸如正式的、非正式的、講座式的、教學式的或小組討論式的，因而會有助於或有損於輔助設施的使用。因此，無論計劃把培訓辦得如何的非正式，對環境進行充分的準備還是非常重要的。假如經常受到干擾，房間裏熱得難以忍受，並且沒有坐的地方，

那麼在這樣的環境下實現激勵團隊成員、給他們傳達資訊的目的就幾乎是一種妄想。

　　環境能影響人的情緒和心態，應根據培訓的內容及形式選擇培訓場地以及房間的佈置。比如，比較理想的教室應該為正方形或者長寬比為 4：3 的長方形，房間高度最少要 3 米。座位的佈置可為教室式、會堂式、「U」字形、三角形、圓形、六角形、會議桌形等。此外，應關上所有臨街的窗戶，以免嘈雜聲分散注意力。

　　一旦安排好了房間，在課前一天進行檢查會是一個比較保險的做法。假如只在演講快要開始的前一個小時才檢查房間，那麼就會遇到很多突發問題。

　　檢查內容包括：

(1)輔助設施

必須親自檢查或許要用到的所有設備的情況，並需要一再地進行檢查。制訂一個應急計劃以防它突然出故障。

(2)溫度和氧氣

確保房間溫度較低，一旦有很多人擠在房間裏，就會產生很多熱量，而溫暖的氣溫會使人很快昏昏欲睡。室內溫度太高會使聽者變得遲鈍，特別是在午飯後。但是使學員胳膊上起雞皮疙瘩的冷氣會轉移他們聽課的注意力，想著溜出去。溫度略低、空氣流通的房間，是集中學員注意力的最佳環境。

　　此外，在培訓過程中，氧氣是極為重要的基本要素。不管是如何動人的演說都無法使置於惡劣空氣中的聽眾保持清醒。煙霧彌漫或空氣混濁的房間也會使聽者坐立不安，那會減少對血液的供氧，使呼吸更加困難。

(3)光線

自然的光線是最適宜於培訓的，但窗戶在培訓中可能會成為一

種麻煩。學員的注意力會被分散，陽光會照射進來，聽眾會變得心不在焉。假如窗戶確實存在，就保證學員都背朝窗戶。假如演講需要黑暗的環境播放幻燈片，那麼一結束播放就應該馬上把燈打開。

燈光是影響演說成功與否的另一要素，應盡可能讓房間裏光線充足。讓燈光照在講師的臉上，人們希望看清楚說話的人。產生在說話的人五官上的那種微妙變化，是自我表現的一部份，而且是最為真實的一部份，這種表現勝過言語。

(4)座位

在學員到場前，花半小時檢查會場的實際安排。如是小型培訓，盡可能將椅子排成弧形，而不是直線形，觀眾越能互相看到反應，對講師越有利。視條件許可，盡可能靠近觀眾。30 人或 30 人以下可以坐成一個半圓，50 人或 50 人以下則可圍成兩層半圓。假如座位是排成行的，學員之間就不能進行視線接觸了，而這對於他們是很重要的，因為那樣他們才可以看到其他人有什麼反應。

移開多餘的椅子。假如房間裏有 25 個人而有 50 把椅子，就會使培訓室顯得空蕩蕩和浪費。是否每個學員都能看見講師？坐在房間的各個部份檢查一下觀看的效果。他們是否會感到舒服？假如把椅子面對著學員背對著門口放置，那些遲到的人就可以不被發覺地走進來。儘量留出一些空座位，使得後來者無須費勁就能找到座位。在學員到達之前確定座位擺放的位置是很重要的。人們對於進入房間坐下後還需要挪動位置的做法是極其厭惡的。

團隊成員與任何的視覺教具螢幕的距離不應該大於投影影像寬度的六倍。第一排椅子要與螢幕相隔有足夠的距離，大約是螢幕寬度的兩倍。所有的位子都應該在距離螢幕 10 米的範圍內。

假如團隊成員需要一直扭著頭看著講師或者觀看幻燈片，他們很快就感覺到不舒服，從而少接收到你傳達的資訊。把設備啟動，

坐在最遠的位子觀看，測試位子的擺放是否合理，通到前面的過道是否很清楚。

4.培訓設備的準備

根據培訓的需要選擇適當的教學設備，可以使培訓的形式更加靈活多樣。如白板、展示架、錄音(像)機、投影儀、幻燈機、活動畫、小冊子等。在準備和使用培訓工具時，特別要注意以下幾種工具的使用：

(1)白板

準備一個白板架和一疊白板紙，要求培訓師把全部要點都寫在紙上，然後用夾子把所有紙夾在白板架上。課程進行到那裏，就相應地翻到那一頁。這樣能使培訓師提前準備好所有的材料，畫各種必要的圖表也很方便。在講課的過程中需要回顧已講過的內容時，只要往回翻頁即可，這樣，即節省時間，又方便員工們聽課。同時，這些資料是今後舉辦類似培訓的參考資料。

(2)展示架

為了使培訓現場環境與培訓內容協調起來，可在現場週圍佈置一些展示架，把有關資料放在上面，讓學員得到額外的輔助資訊，加深對培訓主題的進一步理解，增強培訓效果。

(3)利用錄音和攝像設備

錄音、攝像設備的用途多用於記錄講課、角色扮演等現場過程。一旦錄好，就是永久的培訓資料，可隨時隨地重放，而不必要求培訓專家時刻在場。

(4)投影儀

投影儀在使用時需要注意：

①房間內的光線是否太強？

②投影儀是否聚好焦？

③每個人是否能看到螢幕？

④是否需要一支鐳射筆？

⑤是否需要一張白紙來覆蓋一些內容？

(5)電腦

近年來發展起來的機上培訓，使得員工不用再到生產線上進行實地操作，只需把培訓軟體裝入電腦內，即可以在電腦上進行類比操作，出現錯誤後，也可以在機上修改，大大減少了錯誤成本費用，方便了培訓工作，使培訓工作上了一個更高的新臺階。

例如：美國戴爾電腦公司已使員工在網上獲得更多正規培訓，在戴爾公司的某一新產品投放市場之前，員工就可以從網上獲得關於該產品的圖文並茂的詳細說明，從中可以瞭解如何安裝使用新產品。相對而言，機上培訓充分顯示了其快捷和實用的優點。

5.培訓前與講師聯繫

培訓前，首先，作為培訓機構應該經常與各類有關的專家學者保持聯繫，最好編制一個講師資訊庫，以供培訓時選擇。其次，講師選擇後，應將有關培訓課程內容、形式、時間以及酬金等事項與講師達成共識。再有，為了保證培訓講師如期到達，預防萬一，主辦者應在上課之前，就講師來上課的接送方式、時間、用餐等事項明確地傳達給講師。另外，還要與講師說明有關教室的場所、設備及其佈置狀況等準備情況。

6.有關資料的編印

(1)培訓課程和日程安排

包括課程目標、培訓時間、培訓地點、培訓日程表。

(2)培訓生活須知

內容包括：

· 上課中及其他時間應注意事項；

· 值日員的任務；

· 宿舍內的配置；

· 緊急出口位置的簡圖；

· 鑰匙的管理及進出門的時間；

· 電話的設置場所；

· 用餐的地方；

· 購返程車票；

· 培訓場所附近的餐館、食品店、書店等的介紹等。

⑶分組討論的編組名單

分組討論要儘量將不同部門的人編在一起。

在培訓前，如果學員能夠得到一份設計良好、內容詳盡的入學須知，不僅可以省去許多口舌，而且還使學員產生賓至如歸的感覺。有關的資料見表 16-2。

表 16-2　入學須知

各位學員您好：

歡迎您到培訓中心來參加培訓。報到後請抽空閱讀本須知，它或許能為您在培訓期間的學習、生活提供一些方便。

1. 角色轉變

變員工為學員，是學員就要遵守校紀校規；變家庭生活為集體生活，要互相尊重、互敬互讓；變主管為被管理者，您在單位可能領導千軍萬馬，但到培訓中心來，要服從項目主持人及班幹部的管理，委屈您了。

2. 時間安排

上午 8：00～11：30，下午 14：00～17：30 為學習時間；

早 7：00，午 12：00，晚 18：00 為開飯時間；

一、三、五晚 19：00～21：00 為文體活動、圖書閱讀時間；

二、四、六、日晚 19：00～21：00 房間供熱水可淋浴。

3. 設施及服務

中心各種設施如平面圖所示，授課在××教學樓第×教室，研討在××樓××會議室，訓練在××樓×層。醫務室、理髮室、閱覽室、文體館的地點分別見平面圖。

4. 交通

本中心為：××市××街××號；

郵遞區號為：×××××；

電話號碼為：××××××，可轉樓層服務員呼喚；

到市內，可出門乘××路公共汽車到××站，換乘×路電車，到××站下車；

購返程票：可直接與總服務台服務員聯繫，但要提前，以免誤事。

5. 佩戴胸卡

在本中心參加一切活動均憑胸卡，就餐、看電影、出入大門、到閱覽室、去文體館均不例外。故請學員隨時佩戴，妥善保管，萬勿遺失。

7. 經費的預算

提前做好培訓整個過程的預算。包括：交通費、授課費、餐費、教材、設施、文具用品費等。

8. 做一個後備計劃

凡事即使準備的再週到，也有可能出現意想不到的情況。在培訓過程中，特別要注意在講師、設備、時間方面可能出現的臨時情況。因此，培訓組織者最好有一個後備計劃。例如，如果講師因故不能按時到來，可以起用後備講師，或調整培訓的日程安排；如果由於一些原因培訓進度超前了，可以用一些備好的附加活動充實到

培訓當中。

9.報到前的準備

⑴檢查培訓設備。包括：教學設備（講臺、學員座位、黑板、粉筆、投影機、錄音錄影設備、磁帶磁片等）；講師休息室（沙發、茶几、煙灰缸、報刊雜誌等）；

⑵裝好材料袋。將為學員準備好的教材或提綱、文具、入學須知等裝袋備好；

⑶準備好報到簽名表、學員胸卡，張貼班級標誌和路線圖等；

⑷根據學員回執所示的到達時間，安排好火車、飛機的接站工作；

⑸通知宿舍、食堂，做好學員入住和開飯準備；

⑹通知財務部門學員報到的時間，準備好收費事宜。

三、培訓實施過程的管理工作

1.培訓開始的管理

(1)對培訓課程管理者的要求

(2)學員報到

①在培訓場地的入口附近設置報導處。接待學員時，登記、填胸卡、領資料袋、交費、拿住房鑰匙、送至樓層或房間。

②學員到達後，親切、熱情和週到地接待。

③收回預先向學員佈置的作業或調查表等。

④主辦培訓的人員至少要在學員報到時間的 30 分鐘前到達培訓場地，對會場做最後一次的檢查。

(3)開訓儀式

開訓儀式是培訓課程的起點，包括主辦單位的致詞、領導作報

告、培訓工作人員的介紹、學員表態等。除了常規項目外，為了更好地激勵學員，組織者還可以舉行一些其他的活動。例如：

①請培訓主持人介紹本次培訓的教學計劃（意圖、內容、形式等）；

②安排一個寬鬆的氣氛，使學員自我介紹、相互認識；

③形成團隊（定組名、選組長、建立共同願景、繪組徽、編組歌等）。

2.培訓時的管理

⑴上課前 5 分鐘全體學員要就座

⑵維護教室安靜

培訓中常常因噪音出現而影響培訓的進行。噪音的來源有：窗外傳來的聲音；走廊傳來的腳步聲、談話聲；播音設備的雜音；手機鈴聲等。這些都需要採取措施，加以防備。

⑶引導講師進教室

一般由培訓主辦人員介紹老師的姓名、所在單位、主要成就以及在相關培訓中的經歷等。介紹要簡單明瞭。

⑷維護課堂秩序

培訓人員要注意上課時有無打瞌睡的人。打瞌睡的原因有：講授的內容學員理解不了；講師表達能力差；學員喝酒過多或熬夜；教室溫度高等。這時要喚起學員的注意，同時還要防止學員中途離席。

⑸關於能否吸煙

要明確告之學員，上課中不允許吸煙。分組討論能否吸煙，要以參加討論會的成員有無異議確定為好。如可以吸煙，要請學員將煙蒂、空杯子等丟到指定場所。

(6)講課內容的錄音

最好準備兩台答錄機，以備錄音帶用完時接錄之用。

(7)休息時間的決定

為了避免勞累，影響學員的注意力，培訓中要安排合適的休息時間。一般，以多次的短時間休息較好。休息間隔時間一般為 1～1.5 小時，休息 10 分鐘為宜。下午的課程應比上午更短一些。

(8)休閒食品

在課間休息時，準備一些休閒食品有助於給學員提提神，增加點能量。咖啡、茶、小甜點或糖果等都是理想的選擇。

(9)室溫的調節

對於有冷氣機的教室，培訓者應該知道如何調節冷氣機的溫度；如果沒有冷氣機，培訓者應該適時地開窗通風，保持室內溫度；教室的溫度在下午應該保持得涼快一些。

(10)與講師的溝通與服務

上課前，培訓主辦者應將講師休息室的接待用品準備好，以便休息時用；休息時，主辦者可聽聽講師對學員情況、培訓準備的看法；一般，講師用餐和住宿的地方要跟學員分開；晚餐後為了不影響次日的上課，喝酒和娛樂活動要適度；和講師聊天的話題要以講師所關心的事情為核心等等。

(11)關於旁聽上課

主辦培訓的工作人員要儘量去旁聽課程；上課中要避免頻繁進出教室；旁聽的重點在於觀察學員的反應和協助講師維護秩序。

3.培訓活動日常管理

(1)配置值日學員

如果是長期培訓，要在培訓工作人員中指定每日的值日員。值日員以兩個人為好，一般採取輪流的方法。值日員的任務有：引導

講師進教室;講師的介紹;準備講師的茶杯、水壺及毛巾;教學設備的準備與整理;學員與培訓工作人員的聯繫;記日記;下課後教室的整理等。

(2)做好管理日記

為了把握學員的學習情況,瞭解學員對講師的授課內容的反應及培訓實施方面的意見,管理人員要記好日記。採取值日員制度時,要由值日員來記。

日記內容包括:記錄者的姓名;學員的出、缺勤情況及聽課的態度;當天課程內容的概要及其意見;當天發生的主要事件及其處理;對培訓課程的全面意見及希望等。

(3)建立請假制度

學員有事缺課,或因實地調查、收集資料外出時,要提前請假,說明外出時間、地點、理由及返回時間。

(4)巡視檢查

一天課程結束後,要及時巡視,對於違反制度和規則的情況(如過度娛樂、酗酒等)進行監督管理。

4.有關娛樂活動的管理

在長期培訓時,為了有利於學員的身心健康,增進大家的感情,主辦者有時會組織一些娛樂活動,如體育運動、舞會、參觀、卡拉OK 以及電影等。

舉辦舞會須儘早舉辦,以便為學員提供相互認識、彼此親近的機會。

外出參觀時,應事先落實好參觀的地點、路線以及食、宿、行等;出發前要講解安全事項和紀律等。

拍攝照片可在開訓儀式、結訓儀式、娛樂活動、參觀、全體討論時進行。全體培訓工作人員與全體學員拍攝的團體照片,要儘快

洗印出來發給大家，如來不及發，日後要寄給學員。

四、培訓結束時的工作

　　成功的培訓會對學員以後的成長與發展產生長遠影響。因此，一個培訓班在結束時要做好承上啟下的工作。培訓者要注意做好三個方面的工作：培訓結業與送別、培訓評估的準備、設備資料的整理。

　　1.結業與送別

　　(1)對講課報以感謝

　　老師宣佈講課結束時，要指導學員很自然地報以熱烈的掌聲，表示對老師講課的謝意。

　　(2)與講師的溝通與服務

　　課程結束後，要與講師就學員的態度、講義的內容等，以及對培訓管理等交換意見，並將交談的內容記錄下來；講師的酬金要當場致送，注意要給講師開出扣除所得稅的收據；叫車或派車送講師回去時，主辦者要送到車子開走，或送到會場大門口、電梯口。

　　(3)結訓儀式和結業證書

　　舉行結業儀式的流程是：結業式總結→頒發結業證書(個別領取或派代表)→協助培訓單位的致詞→學員代表發言→宣佈培訓結束。

　　(4)學員的送別

　　全體培訓工作人員應排在出口的地方為學員送行，對學員在受訓期間的努力表示謝意，並希望學員將受訓學到的知識運用到日後的工作中去。

　　2.培訓課程的評估

　　培訓活動是否有效，關鍵在於能否使學員掌握了有關的知識和

技能，並能將所學在以後的工作中得以應用。因此，培訓結束後，培訓者要考慮對培訓效果進行核對總結和評估，以便改進將來的培訓工作。

對課程的評估在培訓結束時就要著手進行，主要考慮三方面的內容：

(1)學習結果測試

培訓學習效果檢驗可以當堂考試或測試。但有時需要在培訓後完成，如培訓總結、論文或技能測試等。對於培訓後的測試項目和應收回的資料，要預先與有關講師商定，並將測試的時間、內容和形式等通知學員。

(2)培訓的跟蹤

培訓最終的目的是使學員受訓後在知識、技能、態度等方面產生變化或提高，並使工作業績得以提高。實際上，大多數培訓的效果很難馬上表現出來。所以培訓工作者要有長期跟蹤評估的準備。關於培訓的跟蹤，應納入培訓計劃，在培訓以後，培訓者要做好跟蹤調查的準備工作，如發放跟蹤調查表，與學員單位的領導建立聯繫，以及安排專人在以後的工作中跟蹤調查。

(3)對培訓工作進行評估

為了改進以後的培訓工作，不斷提高培訓的效益，在培訓結束後，全體培訓工作人員要對整個培訓過程作一次完整的回顧和總結。在有條件的情況下，也可以請專家參與對培訓的評估。

培訓評估的內容主要包括：整體課程項目的設計；講師教授的水準；培訓場地與環境；住宿、飲食、娛樂等服務；培訓組織實施等。

3.設備與資料的整理

送走學員之後，培訓工作人員要整理培訓教室、辦公室、講師

休息室等，並將培訓用器材收拾好，有故障的器材要速交修理。如果培訓場地是外借的，要向有關管理人員打招呼、致謝。同時，也要將培訓課程實施的記錄加以整理，連同資料一起存檔。這些資料將成為培訓課程的評價依據以及下次制定培訓計劃時的資料。

五、培訓實施後的跟進工作

「跟進」是在培訓完成之後的一些「善後」工作。培訓之後的跟進工作最重要的作用就是能增強培訓效果以及為下次培訓提供參考，除此之外還有獲取受訓者回饋信息，激發許願參與培訓的積極性等作用。除了和培訓有關的後勤工作等相關事項以外，更值得我們關注的是受訓者對培訓的感受。我們要聽取受訓者對培訓活動的感受或是建議，並以此為改正的依據，使得培訓活動開展得更加完美。這就是培訓之後要做的主要「善後」工作。

培訓實施後的跟進工作可以從三個方面去進行，即獲取受訓者回饋信息、受訓者交流心得、跟蹤觀察受訓者工作情況。

1. 獲取受訓者回饋信息

企業開展培訓的目的，是為了讓受訓者透過培訓，提高自身素質和能力，並運用於實際工作中，提高績效。那麼，培訓的效果究竟怎樣呢？只有實事最能說明情況，因此，在培訓一段時間之後，就可以從受訓者那裏獲取回饋意見。為了獲取回饋信息，可以給受訓者的主管發送一份「培訓跟進信息回饋表」，請主管和受訓者一起來填寫回饋意見。

回饋表範例如下：

各部門經理：

　　您們好！

　　各部門的　　　　按照原定計劃已經參加了我部在×年×月×日至×年×月×日組織的　　　　　培訓項目，本次培訓活動重點學習了以下幾個方面的內容：

　　1.＿＿＿＿＿＿＿＿＿＿＿＿＿＿＿＿＿＿＿＿＿

　　2.＿＿＿＿＿＿＿＿＿＿＿＿＿＿＿＿＿＿＿＿＿

　　3.＿＿＿＿＿＿＿＿＿＿＿＿＿＿＿＿＿＿＿＿＿

　　為達到學以致用的目的，請您在工作中盡力安排其實踐，同時請您費心觀察、統計參加培訓後的效果，並於三個月後將有關內容匯總填寫。

　　謝謝合作！

　　　　　　　　　　　　　　　　　　　　培訓部

　　　　　　　　　　　　　　　　　　　×年×月×日

學員姓名		培訓項目		培訓日期	
培訓內容		應用情況		工作成績	
主管總評：					
簽名：				年　月　日	

　　收集到了回饋信息，就加以整理並分析得失，信息資料也應該妥善保存，以備以後再次參考使用。

2.讓學員交流心得

　　讓學員把自己的培訓成果在工作中使用情況以及心得體會說出來，既能直接得到回饋信息，並且可以省時省力。具體的形式也可以是多種多樣的，既可以同學員單獨交流，也可以讓參加過培訓的學員集中交流。

　　由於每個人的經歷、社會經驗、工作經驗、受教育程度、學習能力等的不同，導致了不同人對同一問題的掌握程度參差不齊，因此讓學員們相互交流是很有必要的，不但彼此間能取長補短，也能讓沒有參加培訓的員工得到寶貴經驗。當然，培訓管理者也能從他們的交流中得到有用的信息。值得注意的是，心得交流時不要讓對方有壓力，例如不讓主管在場等。讓受訓者在自由、輕鬆的氣氛下用真話談心得、講疑惑。一旦造成吹噓、說假話的局面，心得交流就毫無意義了。

3.跟蹤觀察學員工作情況

　　觀察學員也是培訓跟進的一種方法，但是觀察學員要耗費時間、精力，因此不可能對每個學員都進行觀察，只能選擇典型代表進行觀察。觀察受訓者在工作中的表現最好不要讓他們發現，如果他們發現有人在觀察自己，則很有可能表現出一些「虛偽」的現象。在觀察受訓者的時候應認真仔細，觀察次數要多一些，觀察頻率要高一些。同時也在觀察期間可以讓受訓者主管安排一些最能運用受訓內容的工作讓其做，這樣更能瞭解受訓者究竟能從培訓活動中受益多少。

第 **17** 章

培訓工作的評估

　　做任何一件事情都要有始有終，培訓也是一樣。一個培訓項目的結束，對培訓對象來說可能是結束了，但對培訓主管來說，則還沒有結束，培訓主管還應進行培訓評價及一些掃尾工作。但培訓主管通常都很重視開始和整個培訓過程，而忽略了結束部份。當然，好的開始可以給培訓對象和培訓主管帶來信心，而整個培訓過程更是傳授新知識和技能的主導環節，所以能留給總結部份的時間就不多了。但培訓主管只要能給結束部份留出相當於全部培訓時間的 5% 左右的時間，就能取得意想不到的效果。

一、為什麼要進行培訓評估

　　培訓效果評估是培訓過程中的最後一道環節，但卻也是一項十分重要的內容。可以說，做好培訓效果評估是對企業中各層級人員的共同要求。具體來說，培訓評估的意義主要表現在以下幾個方面。

　　1.對學員來說

　　透過評估，可以檢驗培訓是否達到既定目標；同時，透過多層

次的培訓評估，也可以促進培訓成果在日常工作中的應用與轉化。

2.對培訓管理者來說

透過評估，可以瞭解培訓的有效性，包括課程主題設置、內容選擇、資料編寫、講師選聘、學員組織以及行政支援等方面的成績，明確在培訓管理上應改進的內容，為以後的培訓工作提供經驗與教訓。

3.對培訓師來說

透過評估，可以進行自我反思和蓄能提升，找出課程實施中的優缺點，為今後的課程改進帶來幫助。

4.對管理者來說

透過評估，可以明確培訓的投資回報，從而決定對培訓的取捨與修訂。

二、培訓評估的意義及作用

(1)評價培訓的效益

通過培訓評估，可以對培訓所取得的成果進行測驗和檢查，包括學員對所學知識和技能的掌握情況，回到工作崗位後他們工作態度和工作績效的改變情況等，從而檢驗培訓給企業帶來的效益如何。

(2)監控、調整培訓的實施

通過對培訓前、培訓中和培訓後全過程的檢查和監督，可以實現對培訓工作的全程控制，以便及時發現問題、糾正不足，並適時調整，保障培訓工作的順利進行。

(3)改進提高培訓工作

在評估中，通過對培訓工作的總結和分析，使培訓管理者汲取經驗教訓，促進他們不斷提高自己培訓管理的水準和技能，改進以

後的培訓工作。

(4)激勵員工參與培訓

通過培訓評估結果資訊的交流,使得受訓者更加明確了自己目前的不足之處和培訓取得的成果。同時也使他們看到組織上對人才培養的重視,從而增強了他們參加培訓的積極性。

(5)提供決策參考的重要依據

通過對不同培訓項目的成本和收益進行分析比較,可以為決策者選擇最優計劃,做出正確的判斷和決策,提供有價值的資訊。

三、培訓評估的分類

1.培訓評估的時間分類

(1)培訓評估

運用科學的理論、方法和流程,對培訓工作的全過程及其效果進行系統評估的過程。培訓評估根據評估的側重點可分為,對培訓機構的評估和對培訓活動的評估兩種。

(2)培訓前評估

即在培訓活動實施以前進行的評估活動。評估的內容包括:

①對組織培訓需求的評估。目的是發現組織存在問題,確認那些問題必須通過培訓才能解決,組織需要培訓的內容及方式。

②對受訓者的狀況進行考察。通常包括員工對培訓的看法,員工的知識、技能、態度、績效狀況與組織要求的差距等。

③對培訓計劃進行評估。考察培訓計劃是否適用、可行。

(3)培訓後評估

指在培訓結束後,對培訓活動各個方面的系統考察和評價,有人也稱培訓的成果評估。評估的內容一般包括:

①培訓的直接產出(培訓班次、培訓人數、培訓合格人數、受訓者知識技能的掌握、培訓活動直接取得的經濟效益等)。

②培訓的間接產出(培訓後受訓者個人的績效變化、組織的績效變化等)。

③培訓環境(教材選擇、教師教學質量、教學環境、教學方法、培訓組織情況等)。

2.以評估進行的時間來分類

(1)即時評估

它與培訓剛結束時知識、技能和行為的改變有關,也就是說評估培訓是否有效地交換了信息,如受訓者掌握所傳授的技能了嗎?理解培訓的要求了嗎?即時評估是非常常用的評估方式,特別是對知識性的東西往往採用這種方式。

(2)中期評估

它用來判斷培訓中所學知識、技能和行為在工作中是否已得到應用,即學員、同事及其經理是否認為其行為、技能、態度因培訓而發生積極的改變。中期評估是一個時間相對較長的評估,只有經過一定時間的「實踐」才能看得出培訓效果如何。

(3)長期評估

一般企業都沒有長期評估,因為它的難度相對比較高。它評估培訓對學員與組織的長期影響,通常比較困難,除非培訓從一開始就與組織的運作相聯繫才有可能做出。內容為學員對組織確實做出貢獻了嗎?或培訓帶來的變化到底有多大程度等。要做好長期評估,需要「從長計議」,早做準備,平時還應注意積累相關資料,才能將長期評估做好。

四、培訓評估的過程

一般來說，培訓評估的過程由幾個階段組成，即評估決定、評估規劃、評估操作、資料分析和評估報告。培訓評估的過程見圖 17-1。

圖 17-1　培訓評估的過程

1.評估決定

評估決定一般由組織的決策者和培訓項目實施者共同做出。在這一過程中主要完成三項任務：評估可行性分析、明確培訓評估目的、確定評估者和參與者。

(1)評估的可行性分析

是指在培訓評估開始之前，確定評估是否有價值，是否有必要研究。通過這一過程可以防止不必要的資源浪費。

(2)明確評估目的

是決策者或培訓項目實施者向評估者表達評估意圖的過程。他們的意圖往往決定了評估者評估方案和評估測試工具的選擇。

(3)確定評估者和參與者

評估者既可以是外部專家，也可以在組織內部產生。另外，評

估不僅僅是評估者的事情，高級管理者、直線管理者以及項目參加者等都可能參與評估活動。合理選擇和搭配內外評估者，對評估能否取得好的效果密切相關。

2.評估規劃

評估規劃是對評估活動的整體行動計劃。指根據評估的目標，選擇評估形式、方法和分析模型以及制定評估時間表或操作流程的過程。這一過程是培訓評估的基礎性的工作，對評估的全過程產生重要影響。

3.收集評估信息

(1)數據分類

收集的數據通常可以分為兩類，一是硬數據，二是軟數據。一些易於收集的、無可爭辯的事實，稱之為硬數據。硬數據一般分為四類，產量、品質、成本和時間，其顯著特點有：

- ・容易衡量和量化。
- ・容易轉化成貨幣價值。
- ・客觀。
- ・可靠性高。
- ・是衡量組織機構業績的常用標準等。

表 17-1 硬數據表範例

產量	品質	時間	成本
生產的數量	預算的變化	運轉週期	廢品
製造的噸數	單位成本	對投訴應答時間、次數	退貨
裝配的件數	財務成本	設備的停工時間、次數	次品
售出件數	流動成本	加班時間	出錯比率
銷售額	固定成本	每日平均時間	產品瑕疵
機件加工數量	營業間接成本	完成所需時間	缺貨
存貨的流動量	運營成本	管理時間	返工
貸款批准數量	延期成本	貸款的處理時間	生產故障
探視病人的數量	罰款	培訓時間	存貨的調整
畢業的學員數量	項目成本節約	修理時間	與標準的差距
對申請的處理數量	銷售費用	開會時間	事故數量
任務的完成數量	事故成本	效率(以時間為基礎)	客戶投訴
工作的訂貨量	規劃成本	對訂貨的回應時間	工作順利完
產量	管理成本	工作的中斷時間	成的比例
獎金	平均成本節約	晚報告時間	
發貨量		損失的時間天數	
新建的賬目數量			

　　軟數據往往難於收集和分析，因此，只有在得不到硬數據的時候才使用。常用的軟數據可以歸納為六種：工作習慣、氣氛、新技能、發展、滿意度和主動性，其顯著特點有：

　　　‧有時候很難衡量和量化。　　‧在多數情況下是主觀的。

· 很難轉化成貨幣價值。　　　· 往往是行為導向的。

· 可信度較差。

表 17-2　軟數據表範例

工作習慣	新技能	滿意度	主動性	氣氛	發展
過多的休息	決策	工作滿意度	設定目標	委屈的數量	參加的培訓
消極怠工	問題的解決	贊成性反應	新想法的實	員工的投訴	項目數量
曠工	衝突的避免	態度的變化	施	工作滿意度	薪資的增加
看病次數	委屈的解決	客戶滿意度	項目成功地	歧視次數	數量
緊急治療情況	閱讀速度	對工作職責	完成	組織承諾	升遷的數量
溝通破裂次數	對新技能的	的理解	對建議的實	員工的離職	業績評估的
違反安全規定	運用	可觀察到的	施量	比率	打分情況
	對新技能的	業績變化			崗位輪調的
	運用意圖	員工忠誠度			請求次數
	對新技能的	信心的增加			工作效率的
	運用頻率				提高程度
	新技能的重				
	要性				
	傾聽理解的				
	能力				
	提供諮詢的				
	成功機會				

表 17-3　培訓評估信息收集方法表範例

信息收集方法	內容
透過觀察收集	培訓組織準備工作觀察 培訓對象參加情況觀察 培訓實施現場觀察 培訓對象反映情況觀察 觀察培訓後一段時間內培訓對象的變化
透過資料收集	有關培訓的錄音、調查問卷統計分析資料 有關培訓的考核資料 有關培訓方案的批示 培訓方案的資料 有關培訓實施人員寫的會議紀要、現場記錄 有關培訓的錄影資料 編寫的培訓教程等
透過訪問收集	訪問培訓管理者 訪問培訓實施者 訪問培訓對象 訪問培訓人員的上司和下屬以及其他相關人員
透過問卷調查收集	培訓需求調查 培訓組織調查 培訓內容及形式調查 培訓講師調查 培訓效果綜合調查

(2)數據來源

培訓評估數據來源通常有以下幾個方面：

· 各種檔案、資料。　　· 有關業績記錄。

· 受訓者本人。　　　　· 受訓者下屬。

· 受訓者上司。　　　　· 有關同事、團隊。

· 企業內部或外部有關人員。

⑶收集數據的方法

數據是分析的必要支持，沒有數據也無從下手進行評估，因此收集客觀、科學、實用的數據是非常關鍵的一步。不同的數據收集管道所需要的收集方法是不一樣的，下表是重要的培訓評估信息收集方法。

4.評估操作

這一階段的主要任務是：

⑴選擇恰當的、能夠反映培訓情況和評估要求的指標；

⑵確定對這些指標進行測量的工具或方法；

⑶用這些指標和工具對培訓項目進行客觀、準確的測量。

在這一過程中獲取的大量資料或數據，是進行培訓評估分析的重要依據。

5.收集培訓相關資料

培訓相關資料的收集是給予培訓實施者必要的信息，根據這些信息，才知道那些地方有了問題，有多嚴重的問題，該怎樣去處理等等。需要收集的資料可以分為如下幾類：

· 組織內部中長期培訓計劃方案。

· 以往的培訓實施計劃方案及其評估報告。

· 培訓需求評估報告。

· 培訓實施計劃方案。

· 來自高層決策者的意見。

· 本年度的培訓資源分配計劃。

· 在培訓實施計劃中擬訂的課程大綱。

· 在培訓實施計劃中擬邀請的培訓師資料。

· 在培訓計劃中擬訂的培訓地點及設施情況介紹。

· 其他部門的近期工作計劃。

6.評估分析

評估操作中得到的一些原始資料，一般不能直接用於做出評估結論，必須進行資料分析後才能使用。因此，對評估資料進行分析，從而為評估結論提供依據，是評估分析的主要任務。評估分析主要通過兩種方法完成，即定量分析和定性分析。為了說明客觀情況「是什麼」和「為什麼」的問題，在分析中常常使用定量與定性分析相結合的方法。

7.評估報告

評估報告是評估者做出的。其主要任務是，利用評估過程中獲得的資料和分析結果，對培訓項目是否有效進行書面的、有說服力的整體評價。

一份完整的評估報告包括以下幾方面內容：

⑴導言。首先說明評估的背景或項目概況；其次介紹評估的目的和性質；另外還要對以前是否有過類似的評估加以說明。

⑵概述評估的實施過程。主要說明評估的方法和流程。

⑶闡明評估的結果。要注意的是，結果部份與概述部份是緊密相關的，在寫作中要注意他們之間的邏輯關係。

⑷解釋、評論評估結果，提供決策參考意見。

⑸附錄。其內容包括：收集和分析資料用的圖表、問卷、部份原始資料等。

⑹報告提要。簡明扼要地對評估報告進行概括描述，目的是幫助讀者迅速瞭解報告要點。

五、培訓效果的評估時機

培訓效果的評估時機並非像想像中的那樣隨機。行為心理學研究表明，21 天以上的重覆會形成習慣，90 天的重覆會形成穩定的習慣。我們要根據心理學的研究確定培訓效果的評估時機，因為只有人的行為發生了改變時，才能據此評鑑出變化的程度、快慢以及存在的問題與差距。

1.培訓結束後 1 週，進行評估

培訓後，根據各方面的反響和收集到的學員體會、行為改變計劃，評估學員掌握了多少知識和技能，吸收或者記住了多少課程內容，對自己行為改變的決心是否強烈，等等。另外，培訓部門要開始對跟進管理工作進行人事安排。

2.在行為轉化促動期進行評估

上一階段的評估結束後，就進入 4 週的跟進管理階段。培訓結束後的 1 個月內，學員保持著積極主動的狀態，對自己在工作中的行為重新定位，對所學知識嘗試著實踐。這個階段，培訓效果已經初露端倪了。所以，這個階段要針對學員工作行為和在職表現方面的變化進行評估，而且要注重鞏固培訓效果的轉化。

3.在行為轉化鞏固期進行評估

跟進工作，強化了學員對知識的認知程度，使他們改變行為的動機更加強烈，從而培養了學員從「讓我做」到「我要做」的行為習慣意識。行為轉化鞏固期是營造促進、強化學員轉化行為的環境氣氛的階段。教育委員會必須要求各級成員進一步關心和指導學員的實踐行為，培訓部門更要全力創造有助於行為轉化的環境氣氛。

該階段的評估就是總結鞏固期正反兩方面的經驗，對表現突出

的學員進行表揚和適當獎勵，讓他們在一定的場合介紹自己的經驗。透過對優秀學員的表彰，激勵其他學員向他看齊，保持旺盛的士氣。對存在的問題，檢查問題的根源所在，要及時進行糾偏，加大鞏固培訓效果的力度。

4.考驗期的評估

4週的跟進管理，4週的成果鞏固，培訓效果在不斷地顯現著它的作用。

考驗期的評估就是培訓效果檢驗評估，要得出讓員工欣慰的結論——培訓沒有白費力。培訓效果檢驗評估，就是要估出培訓給企業帶來的效益和員工看得見的實實在在的利益。此階段的評估，重點是對培訓給企業和員工帶來的利益進行評估，用結論鼓舞員工繼續落實培訓。在分析效益提高的同時，也可能會發現培訓效果落實的不足之處，可以將員工行為轉化的結果公之於眾，在繼續提升員工士氣的同時，設法對不足加以改進。

此階段可以召開學員座談會、表彰會，將評估結果介紹給學員，一是鼓舞士氣，二是培養未參加過培訓的員工的興趣。在條件允許的情況下，要組織員工進行一次與培訓內容有關的技能比賽，給優秀者冠以各類稱號，以示鼓勵，從而繼續鞏固成果，爭取在習慣養成期使學員完全適應企業培訓的需求，為後面接受培訓的員工積累轉化培訓效果的經驗。

5.穩定期的評估

距離員工參加培訓已經過去 90 天了。這 90 天裏，培訓部門的跟進管理、關懷、環境氣氛的影響、不斷被重覆，是否使員工出現了令人滿意的行為結果？是否已經使員工的行為變成了一種習慣？

該階段就要針對上述問題做出總結性的評估，分析培訓與預期目標的差距，檢驗培訓效果轉化為成果的大小。因為該階段為總結

性評估，所以要評選出在學以致用方面比較優秀的員工，召開表彰大會，鼓勵他們繼續努力。這也是為其他員工塑造行為楷模的措施之一。

　　培訓效果的轉化是一個非常複雜、漫長的過程。當員工難以習得這一行為時，就必須對這一行為進行塑造。塑造是一種學習程序，在這一學習程序中，相關部門最初對任何與目標行為相類似的行為都要給予獎賞；然後逐步提高標準，只對接近目標行為的給予獎賞；最後，只有在目標行為真正出現時才予以獎賞。

六、培訓評估的範圍

　　培訓後的評估，主要有 4 個方面的內容：

⑴對學員的學習結果進行評估；

⑵對培訓講師教學進行評估；

⑶對培訓的組織管理情況進行評估；

⑷對培訓後組織取得的效益進行評估。

1.學員學習成績

　　為了檢查培訓效果，對學員的學習成果進行評估主要從兩方面進行：

⑴培訓結束時對學習成績進行檢驗。這種評估一般在培訓結束後進行，主要考察學員對所學知識和技能的掌握情況如何；

⑵培訓結束後，考察培訓對學員回到工作崗位後的工作是否產生作用，主要考察學員的工作態度、工作方法和工作業績等有無改善和提高。

2.培訓講師的評價

　　對培訓講師的評估可在培訓前和培訓後進行。培訓前可以採用

試講或審查教材等方法；培訓後可採用訪談、問卷調查等方法，評估主要考慮以下幾個方面：

⑴課程的內容是否符合培訓目標的要求？

⑵課程的形式是否被學員接受？

⑶培訓方法是否適當？

⑷講師的語言表達如何？

⑸課程還需要進行那些改進？等等。

3.培訓組織管理

對培訓組織管理的評估在培訓課程結束後進行，許多情況下常與對講師的評估結合在一起進行。評估的內容主要有五個方面：

⑴培訓時間安排是否合適？

⑵培訓場所的環境如何？

⑶培訓使用的設備或器材準備如何？

⑷學員的生活和娛樂活動安排如何？

⑸學員的投入和情緒反應如何？等等。

4.組織培訓的效益

對培訓的經濟效益進行評估，主要考慮幾方面：

⑴核對培訓開班的預算，檢查是否超支；

⑵計算培訓的投入產出比，檢查開班的效率和效益，比如投資利用率、投資收益率；

⑶開班後直接取得的經濟效益或收入，等等。

七、培訓評估的工具

表 17-6　培訓效果調查表

學員：為了檢查本次培訓的效果，改進以後的培訓工作，請根據您的感受，協助我們填寫此表（在合適的位置畫√），十分感謝！

1. 培訓時間合適嗎？　　　　　□合適太長　　　　　　□太短
2. 是否達到了培訓的目的？　　□達到　　□基本達到　　□沒達到
3. 你對課程內容的評價如何？　□好　　□一般　　□差
4. 對於改善你的工作是否有幫助？□很大　　□一般　　□沒有
5. 培訓設備安排如何？　　　　□好　　□一般　　□差
6. 就本培訓班的全部課程而言，你有什麼改的建議？
_____
7. 對本課程有何其他意見？

　　培訓評估涉及多方面的內容，評價方法也多種多樣。比如：

　　⑴按評估的內容，可分為學習結果測驗、組織管理評價、經濟效益評估等；

　　⑵按統計分析的手段，可分為定性評估和定量評估；

　　⑶按照評估形式，又可分為集體考試、自我評估、訪談、調查問卷，等等。

　　由於各種方法都有其優點和局限性，因此在實際評估中，一般採用多種方法結合的方式，這樣對培訓效果的評價就會更加客觀、準確和全面。

　　教學評估的內容主要包括，對講師課程準備、教學內容、教學方法或方式，以及教學效果等方面進行評價。評估方法主要採用訪談和調查問卷。

表 17-7　課堂教學評估表

填表說明：

　　為了獲得教師教學質量的第一手資料，進一步改進教學，請您在課後按授課教師的實際情況逐項填寫，希望得到您的支持與合作。謝謝！

　　注意：評估等級中 A—優秀；B—良好；C—及格；D—不及格

授課教師姓名：		講授題目：			
培訓班名稱：		填表時間：　年　月　日(上、下午)			

評估指標		評估等級			
		A	B	C	D
教學內容	備課充分、授課認真				
	符合政策、運用資料準確				
	研究新問題、提出新觀點				
	聯繫工作實際				
	邏輯性、系統性				
	信息量或教學輔助材料				
教學方法	教學過程合理有序、不拖堂				
	突出重點、詳略得當				
	方法靈活、手段多樣				
	啟發學員思考				
	引導學員參與				
	適合學員特點				
教學效果	補充知識與更新觀念				
	幫助分析與解決問題				
	啟發工作思路				

表 17-8　培訓講師評價反應表

1. 本次課程能否配合工作上的實際需要？

　　□很配合　　　　□一般　　　　□沒配合

2. 你認為承辦單位所提供的服務狀況如何？

　　□好　　　　　　□一般　　　　□不佳

3. 你是否已瞭解課程內容？

　　_____

　　_____

　　_____

4. 你對本課程最感興趣的地方是那幾方面？

　　(1)_____

　　(2)_____

　　(3)_____

5. 你認為本次課程重點應講授那些方面？

　　(1)_____

　　(2)_____

　　(3)_____

6. 你對老師教學方式是否滿意？

　　□滿意　　　　　□一般　　　　□不滿意

7. 你認為教師授課的內容是否充實？

　　□很充實　　　　□一般　　　　□不充實

8. 你認為應採用何種教學方式比較合適？

　　(1)_____

　　(2)_____

　　(3)_____

表 17-9　培訓課程及教材評價估調查表

　　勞駕！耽誤您幾分鐘時間，請幫助完成此份調查問卷。您的評價對於改進培訓工作非常重要。請在您認為相對應的空格中打上「√」。

　　謝謝您的配合！

姓名：　　　　　性別：　　　　　崗位：　　　　　時間：

問　　題	評估等級			
	很好	好	一般	差
1. 培訓前後發給您的培訓資料的全面性和質量如何？				
2. 培訓教材的使用情況如何？				
3. 培訓課程安排滿足您的需求情況如何？				
4. 課程內容對於滿足培訓目標的程度怎樣？				
5. 課程內容的正確性怎樣？				
6. 課程內容的系統性、邏輯性怎樣？				
7. 課程內容的創新性怎樣？				
8. 課程案例的適用情況怎樣？				
9. 課程的重點突出情況怎樣？				
10. 課程的講授速度怎樣？				
11. 課程的深淺程度怎樣？				
12. 課堂練習的適用情況怎樣？				
13. 本次培訓所學習內容在工作崗位的可用情況如何？				
14. 培訓的討論、練習與課程主題的相關性怎樣？				
15. 您認為今後的課程安排應該如何調整？				

表 17-10　培訓形式及結構評估調查表

耽誤您幾分鐘時間請幫助完成此份調查問卷。您的評價對於改進培訓工作非常重要。請在您認為相對應的空格中打上「√」。謝謝您的配合。

姓名：　　　　性別：　　　　崗位：　　　　　　時間：

問　　題	評價			
	優秀	良好	一般	差
1.您認為課程編排順序怎樣？				
2.您認為課時安排的長短怎樣？	太長	長	剛好	短
3.您認為培訓中的練習安排情況怎樣？	太多	多	剛好	少
4.您認為培訓中的活動對於提高培訓效果的影響程度怎樣？				
5.您認為培訓中活動安排的多少情況怎樣？	太多	多	剛好	少
6.您認為培訓的參與性怎樣？				
7.您認為培訓中參與的多少情況如何？	太多	多	剛好	少
8.您認為培訓中的討論作用如何？				
9.您認為培訓中討論的多少情況如何？	太多	多	剛好	少
10.您認為培訓中安排的練習、討論和活動佔用的時間長短如何？	太多	長	剛好	少
11.您認為本次培訓的培訓形式的生動性怎樣？				
12.您認為培訓形式上應該如何改進？				

1. 培訓的評估方法

對培訓組織情況的評估，主要針對培訓管理過程進行評價。包括對培訓組織情況的整體評價，對培訓場所、時間安排、後勤服務等安排的評價。在很多情況下，對培訓課程、教師、教材以及授課方法等評估也納入其中。一般對培訓組織工作的評估多採用訪談和問卷調查的方法。

表 17-11　培訓後對培訓對象的訪談重點

問題序號	訪談主題	回答結果
1	請談一下您對本次培訓的整體看法	
2	參加本次培訓的目的達到了嗎？	
3	本次培訓那些方面是您最為滿意的？	
4	您認為本次培訓的主要不足有那些？	
5	您將培訓所學的應用到工作中了嗎？	

表 17-12　培訓活動情況調查問卷

問　題	評　價			
	優秀	良好	一般	差
1. 在參加本次培訓之前您的培訓需求受關注的程度怎樣？				
2. 在舉行本次培訓活動前培訓計劃的安排對培訓的關注程度？				
3. 在參加培訓之前您得到通知的及時情況？				
4. 在參加培訓前您得到的通知對於瞭解本次培訓和各項安排的幫助程度？				
5. 您覺得本次培訓就餐情況安排得怎樣？				
6. 您覺得本次培訓交通安排情況怎樣？				
7. 您覺得本次培訓住宿安排怎樣？				
8. 在本次培訓正式開始之前您對本次培訓的活動安排工作的印象怎樣？				
9. 在本次培訓結束後您對本次培訓組織安排的印象怎樣？				
10.您希望今後的培訓在組織方面應該怎樣改進？				

表 17-13　培訓環境及設施的調查問卷

問　　　題	評　　　價			
	優秀	良好	一般	差
1.您覺得本次培訓運用的視聽器材對於幫助您聽清授課內容情況怎樣？				
2.您覺得視聽器材對於幫助您看清授課內容的情況怎樣？				
3.您覺得本次培訓場所的安靜程度如何？				
4.您認為本次培訓教室溫度調控情況如何？				
5.您認為本次培訓聽課場所的光線控制如何？				
6.您認為本次培訓所用桌椅等設施的適用情況如何？				
7.您認為本次培訓的討論、活動場所安排如何？				
8.您認為本次培訓設施的現代化程度如何？				

2.培訓效益的評估方法

　　培訓的效益如何是企業決定進行培訓投資時最關心的問題。因此，對培訓效益的評估十分重要和必要。然而，由於培訓效益是一個綜合性的指標，其結果受到多方面因素的影響，如培訓時機和時間、投資力度、培訓內容、培訓方式、教授水準、員工參加培訓的積極性、組織學習氣氛、領導重視以及實踐機會，等等。因此，要想真正做到客觀、科學地評估是很難的，特別是定量評估，只要認真去做，採取合適的評估方法和手段，我們還是能夠對培訓的效益進行一定評估的。

　　為了給評估培訓效益提供依據，有關資訊的收集十分重要。一般，反應培訓效益的資訊主要有兩類：一類是硬性資訊；另一類是軟性資訊。

表 17-14 培訓效益評估的硬性資訊

類型	內容舉例
產量	產成品件數、製成品重量、貨幣收入、銷售量、加工處理形式、批准貨款、就診人數、處理申請件數、畢業生人數、勞動生產率、發運量
成本	預算變動、單位成本、會計成本、可變成本、固定成本、人均成本、經營成本、成本減少、事故成本、項目成本、形式成本
時間	停工時間、加班時間、運輸時間、完工時間、加工時間、監管時間、處理定單時間、損失工作天數、培訓時間、僱員變動引起工作中斷時間
質量	廢料、損耗、不合格品、不合格率、材料短缺、產品缺陷、偏離標準、貨存調整、事故數量、時間標準調整

表 17-15 培訓效益評估的軟性資訊

類型	內容舉例
工作習慣	缺勤、遲到、工作休息超時、違反安全規章
工作氣氛	抱怨、工作滿足、員工流動、歧視或指使
工作態度	態度變化、贊同反應、責任意識、自我表現
掌握技能	指導決策、解決問題、避免衝突、解決抱怨、諮詢解答、聽力技巧、閱讀速度、新技術的使用頻率
創新精神	新觀念的運用、提交建議的次數、採納建議的次數、工作成功情況
提高與發展	晉升次數、薪金增加、參加培訓次數、工作效率提高、變換工作要求

　　硬性資訊，主要指用於衡量工作效果或改進情況的資料。硬性指標主要有幾類，如產量、成本、時間以及質量等。硬性資訊可以直接用於衡量培訓取得的效益。

　　軟性資訊，主要指衡量員工的工作表現的行為指標，如工作態度、工作習慣、工作氣氛、工作技能、創新精神以及提高與發展等

方面的情況。由於軟性資料的評估一般難以量化或計量，也難以用
貨幣形式估價。因此，主要採用主觀評價的形式。這些指標一般不
能作為評價培訓經濟效益的直接指標，但可以作為間接的或社會效
益指標用於培訓效益的綜合評估。

表 17-16　來自人力資源部門的評估

評估人員對接受調查者工作效率的總排名		
技能水準	經過培訓者(%)	未經過培訓者(%)
特別優秀或高於平均水準	84	33
平均水準	10	34
低於平均水準或很差	6	33
總　　　計	100	100

表 17-17　培訓後對受訓者相關人員訪談調查工具

時間：　　　　地點：　　　　被訪問人：　　　　訪問人：

問題序號	訪談主題	回答結果
1	請談一下您的下屬(上司)通過培訓的變化？	
2	培訓對您的下屬(上司)的進步有何幫助	
3	您的下屬(上司)怎樣評價本次培訓？	
4	您的下屬(上司)怎樣評價本次培訓？	
5	您的下屬(上司)還有什麼問題沒有解決？	

3.培訓收益的計算

　　通過考察計劃目標和實際結果來確定培訓的收益。這些成果包
括鑲板質量、環境管理以及事故發生率。一旦確定了培訓計劃的成
本與收益，那麼用收益去除以成本即為培訓的收益率(ROI)。

　　在我們的例子中，ROI 為 6.7，即每在計劃中投入 1 美元就會

帶來約 7 美元的收入。表 17-18 指出如何計算培訓的收益。

表 17-18　培訓收益率的確定

經營結果	如何衡量	培訓前結果	培訓後結果	差異(+或-)	以美元計
鑲板質量	淘 汰 率	2%的淘汰率即每天1440塊板	1.5%的淘汰率即每天1080塊板	0.5%的淘汰率即每天360塊板	每天 $720 每年 $72800
環境衛生	用包括 20 項內容的清單進行檢查	10 處不合格（平均）	2 處不合格（平均）	8 處不合格	無法用 $ 表示
可避免的事　故	事故數量	每年 24 次	每年 16 次	每年 8 次	每年 $48000
	事故的直接成本	每年 $144000	每年 $96000	每年 $48000	每年 $48000
總節約成本(培訓收益)	172800＋48000＝220800				
培訓收益率	$ROI=\dfrac{培訓收益}{培訓成本}=\dfrac{\$220800}{\$32836}=\$6.7(7/1)$				

　　你怎樣判斷一個 ROI 是否可以被接受呢？一個辦法是，可讓管理者和受訓者就 ROI 的可接受水準達成統一意見，另一個辦法是利用其他公司類似的培訓類型的 ROI 來判斷。

　　在這個案例中，成果很容易被測量。即你可以很容易觀察到質量的變化，計算出事故發生率及觀察到環境的管理狀況。而對於那些注重軟成果(如態度、人際關係技巧)的培訓計劃，就很難估計它們的價值了。在軟成果的情況下，受訓者、管理者或人力資源可以提供對收益的全面估計。例如，在計算降低缺勤率的培訓計劃的 ROI 時，受訓者和管理人員需要估計缺勤的成本。這些成本值被加以平均從而得到最終的估計值。

表 17-19　投資報酬率舉例

行業	培訓項目	ROI
製瓶公司	管理者角色研討班	15：1
大型商業銀行	銷售培訓	21：1
電力和煤炭公共部門	行為規範培訓	5：1
石油公司	顧客服務	4.8：1
保健機構	團隊培訓	13.7：1

表 17-20　培訓實施前後小時佣金變化情況

單位：美元

	培訓前	培訓後	增幅
已受訓組	9.27	9.95	7%
未受訓組	9.71	9.43	−3%

心得欄

第 *18* 章

如何寫培訓評估總結

一、培訓評估的作用

(1)肯定成績

培訓評估總結，是對培訓評估工作的一次回顧和總結，是對所開展的培訓工作的回顧和總結。在執行既定的培訓計劃的過程中，在開展培訓活動的過程中，對於工作出色的部份，表現突出的個人和部門，要予以肯定。而所有的這些，將作為部門或個人的績效考核部份，成為獎勵的依據。

(2)總結經驗

工作當然不可能做得盡善盡美，但這是我們追究的目標，對於培訓工作中成功的地方，我們要繼續發揚；對於培訓工作中失誤的地方，我們要追溯其根源，調查出問題產生的原因，尋找出合適的對策，避免下次培訓時再次發生。

(3)彙報工作

培訓評估工作結束後，要把其結果向企業的高層主管或其他領導彙報。企業領導工作事務繁多，不可能事事過問，對於培訓工作

的瞭解，主要通過培訓評估總結這一管道。在某種程度上，培訓工作的開展，是好是壞，決定於總結。而且，你的培訓評估總結，也決定了以後培訓工作開展能夠獲得多少支持及開展工作的難易程度。

培訓評估總結，是正式的公文，事後是要歸檔保存的！本次的培訓評估總結，可以作為以後制定培訓計劃、調整培訓課程、安排參訓學員等工作的借鑑。

二、培訓評估總結的類型

(1)個人培訓評估總結

也叫員工自我評估。員工是培訓實際參與者，對於培訓，有著最真切的體會。透過個人總結，員工可以指出那些培訓是對自己的工作確有裨益的，那些是沒有大用或毫無用處的；反映通過參加培訓，對自己在工作上帶來那些影響；提出自己的建議或意見，促使培訓工作開展得更好。

(2)部門培訓評估總結

各部門最瞭解自己部門因工作而產生的培訓需要，也是參訓員工返回工作崗位後的第一觀察者，最為瞭解培訓給本部門員工帶來的影響！

(3)公司培訓評估總結

公司培訓評估總結，處於宏觀的層面，主要是從培訓戰略管理的角度，總結公司總體的培訓評估結果，並透過培訓總結對來年的培訓計劃、培訓工作作出調整和安排。

三、培訓評估報告的內容示範

(1)闡述工作

在培訓評估總結的正文之前，要對所進行的工作進行闡述。所闡述的內容有以下幾點：

①培訓評估工作開展的背景

②詳細闡述培訓評估工作開展的背景，即是在什麼樣的環境下開展評估工作的？其目的、作用和意義是什麼？

③培訓評估人員。說明本次培訓評估的參與者，培訓評估小組人員的構成。

④工作流程。說明本次培訓評估工作開展所遵守的工作流程，以及所遵守的工作流程制定的過程，採用何種評估方法、原則和標準。

(2)評估結果

①培訓預算評估結果

老闆恐怕比較關心錢花在那些地方了，花的怎麼樣了。對於培訓費用的使用情況，要有一個明確的評估，詳細列出每一筆費用的使用說明，並寫出實際運用效果，給出評估結果。

②委託方評估結果

這裏的委託方，是指參訓學員或參訓單位、部門，其具體內容如下表所示。

表 18-1　委託方培訓評估

序　號	項　　目	評　價
1	培訓內容總體評價	
2	培訓管理評價	
3	明顯不足之處	

③培訓管理評估

表 18-2　培訓管理評估

序　號	項　　目	評　價
1	資源分配及時間管理	
2	培訓工具檢測	
3	培訓對象調查及評估	
4	培訓現場管理	
5	明顯不足之處	
6	最大收穫	

四、培訓評估報告需注意的問題

(1)實事求是

　　所有的努力和嘗試，其命運幾乎就被一紙培訓評估總結所左右，每個撰寫培訓評估總結的人，要實事求是，秉持公平、公正、客觀的態度和原則。不可為了年底的績效考核得到一個好的分數，或是為了「一團和氣」，而文過飾非，忽略問題；也不可隨意的抹殺他人取得的成績，乘機打擊報復。只要有這樣的現象發生，那麼所有的工作和努力將付之東流，白白浪費企業資源。

(2)有理有據

　　無論是肯定成績，還是揭露問題，都要有實實在在的理由和依據，光靠一支筆，縱然寫得妙筆生花，也是難以讓人信服和接受。闡述過程中，要配以必要的資料、圖表、事例，從而強而有力的支持你的觀點和結論。所引用的資料要真實、可行，不可憑空捏造。只有做到有理有據，你的培訓評估總結才會被別人接受。

(3)簡潔明瞭

　　撰寫總結，忌洋洋灑灑，卻令人雲遮霧罩，不知所講為何物。培訓評估總結的撰寫，是工作需要，是為了總結、彙報工作。要嚴格按照公文寫作的要求，簡潔明瞭，條理清晰，所說的事項要詳而不亂。只有這樣，閱讀者才能夠迅速的把握核心內容。該說的，一個字也不能少，不該說的，一個字都嫌多！

五、培訓效果不理想該怎麼辦

　　儘管企業選擇了比較理想的培訓顧問公司，但也有可能因為種種原因而導致培訓不太理想。此時，對於企業來說，生米已成粥，企業只能盡一切辦法、最大限度地去減少其損失。

(1)對症下藥

　　不管問題出在何處，當培訓效果不理想時，企業可以考慮跟顧問協商減低事先說好的費用或停止以後的培訓。比較有效的是要求顧問提供一項免費的午餐學習研討會，在比較放鬆的環境下，與顧問一起研究學員的評估狀況，以找出問題所在，對症下藥，並加以改進。

　　如果問題真是出在顧問方，而企業一向喜歡此顧問公司的服務，但對其中個別的培訓師失望，亦可以要求替換培訓師以完成接

下來的任務，並不斷地重新評估該計劃及其培訓材料的有效性。正如定義目標與目的一樣重要，必須實施一個評定學生表現的測評系統和專用指標，以保證達到培訓的目的。亡羊補牢未必悔之晚矣！而作為一項長期培訓計劃，更為果斷地是，如果初期培訓效果不好，企業應立即更換顧問公司而非寄望他下一次做好，以免重蹈覆轍。

(2)增進溝通

另一方面，企業可以坦誠地為顧問所做的不適合的行為或其他問題，向受訓學員道歉，向他們表明這不是公司的本意，以免引起受訓學員的不滿，接著，企業應該向學員說明接下來的應對計劃。對少數學員的不良評估，應加以分析瞭解。

(3)以史為鑑

最後，要說明的一點的是，失敗的培訓並不一定一無所得。企業完全可以把此次糟糕的經驗當作學習機會，認真總結教訓，使下次做得更好，防止不必要的損失再現。

六、評估結論及意見

(1)作出評估結論

在完成上述工作項目的闡述後，應對培訓評估作出最後的結論。結論應該實事求是，清晰、明確，不要含糊不清。

(2)分析問題

對於在評估過程中所發現的問題，要用適當的篇幅，分析問題的成因，或是給予合理的解釋。

(3)建議或意見

對於所提到的問題，在合理分析的基礎上，提出可行的建議或意見，改進工作，這也許是下一個年度培訓工作的重點或是契機。

通過這一環節，可以喚起高層對培訓工作的重視，爭取到更多的培訓費用，更多支持，為以後的培訓爭取到一個良好局面。

※案例　摩托羅拉的培訓評估

摩托羅拉的培訓評估有以下 4 個水準。

水準 1：考查學員對課程的感受情況，瞭解其滿意度。例如：每次參加完培訓後，學員都要填寫課程評估表，包括對培訓師、課程內容、時間安排等項目的回饋，以此作為課程改進的重要依據。

水準 2：考查學員對課程內容的掌握程度。例如，採用案例研討、角色演練等多種靈活的方式來檢驗學員的學習效果。

水準 3：考查學員對所學內容的應用能力。通常是在學員接受培訓前，先讓其接受多項評估，等到培訓結束後 3～6 個月，對員工進行再次評估，並將兩次評估數據進行比較，確定培訓對學員能力發展所產生的作用和影響。

水準 4：考查培訓投資報酬率，即培訓投資為組織和個人帶來的效益。透過有效的評估體系，一方面檢驗了培訓結果，另一方面也為培訓工作的改進提供了可靠的依據。

現在，越來越多的企業都已認識到，培訓絕對不僅僅是上課，培訓效果的好壞也絕對不是看有多少學員受訓，或是花了多少培訓經費，關鍵在於能否透過建立一套培訓效果評估體系，將培訓過程和效果與預期目標進行對比檢驗，總結經驗，吸取教訓，並及時做好評估結果的溝通回饋，為後續培訓工作的改進提供依據。

第 *19* 章

培訓實施後的跟進工作

一、培訓記錄的管理

培訓記錄，是指用來詳細描述已經發生的培訓活動的文件，而且要求所有培訓都必須按照公司規定的培訓記錄表進行記錄。經過認真完成的培訓記錄有很多作用，如幫助培訓師計劃今後的培訓活動，提供員工成長的準確記錄，確定培訓需求，為管理當局及各部門經理提供已經完成的培訓總體情況以及仍需完成的培訓，幫助跟蹤及控制公司培訓預算的有效使用等。

(1)培訓記錄的分類。

①個人培訓記錄。「個人培訓記錄」用來記錄員工個人已接受的全部培訓，並分為兩份保存，一份由部門經理保存，同時部門培訓者也可以查閱；另一份在培訓部保存，由部門每月或每三個月與「部門月度/三個月培訓計劃表」一起交到培訓部，或者每當「個人培訓記錄表」有新的內容，及時報告培訓部修訂。

②部門培訓記錄。「部門培訓記錄」使部門經理及部門培訓者，能夠隨時掌握針對每一工種(如製造品管員、裝配品管員、儲運品管

員、品管工程師、品質主管等)已經完成了多少培訓。因此,「部門培訓記錄表」裏的內容就要堅持不斷地修訂,以反映最新的培訓進展情況。「部門培訓記錄表」只保留在部門內部,培訓部需要有備份。

(2)培訓記錄管理。

培訓記錄裏的「培訓內容名稱」,除了包括那些全公司、本部門都適用的培訓項目,如安全與衛生/公司儀錶標準/公司禮貌禮儀/電話溝通技巧等以外,還應包括該工種特別要求的培訓,如銷售員,除了掌握部門普遍適用的銷售技巧、正確的態度之外,對所負責的產品、銷售範圍、客戶群等方面的知識也應進行正確的培訓。

具體一個工種需要培訓的具體內容或項目,反映出對該工作所進行的工序分解和工作分析的結果。同時,如果一個工種需要增加新的任務或工作內容,或者該工種的工作標準或程序發生改變,培訓內容也將隨之改變。

二、培訓實施後的跟進工作

「培訓跟進」是在培訓完成之後的一些「善後」工作,它能增強培訓效果以及為下次培訓提供參考,獲取受訓者反饋資訊,激發參與培訓的積極性等作用。

除了和培訓有關的後勤工作等相關事項以外,更值得我們關注的是受訓者對培訓的感受。我們要聽取受訓者對培訓活動的感受或是建議,並以此為改正的依據,使得培訓活動開展得更加完美,這就是培訓後要做的主要「善後」工作。

培訓實施後的跟進工作可以從三個方面去進行:即獲取受訓者的反饋資訊、受訓者交流心得、跟蹤觀察受訓者的工作情況。

1. 對學員培訓檔案的動態管理

對於學員培訓檔案的管理，除了將學員每次培訓的表現、學習態度以及是否有行為改變記錄在案之外，還要實施動態管理的措施。對每次走訪的結果要如實體現在學員培訓檔案中，做到完全掌握被跟進管理學員進步的過程。這也是培訓效果轉化的過程，更是為書寫培訓效果評估報告準備翔實依據的過程。

2. 課後知會

課後知會是指在學員結束培訓後，要在第一時間與他的部門上司溝通，彙報他在培訓期間的表現。雖然各級上司和主管均是企業教育委員會的成員，但是，培訓組織者必須嚴格按照既定程序行事。另外，從有利於培訓跟進管理的角度來講，課後知會的作用有三點：第一，對部門支持培訓工作表示感謝；第二，表示培訓組織者對部門上司的尊重；第三，在共同完成繼續培訓的過程中，取得部門的進一步支持與協助。

3. 獲取受訓者的反饋資訊

企業開展培訓的目的，是為了讓受訓者透過培訓，提高自身素質和能力，並運用於實際工作中，提高績效。那麼，培訓的效果究竟怎樣呢？只有事實最能說明情況，因此，在培訓後一段時間，就可以從受訓者那裏獲取反饋意見。為了獲取反饋資訊，可以給受訓者的主管發送一份「培訓跟進資訊反饋表」。請主管和受訓者一起來填寫反饋意見。

收集到了反饋資訊，就加以整理並分析得失，資訊資料也應該妥善保存，以備以後再次參考使用。

表 19-1　反饋範例表

部門經理：

您們好！

貴部門的×××按照原定計劃已經參加了我培訓部在×年×月×日至×年×月×日的××××培訓項目。

為達到學以致用的目的，請您在工作中盡力安排其實踐，同時請您費心現察、統計參加培訓後的效果，於三個月後將有關內容匯總填寫。

謝謝合作！

學員姓名		培訓項目	
培訓內容	應用情況		工作成績

主管總評：

簽名：　　　　　　年　　月　　日

4.讓學員交流心得

讓學員把自己的培訓成果在工作中的使用情況以及心得體會說出來，既能直接得到反饋資訊，並且可以省時省力。具體形式也可以是多種多樣的，既可以同學員單獨交流，也可以讓參加過培訓的學員集中交流。

由於每個人的經歷、社會經驗、工作經驗、受教育程度、學習能力等的不同，導致了不同人對相同問題的掌握程度參差不齊，因此讓學員們相互交流是很有必要的，不但彼此間能取長補短，也能讓沒有參加培訓的員工得到寶貴經驗，培訓管理者也能從他們的交流中得到有用的資訊。

5.跟蹤觀察學員的工作情況

觀察學員也是培訓跟進的一種方法，但是觀察學員要耗費時間、精力，因此不可能對每個學員都進行觀察，只能選擇典型代表進行觀察。

觀察受訓者在工作中的表現最好不要讓他們發現，如果他們發現有人在觀察自己，則很有可能表現出一些「虛偽」的現象。在觀察受訓者的時候應認真仔細，觀察次數要多一些，觀察頻率要高一些。同時在觀察期間也可以讓受訓者的主管安排一些最能運用受訓內容的工作讓其做，這樣更能瞭解受訓者究竟能從培訓活動中受益多少。

6.確定跟進問題

為保證跟進管理的績效，把培訓落到實處，確定跟進問題是必不可少的一環。在問題的設計上，要考慮將開放式提問和封閉式提問相結合。那些問題適合用開放式提問，那些問題必須採取封閉式提問，必須考慮清楚。另外，問題的設置還要考慮到對方接受的限度。心理學研究表明，人在內心深處，都有一種渴望得到別人尊重的願望，正如美國心理學家威廉‧詹姆斯所說，「人性最深層次的渴望是需要得到他人的認可」。所以，設置的問題要給予對方充分的尊重，避免使用帶有貶低、歧視、懷疑、否定等意味的字詞。

三、走訪基層

嚴格地說，走訪基層也是跟進管理的措施之一。之所以把它拿出來單獨進行論述，是想說明它對於培訓效果落地非常重要。

跟進管理強調「跟」，更要達到「進」，跟而不進不是跟進。所謂的跟而不進，就是只憑學員的回饋表和部門意見書來獲取信息，

不走出辦公室,到基層瞭解情況、獲取信息。當然,你可能也下基層瞭解情況,但如果還不能促動培訓效果落地,那一定是方法上出了問題。光「走」不行,還要在「訪」字上下工夫。

這裏所說的走訪對象包括培訓前已經內定的跟進管理的對象和其他參加過培訓的人員。走訪不見得必須細化到每一個部門,更不是每一個人,只要確定具有好、中、差的代表性就行。對參加過培訓的人,讓他們講一講回任後的工作表現和體會,看看在那些方面進步了,那些方面有待改進。確定走訪對象的宗旨是從不同的角度,對學員回任後的工作表現進行更詳細的瞭解,對其在培訓後有沒有行為上的改變獲取評估資料。

直接主管是指學員回任後,首先向其彙報學習情況的第一人,也是最關心培訓結果的人。既然能夠響應企業的號召(無論是主觀意願還是客觀形勢所迫),派學員參加了培訓,就會對培訓有所希冀。

儘管對員工有著這樣或那樣的看法,但是,希望透過培訓使部門工作有所提高,還是他們最大的願望。所以,走訪學員的直接上司,能直接瞭解學員培訓後行為改變的真實情況,也是衡量培訓效果轉化的可靠證明。

四、影響培訓成果轉化的因素分析

培訓成果轉化,是指受訓者有效且持續地將所學到的知識、技能、能力及其他東西運用於工作中的過程。

受訓者在培訓活動中所學到的知識、技能等要真正對工作有幫助,為企業帶來利益,還必須要有一個將培訓成果進行轉化的過程。

影響到培訓成果轉化的因素主要可以分為以下幾類:

1.上司支持

是指受訓者的上級管理人員積極支援其下屬參加培訓，支持受訓者將所學的技能運用到工作中去。有了上司的支持，培訓轉化也就有了政策上的保證。

為了讓培訓轉化更有成效，受訓者上司可以和受訓者一起參加培訓，這樣就能瞭解培訓轉化的相關內容，才能更加具體的支援培訓成果轉化的工作。也可以在培訓前和培訓人員聯繫，以便得知培訓內容情況，培訓結束後可以讓受訓者進行相關操練或考試，還可以幫助受訓者制定一個轉化目標和計劃。

2.同事支援

受訓者同事對其轉化的支援，可以方便受訓者的練習、研究等工作。並且同事之間可以進行交流，也是受益匪淺的事情。同事支援可以採取建立支援網路的措施，這對強化培訓成果的轉化有非常積極地推動作用。

3.轉化氣氛

轉化氣氛是指受訓者對各種能夠促進或阻礙培訓技能或行為方式應用的工作環境特徵的感覺，這些特徵包括上級與同事的支持、運用所學技能的機會，以及運用所學技能所產生的後果等。這裏可以看出，上司及同事的支援也是轉化氣氛的範疇。除此之外，還有其他一些顯著影響轉化成果的積極氣氛，如表 19-2 所示。

4.應用所學的機會

應用所學的機會也就是操練機會、執行機會。它是指向受訓者提供或由受訓者主動尋找機會，來應用培訓中所學知識、技能和行為方式的機會多少的程度。

應用所學機會包括應用廣度、活動水準及任務類型。應用廣度指可用於工作中的培訓內容的多少。活動水準是指在工作中運用培

訓內容的次數和頻率。任務類型是指工作中執行的培訓內容的難點
和重點。

表 19-2　有助於培訓成果轉化的積極氣氛的特點表

特　　徵	具體描述
上 級 與 同事鼓勵	上級與同事鼓勵受訓者積極運用在培訓中學到的新技能及行為，並為之確定目標。
處罰限制	在剛剛接受完培訓之後的受訓者運用其所學新技能失敗時，對其不要責備。
任務提示	受訓者所從事的工作特徵推動或提醒受訓者運用在培訓中學習到的新技能和行為。
反饋結果	上級支持受訓者把培訓中學到的新技能與行為運用到工作中去。
內在強化 結　　果	受訓者因為運用在培訓中所學技能和行為而得到如上級或同事的讚賞等內在獎勵。
外在強化 結　　果	受訓者因為運用在培訓中所學新技能和行為而得到加薪等外在獎勵。

　　應用所學機會一般受工作環境及受訓者學習動機兩方面的因素
影響。工作環境是「外因」，主要和上司支持、同事鼓勵有關；而受
訓者動機是「內因」，它決定了受訓者是否願意積極承擔責任，願意
將培訓中所學應用到工作中去。外因的影響是次要的，而內因的影
響才是主要的。

　5.遺忘

　　如果將培訓所學的內容遺忘了，當然也就無法將其轉化到工作
中去。對付遺忘沒有什麼特別的訣竅，只能按照科學的方法多加操
練。

6.舊行為及舊模式的慣性

要改變一個習慣是很困難的，克服舊行為及舊模式的慣性作用，應將所學的內容多加練習，持之以恆地進行。在練習的同時努力去發現現有行為及模式的優點，多去感受這些優點帶來的好處，這樣就會減輕改變舊有行為的痛苦。

五、怎樣有效地進行培訓轉化

培訓轉化要取得好的效果，不僅需要培訓部門的努力，更重要的是受訓者的上司要為其創造有利條件，當然，受訓者本人的努力就更不用說了。可以採取那些措施來加強培訓轉化的效果呢？通常有以下做法：

1.制定行動計劃

做事沒有計劃是做不好的，沒有計劃就難免有盲目、做無用功或是一件事情重覆做的時候。如果受訓者在培訓課程結束時制定行動計劃，就更有可能應用新學得的技能。這種計劃應指明員工回到崗位時要採取什麼步驟應用新技能。

制定計劃關鍵是要有詳細的執行步驟，不能說一些空話、套話，否則到了執行的時候也是無從下手。有了科學、可行的行動計劃之後，接下來就是要持之以恆的去做了。

2.將培訓內容與實際工作相結合

要想使培訓內容很好地與實際工作相結合，讓學員在實際工作去練兵是很重要的。許多學員在培訓之後，常有不知道該如何應用培訓所學的知識。因此，在培訓中不僅要給他們充分的時間，讓他們記下並討論如何運用新知識，還要留有時間讓他們進行有針對性的練習，這樣，才能保證「學以致用」。

學以致用的最佳辦法就是盡可能多地在培訓和工作間建立聯繫。培訓不能只有理論，也不能只有操作，需要將理論與操作適當的、有機的結合起來。

3. 堅持後繼學習

所謂的「後繼」學習是指成功地執行了任務之後，仍讓受訓者繼續進行一定的練習，以提高未來保留和轉移的程度。後繼學習程度越高，此後保留和轉移的程度也越高。對於一些在工作使用頻率不高的技能，更是應該堅持後繼學習，否則培訓成果轉化效果不會十分理想。

4. 多階段培訓方案

多階段培訓方案是將培訓活動分為幾個階段完成。在每個階段把受訓者儘量讓所學內容運用於工作中，這對於下一階段的培訓將會起到鋪墊作用。同時，還能為沒有參加過前一階段培訓的學員分享成功經驗，在分享過程中也能起到鞏固的作用。

5. 培訓的後續支援

培訓的後續支援是指培訓之後給予受訓者必要的支援，比如，技術指導、疑難解答等。受訓者在培訓之時學到的知識、技能在實際運用中，通常都會遇到各種問題，此時主管或有經驗的員工可以給予支援，或者開通專家熱線電話也可。

6. 使用績效輔助物

培訓轉化除了靠受訓者自覺去實行外，還需要一些外在「壓力」來給予刺激。比如，將轉化成果和考核績效掛鈎，如果沒有達到一定的標準就給予懲罰。一旦使用了績效輔助物，受訓者一般都會對轉化更加重視，取得好效果的幾率自然就大了很多。

7. 營造一個支持性的環境

營造支援性的環境需要得到受訓者上司和同事的支持，沒有他

們的支持，受訓者改變工作行為的意圖是不容易成功的。培訓者應該鼓勵受訓者的主管創造一種支持性的環境，鼓勵受訓者將所學知識應用到工作中。有了這樣的鼓勵，受訓者就更有可能保持並提高所學技能的熟練性。環境對受訓者有不可忽視的作用，特別是對那些意志比較薄弱的受訓者。上司不時的鼓勵、同事之間相互交流、切磋，這樣的環境自然而然會讓受訓者更加積極地將培訓所學知識、技能應用到工作去，以期能創造更好的業績，不辜負大家的期望。

心得欄

第 *20* 章

培訓部門的管理案例

※案例一　培訓管理的診斷

　　培訓評估的意義不僅僅在於對培訓結束後的評估，它的意義來源於對過程的全程評估。這是因為培訓管理者和培訓實施者提供的培訓產品的好壞並非只決定於培訓活動的最終環節，而決定於培訓過程中的每一步做得好壞。

　　正是因為如此，培訓評估系統可以分為三個階段，即培訓前的評估、培訓中的評估、培訓後的評估。

1.培訓前的評估

培訓前的評估包含內容有：

- ·培訓需求整體評估。
- ·培訓對象知識、技能和工作態度評估。
- ·培訓對象工作成效及行為評估。
- ·培訓計劃評估。

2.培訓中的評估

培訓中的評估包含內容有：

· 培訓組織準備工作評估。
· 培訓學員參與培訓情況評估。
· 培訓內容和形式的評估。
· 培訓講師和培訓工作者的評估。
· 培訓進度和中間效果的評估。
· 培訓環境和現代培訓設施應用評估。

3. 培訓後的評估

培訓後的評估包含內容有：
· 培訓目標達成情況評估。
· 培訓效果效益綜合評估。
· 培訓工作者的工作績效評估。

企業很少全有這三個方面的評估的，因此也就沒有健全的評估系統。我們通常所說的培訓評估都是指培訓後的培訓評估，以後的章節中除非特別指明，培訓評估也是指培訓後的評估。

(一)企業對培訓的認識與重視程度

1. 公司過去一年中曾經組織過那些方面的培訓？效果如何？

2. 以往的培訓中您認為那些課程是最有效果的？為什麼？那些課程是最沒有效果的？為什麼？

3. 培訓內容主要涉及那些方面？

專業知識、工作技能(職業技能、管理技能、個人技能)、工作態度、工作習慣、經營理念、思維訓練。

4. 培訓的內容是以理論為主還是案例為主？如果結合案例，是否使用了本企業的案例？

5. 培訓的內容與實際工作的結合是否緊密？

6. 培訓內容由誰來設計？如果由外部講師來設計，企業是如何參與的？合作的程序是什麼？雙方如何確定協作內容？

7.培訓的內容是否可以迅速應用於實際工作？為什麼？

8.如果培訓的內容無法迅速應用於工作，是什麼原因導致無法應用？這些因素在什麼情況下可以克服？為什麼？

9.企業通常在什麼情況下組織培訓？培訓需求的產生是出於管理者的意志還是受訓者普遍的意志？

10.培訓是否是企業例行開展的必要工作之一？

11.培訓在什麼情況下不得不讓步於其他工作？

12.管理者期望培訓能夠具體解決那些問題？培訓是否經常作為解決具體問題的系統性方案之一來發揮作用？

13.管理者是否經常意識到「培訓很重要」但不知道「如何進行某項培訓」？

(二)培訓需求的確認

1.企業是否有向員工開展培訓需求調查工作？

2.是否在每次進行培訓前先進行培訓需求的分析與確認？

3.如果企業經常聘請外部培訓講師，這些講師是否會採取問卷調查、訪談、測試等多種方式開展需求調查，並在此基礎上設計培訓課程？

4.需求調查是否只面向受訓對象進行？以什麼方式進行？

5.對培訓需求的調查與分析通常由誰來完成？

6.是否針對以下方面進行了系統的培訓需求調查？

⑴培訓內容的需求調查：

· 受訓者認為的主要培訓內容？

· 管理者認為的主要內容？

· 講師理解的培訓內容？

· 受訓者、管理者與講師對培訓課題與內容的理解是否一致？

⑵針對於受訓者的調查：

‧ 針對於受訓者基本背景資料(如性別、年齡、工作經歷、專業
方向等)的調查?

‧ 針對於受訓者學習風格、溝通風格、管理風格等進行調查?

⑶培訓開展的方式:

‧ 講師將採用什麼培訓方法以確保培訓效果的最大化?

‧ 這些培訓方法將塑造怎樣的培訓氣氛?

‧ 管理者、受訓者是否能夠接受這樣的培訓方法?

⑷培訓目標的基本界定:

‧ 培訓課程結束的標準是什麼?

‧ 期望在培訓課程結束後對受訓者在那些方面達成什麼目標?

7.企業是否具有針對於不同崗位的能力素質要求?培訓需求調
查的結果是否與企業在這些崗位的能力素質模型的要求相匹配?

8.企業是否不定期與外部培訓機構保持暢通的聯絡?是否及時
根據培訓需求更新相關課程?

(三)培訓目標

1.管理者對培訓的目標是怎樣認識的?

2.受訓者對培訓目標的認識是否與講師、管理者一致?如果不
一致,差異點在那裏?造成差異的原因是什麼?

3.針對於培訓的遠期目標,企業高層管理者具有什麼認識?下
面提供了部份要點:

‧ 對員工的導入和定向;

‧ 改進績效;

‧ 擴展員工價值,幫助員工在企業內部獲得更好的發展;

‧ 提高企業的整體素質。

(四)培訓的實施與管理

1.企業的培訓課程是強制性的還是自願性的?

2.是否為自願性培訓項目或員工自學提供了必要的指導意見和參考資料(如教材、教案、音像製品等)?

3.企業的整體組織結構是怎樣的?各部門的職責是什麼?培訓隸屬於那個部門?

4.各個職能部門是否有明確的要求履行培訓的義務?

5.對培訓部職能的界定是什麼?

6.不同部門開展的日常培訓是否遵循統一的流程?企業是否有關於培訓方面的系統管理制度規定與培訓經費管理制度?

7.企業是否有完善的、系統的、能夠與員工職能、職等相對應的課程體系?

8.相關培訓工作的開展是如何實施的?

⑴有專門的培訓部,負責組織實施相關事項;

⑵沒有專門的培訓部門,將培訓工作歸入人力資源部門;

⑶主要依靠外部力量協助制定培訓計劃並實施培訓;

9.企業在培訓的硬體設施上進行了那些投入?

10.企業是否有完善的培訓記錄?

11.是否將培訓的參與情況、受訓者在培訓中的表現、培訓後的考核成績等作為日常行為考核的一部份?

12.企業是否有這樣的規定:相關晉升與內部工作輪換必須首先進行相應的培訓?

13.企業是否會對受訓者的績效進行追蹤?誰將是該員工績效的評估者?講師與受訓對象的部門主管是否有定期、不定期的溝通以確認培訓效果?

14.企業是否有專門的機制來確保、監督培訓效果轉化為實際生產力?同時相關人員在這個轉化過程中是否給予積極、主動的配合?

(五)培訓資源

1.企業管理層理解的培訓資源具體包括那些？

2.企業是否有內部講師？

3.內部講師是專職還是兼職？

4.如果是內部專職講師，他們分別能夠講述的主要課程是什麼？是否是企業所需要的、針對於核心技能要求所開發的課程？對他們的講課時間與講課質量是否有明確的要求？

5.如果是企業內部的兼職講師，他們分別講述的課程是什麼？是否是企業所需要的、針對於核心技能要求所開發的課程？他們的講課技巧如何？為這些兼職講師制定的講課內容與計劃是否可以如期進行？受訓者對他們的講課效果評價如何？有什麼因素影響他們無法執行培訓計劃？

6.內部講師可以完成那些方面的課程？佔整體培訓課程講授量的多少？

7.使用內部講師需要支付的酬勞是多少？該酬勞是否具有激勵性？

8.使用內部講師是否存在什麼不便之處？

9.企業是否具有明確的措施來激勵內部員工承擔培訓的責任與義務？有什麼措施可以確保非專業講師的培訓質量？

10.企業是否經常從外部採購培訓課程？這些培訓課程是從專業培訓公司採購的還是從獨立講師處採購的？

11.企業中那些部門參與外部培訓課程的採購過程與決策過程？

12.企業是否具有培訓課程採購的相關標準，如採購什麼課程、課程採購量在整體課程中的比例、費用支出比例、以什麼標準衡量外部資源的專業能力與服務質量？

(六)培訓對象

1.企業目前的培訓對象包括那些方面的人員？

2.為了對應業務的發展，企業是否考慮擴大現有的受訓範圍？是否有足夠的資源來支持這一設想？

3.現有培訓對象參加培訓的目的是什麼？

· 完成公司指派的培訓任務(佔___%)；

· 為了自己增長知識，開闊視野(佔___%)；

· 為了在內部獲得提升而按公司的要求參加培訓(佔___%)；

· 為了交流，因為平時沒有機會可以這樣做(佔___%)；

· 為了多認識一些朋友，或者在繁忙的工作之際調節、休息一下(佔___%)；

· 其他：請說明。

4.培訓對象喜歡以什麼方式參與培訓？

5.他們在培訓結束後是否足以承擔對他人(同事或下屬)進行培訓、教育的任務？

6.他們是否願意主動將培訓內容應用於實際工作？如果不，為什麼？在什麼情況下他們才能夠積極將培訓內容應用於實際工作？

(七)培訓質量

1.為了確保培訓質量，企業有那些培訓質量保障制度與具體行為(如與講師簽署約定、進行效果評估等)？

2.是否有針對於不同培訓對象的系統培訓方案？或者是使用一套教材而應用於全體？

3.即便是同樣的培訓內容，是否考慮了要根據培訓對象的不同實行不同的培訓方法，如角色扮演、分組討論等？(或：選擇培訓方法是處於培訓內容的考慮還是基於受訓者的基本情況？)

4.是否會結合工作需要定期更新培訓內容？這些培訓內容是否

先經過內部測試後才進行推廣？

(八)培訓效果

1.是否在每次培訓之後即刻進行培訓效果評估？

2.培訓效果評估採取的主要方式是什麼？都對那些項目進行評估？評估是否有客觀的參照標準？

3.企業是否會根據評估的結果與講師協商對原教案做出進一步的修改與更正？

4.講師是否會根據主要受訓者的表現提交進一步培訓建議，或對今後開展類似培訓提供相關有價值的建議？這些建議是否在後續的培訓中被應用？

5.對以下績效指標進行分析：

⑴培訓開展頻率。

⑵培訓有效覆蓋率。

⑶重點受訓人群覆蓋率。

⑷人均受訓次數。

⑸單項培訓覆蓋率各培訓項目滿意度得分。

(九)系統性培訓規劃

1.企業是否有制定年度整體培訓方案的慣例或制度？如果有，執行情況如何？

2.在實施中是否會根據人員的變更或業務需求等外部因素每季一次進行修訂？

3.如果有，是如何做的？通常會根據那些外部因素考慮修訂計劃？

4.如果沒有，是否今後會有這方面工作的設想？為什麼？是什麼因素導致沒有相關的計劃修訂？

5.計劃制定後執行情況如何？影響計劃執行的因素有那些？為

什麼會存在這些因素？這些因素在多大程度上可以得到解決？在什麼時間可以解決？

(十)培訓經費管理

1.企業對培訓經費的提取、使用與管理是如何規定的？

2.是否有針對於各個級別的、明確的培訓經費標準規定？

3.是否有明確的培訓經費的使用標準？

4.是否對培訓經費的使用情況按照如下方面進行了分析？

⑴培訓經費在不同課題的使用情況與效果；

⑵培訓經費在不同崗位受訓者的使用情況與效果。

※案例二 企業培訓部門的改善

一、X 區行銷服務部概況

T 保險公司成立於 1996 年，是一家股份制壽險公司， T 保險公司自成立以來不斷吸收和借鑑國內外優秀同行的先進管理經驗，與瑞士豐泰人壽建立了長期的合作關係，並在人力資源領域開展合作項目，已基本形成了比較先進的培訓體系。培訓已成為參與行業競爭的有力籌碼。

T 保險公司秉承「專業化、規範化、國際化」的核心發展戰略，堅持「穩健經營、開拓創新」的經營理念，將自己的目標市場客戶群定位為日益崛起的高薪白領階層。宣導「以高素質員工為高素質客戶提供高素質服務」的服務理念，在招聘時始終要求行銷人員必須具有大專以上學歷，還率先提供 100%新契約電話回訪服務和新生活廣場的一站式客戶服務。

T 公司大連分公司共有 10 個行銷服務部，目前已擁有員工 1000

多人。X 區行銷服務部現有行銷業務人員 253 人，約佔大連分公司行銷人員總數的 25%，每月完成的保費佔整個分公司行銷保費總收入的三成以上比率。

X 區行銷服務部，共有 5 個營業部，每個營業部下面有若干個營業組。目前的 253 名行銷員中有研究生學歷的為 11 人，有大學本科學歷的為 73 人，其餘為大專學歷。

目前在市場上共有 7 家人壽保險公司，由於各家公司的產品大同小異，彼此之間主要靠服務品質競爭，因此各家公司主要以提高服務品質作為競爭手段，市場競爭從根本上說也就是員工素質的較量，擁有一隻業務能力強、能創造性地運用知識來為客戶提供優質服務的行銷隊伍是在激烈競爭中贏得競爭優勢的關鍵。

二、業績滑坡

2003 年 4 月，大連分公司召開了大連分公司 3 月月 KPI 會議暨第一季經營分析會。X 區行銷服務部無論是總保費、人均保費，還是新增市場佔有率在 10 個行銷服務部中都是排在第一名的，而剛剛過去的 3 月比他們少近 70 人的 Z 區行銷服務部總保費竟與他們打了個平手。

3 月業務指標顯示 X 區行銷服務部總保費收入較 1 月減少了 10 萬元（因 2 月有春節長假，不具可比性）。會議提供的資料顯示了 1 月、3 月業務指標的比較情況，其中 X 區行銷服務部的業務指標見表 21-1。

針對 3 月業績下滑的情況，在第二天召開的 X 區行銷服務部業務總結分析會上組訓長發表看法：「3 月歷來都是業績較差的月份，市民手中的閒錢在 1 月、2 月已花得差不多了，而且 3 月都忙著打算新一年的工作，買保險的人自然少了。再有，南方地區正在鬧『非典』，客戶都不願跟陌生人見面，對我們的業績也有一定影響。Z 區

這次業績好,我聽說是有一個行銷員做了一份躉交 200 萬元的團單,整個行銷服務部業績一下子就上去了。這只能說明他們的運氣比我們好。」

表 20-1　X 區行銷服務部 1 月、3 月份業務指標

指標	1月	3月	增減
總保費(萬元)	108.09	97.71	-10.38
總件數(件)	395	337	-58
月初人力(人)	223	255	32
月末人力(人)	245	253	8
人均保費(萬元)	0.46	0.38	-0.08
件均保費(萬元)	0.27	0.29	0.02
人均件數(件/人)	2.06	1.89	-0.17
實動人數(人)	192	178	-14
活動率(%)	82.05	70.08	-11.97

並不完全贊同的看法,外部原因外行銷服務部內部肯定也存在問題。但問題到底出在那兒呢?

目前公司在大連市場上推出的大多數險種還是比較受歡迎的,尤其是公司的主打產品——「愛家保障計劃」,由於其具有一張保單可同時保障多個家庭成員,客戶可在保單上根據自己需要任意選擇險種組合及在投保人失能或身故的情況下可豁免保費等人性化的設計特色,擁有比較明顯的產品優勢。同時由於公司自開拓大連市場以來,非常注重自身的公眾形象,在市場上有著較好的口碑,看來在產品及市場維護方面沒有什麼問題。那麼,問題就應該是出在「人」上,是行銷員在把產品推銷給客戶的過程中存在問題,也就是說行

銷服務部的人力資源工作沒做好。但到底是人力資源工作的那個環節出了問題呢？在增員的選擇上，行銷服務部始終堅持高標準、嚴要求，並未因同業其他公司降低選擇標準而有所鬆動，這方面應該不會有太大問題。巫剛聯想到前段時間有營業部經理反映有些行銷員在銷售「愛家保障計劃」時不能將該產品的特色講清楚，保費的計算也經常出錯，當時他還以為只是個別現象，並沒太在意。

現在看來，由於很多新行銷員入公司前根本沒接觸過保險，而「愛家保障計劃」的設計又相對複雜，目前的培訓並未能使這些新員工真正掌握該產品的相關知識。由此又想到自己對行銷服務部培訓工作是否能有效應對「非典」給市場環境帶來的新變化的擔憂。覺得應該從改進培訓工作人手來解決目前的難題。

4月7日，召集營業部經理、組訓召開一週工作例會。

首先發言：「隨著美國友邦保險公司進入市場，壽險代理人制度逐漸被國人認識和接受，緊隨其後的就是國外保險企業運用多年的一整套代理人培訓制度也被引進到國內壽險企業中。但就是那個時候，國內仍然有很多企業根本不重視培訓。他們認為與其把錢花在培訓上，還不如多給員工發點獎金。從這點上看我們壽險業走在了其他行業的前面，整個壽險業也從中受益匪淺。

還是『授人以魚不如授人以漁』說得對。提供培訓，讓員工擁有知識和能力，使他們具備成功者的素質，是對他們最好的福利。我們行銷服務部的培訓工作由於高大強組訓長的認真負責和其他三位組訓的努力工作，一年來取得了很大的成績：建立了培訓的各種規章制度，培養形成了一隻擁有 28 名兼職講師的培訓講師隊伍，整個行銷服務部的培訓體系有了大致輪廓，新人崗前培訓、新人銜接培訓、新人轉正培訓、主任晉升培訓均已初步走上軌道，還不定期地舉辦了幾次專題講座。」

「但這並不是說我們的培訓工作不存在問題。」巫剛話鋒一轉，「從 3 月的業務指標可以看出，保費收入下降主要是由於活動率下降造成的，其次是由於人均件數下降造成的。活動率下降就是產生保費的行銷員比例下降了，這有可能是大多數行銷員拜訪意願下降造成的，也有可能是由於新行銷員缺乏展業技巧的緣故。同樣，人均件數下降也不外乎這兩方面原因。而這兩方面原因的存在都表明我們的培訓工作沒有做到位。客戶不願意跟陌生人見面，而我們又沒有教給行銷員其他的展業方法，方法不當的後果就是屢屢被拒之門外，保費收入下降也就不足為奇了。」巫剛邊講邊在筆記本電腦上演示著幻燈片。

「當前壽險業的競爭就是服務品質的競爭，大家在比誰更瞭解客戶的心理，比誰的服務更細緻、更專業，這就要求培訓工作必須緊跟市場的變化，及時準確地瞭解行銷員的培訓需求，這樣才能對症下藥，有的放矢。這就要求我們的培訓工作要做深做細，同時要不斷引進和借鑑國際上的先進培訓技術和經驗。」接下來，巫剛談了自己想引進培訓人才的想法。之後，大家紛紛發言對巫剛總監的看法表示贊同。代表組訓室對前段時間的培訓工作做了總結和檢討，他說自己應對培訓工作不力給行銷服務部業績帶來的負面影響負主要責任。會後巫剛安慰高大強說，「你也不必太過於自責，你的事兒太多，既要抓培訓，又要抓增員，還要激發行銷員的幹勁和士氣，有些疏忽是在所難免的。是該給你找個副手了。」

三、邵平加盟

身高 1.80 米，戴著一副眼鏡的邵平，整個一個文弱書生形象，但他卻是個生在新疆長在新疆的西北漢子，父母都是 60 年代支邊的大學生，在去南京上大學之前他一直生活在烏魯木齊。由於爺爺奶奶在大連，他畢業後來到大連工作，先後做過中學教師、事業單位

職員、保險行銷員，現在 BX 集團大連顧問公司擔任業務專員。BX
集團是專門為各大保險公司提供管理諮詢業務的大型顧問公司，總
部設在台灣。BX 集團大連顧問公司是 BX 集團在大連設立的合資企
業。

在做保險行銷員時，邵平就是當時行銷服務部裏很有名氣的兼
職講師。加盟 BX 集團大連顧問公司後，仍有許多保險行銷團隊邀請
他去講課。課講得越多，積累的經驗就越多。同時由於 BX 集團的業
務主要是針對各保險公司管理運作當中存在的問題進行診斷並提供
諮詢建議，使得邵平可以站在各家保險公司之上來看保險公司的經
營和管理，這使他看得更加清楚和全面。應該說在 BX 集團的工作經
歷豐富了邵平在保險公司經營管理方面（包括培訓）的經驗，也增添
了他給保險公司講課的素材。

邵平 1999 年考取了在職 MBA 研究生，並於 2002 年畢業。MBA
課程的學習不僅擴展了邵平的理論知識，提高了他的綜合素質，而
且使他開闊了眼界，對現代企業的管理理念和方法有了系統的掌
握。邵平是那種不笑不說話的人，很容易讓人接近。走南闖北的生
活經歷使得他身上既有北方人的豪爽豁達，又有南方人的細膩認真。

也許是「良禽擇木而棲」吧，在幾近於「三顧茅廬」的誠意邀
請下，邵平決定加盟大連分公司，出任 X 區行銷服務部的副組訓長，
主抓培訓工作。邵平上任伊始，就對 X 區行銷服務部培訓工作進行
了詳細的培訓需求分析，分析的結果如下：

1.組織分析結果

⑴公司的企業戰略方向是為客戶提供最滿意的服務，而 X 區行
銷服務部的培訓僅能達到為客戶提供最基本服務的要求；

⑵由於行銷團隊較之其他組織具有不穩定的特點，需要不斷地
招聘新員工，培訓工作需要連續不斷地進行；

(3)國務院保險監督管理委員會要求保險從業人員必須具有從業資格證書，行銷服務部應加強培訓工作以提高從業資格考試參考及格率，縮短新人的待崗時間；

(4)3 月活動率的下降說明行銷員的拜訪意願和銷售方法方面有問題；

(5)外資保險公司的進入帶來先進的培訓理念和技術，行銷服務部的培訓工作應及時地加以借鑑和運用。

2.任務分析結果

(1)需要透過培訓使行銷員掌握所銷售產品的相關知識；

(2)需要透過培訓使行銷員掌握進行產品銷售的技巧；

(3)需要透過培訓使行銷員認同公司的企業文化；

(4)需要透過培訓使行銷員具有較高的職業道德素養；

(5)需要透過培訓使行銷員具備創造性地為客戶服務的能力。

3.個人分析結果

(1)新員工個人績效同企業對他們的期望差距較大，且培訓需求最為迫切；

(2)新員工接受培訓的心理準備較老員工充分；

(3)針對「非典」對市場環境的影響，需要調整部份課程設置；

(4)新人崗前培訓流程有問題，培訓效果不理想；

(5)新人銜接培訓重講授輕訓練，未起到消化理論知識的作用。

邵平參考以上培訓需求分析的結果，並經過對行銷服務部實際情況的仔細研究，認為 X 區行銷培訓部的培訓工作目前主要存在以下方面問題：

(1)培訓者整體素質與組織目標不匹配；

(2)培訓沒有同時強調知識、技能和壽險行銷過程中的創造性；

(3)培訓工作隨意性強，缺乏規範性；

⑷先進的培訓理念和技術的借鑑和運用不夠；

⑸培訓需求分析工作品質不高；

⑹培訓方法與培訓內容不匹配；

⑺新人崗前培訓和新人銜接培訓亟待改進；

⑻培訓回饋機制不健全。

根據以上分析，邵平初步確定培訓目標是：

知識目標：掌握分公司銷售的所有商品的相關知識和銷售技巧；

行為目標：將商品銷售出去並提供令客戶滿意的服務；

結果目標：提高個體績效，繼而提高組織績效，實現組織目標。

經過詳盡的分析後，邵平心中有數了，他決定先從培訓者素質改善和培訓工作規範化抓起。

四、打造培訓者

邵平在對 X 區行銷服務部的培訓工作進行了詳細分析之後，將他的分析結論向巫剛總監和高大強組訓長做了彙報。巫剛總監決定為做好下一步的培訓工作召開一次專門會議，要求所有營業部經理和組訓都參加。

專門會議按計劃召開。在會上巫剛讓邵平就下一步培訓工作談一下想法。邵平侃侃而談：「我們行銷服務部培訓工作的基礎還是不錯的。在此，我只想跟各位溝通幾個觀點。首先，我要強調的是培訓者對做好培訓工作是至關重要的，培訓者素質的高低直接關係到培訓效果的好壞，有了一隻過硬的培訓者隊伍，培訓工作就成功了一半。所以我準備在下一步的工作中重點加強培訓者隊伍的建設工作。從具體工作分工上，培訓者可以分為培訓組織管理人員和培訓講師。從大的範圍上講，我們在座的各位都是培訓組織管理人員，但具體工作由我和三位組訓來做。至於培訓講師的任務就要由在座各位和各營業部的兼職講師來完成了，當然必要時我們也可以從外

面聘請專家。我們的三位組訓都受過總公司舉辦的組訓班的專業培訓，在培訓方面都有著豐富的經驗，這增強了我對下一步工作的信心。會後我會給三位做一下具體分工。加強兼職講師隊伍建設將是我們近期內的工作重點。」

俗話說，「打蛇要打七寸。」看來邵平是認為自己找到培訓工作的要害了。接著邵平又具體談了他對培訓者所要承擔工作職責的理解⋯⋯

T 保險公司自建立以來一直實行由總公司培訓部及分公司培訓部編寫培訓教材、培訓專職講師和營業部經理以上管理人員，由各行銷服務部培訓行銷員、兼職講師和營業組主任的兩級培訓體制。邵平並不覺得這樣做有什麼不妥，而且他非常認同由培訓出來的兼職講師來給行銷員做培訓的做法。這種做法非常符合壽險業的行業特點，也符合 T 保險公司自身的具體情況。壽險行銷團隊的培訓非常注重實務性，實務訓練和實際演練在培訓內容中佔有很大比重，這就要求培訓講師必須具有豐富的壽險行銷實戰經驗，而從外部聘請的專業講師往往不具備這方面特長，儘管他們理論功底比較深，講授技巧比較高，但外請專業講師存在一些缺陷，如他們的報酬通常很高，也不注意激勵學員去應用他們講授的知識。所以，對壽險企業來說，只要對達到一定要求的行銷員進行有效培訓，然後由他們來擔當行銷團隊的培訓講師是非常可行的。T 保險公司大連分公司始終嚴格要求行銷員必須具有大專以上學歷，這樣的學歷要求能很好地保證兼職講師的品質，所以 T 保險公司大連分公司比其他壽險公司更適合採用這種兼職講師制度。邵平在認可兼職講師制度的同時，發現了 X 區行銷服務部在實施這種制度的過程中存在下面這些問題：

(1)有些兼職講師擔心講課會影響自己做業務，再加上缺乏物質

獎勵刺激，所以不太願意講課，這樣時間一長不僅使自己的講課能力下降，還空佔著兼職講師名額，使兼職講師數量中的水分較大；

(2)對兼職講師的培訓有待於改進，要把它與對主任層級的培訓區別開來；

(3)各行銷服務部普遍存在一個問題，就是都分別有一部份骨幹兼職講師擅長某些課程，而其他課程又缺少優秀兼職講師，如果能建立一種優秀兼職講師的共用機制，就能更有效地利用兼職講師資源。

針對兼職講師制度實施過程中存在的問題，邵平做了如下改進工作：

(1)制定了《兼職講師選拔和考核制度》，規定兼職講師候選人在達到一定個人業績標準的前提下，由各營業部經理推薦。在試講合格後由組訓室篩選確定，最後將名單報給巫剛總監，由巫剛給合格的兼職講師頒發聘書。同時規定兼職講師每兩個月考核一次，對達不到基本講課數量和講師授課品質回饋表(見表 2)調查得分三次不及格(達不到 60 分)的，將被取消其兼職講師資格，由所在營業部推薦新的人選(總監和各營業部經理是終身兼職講師)。

(2)制定了《兼職講師報酬和激勵制度》，規定兼職講師每課時的報酬是 830 元，每次培訓的講師由組訓室根據講師特長和講師已完成的課時量來安排。同時規定行銷服務部招攬的業務優先交由兼職講師來做；兼職講師還享受分公司規定的「綠色通道」服務。

(3)加強和改進對兼職講師的培訓。在培訓中增加講解兼職講師講課對個人業績是有正面作用還是有負面影響的內容，講清楚講課不僅能擴大講師本人在行銷團隊中的個人影響力，提高他的個人威信，還能提高他的業務能力，增強自信心，因此，雖然講課佔用了一些展業時間，但「磨刀不誤砍材功」，講課非但不會對個人業績造

成負面影響,處理好了還能帶來正面促進作用。另外,要求在培訓中簡化與主任層級培訓雷同的內容,增加有助於提高知識整合能力、語言表達能力、溝通能力、演講局面控制能力和其他有關培訓技巧的內容。

(4)向分公司培訓部建議建立各行銷服務部之間的優秀兼職講師共用制度,由各行銷服務部向分公司培訓部報送優秀兼職講師名單(具體名額由分公司培訓部確定),由分公司培訓部確定最終名單,並定期進行調整。對到其他行銷服務部講課的兼職講師,除了由所到的行銷服務部按照每課時 830 元支付講課費外,分公司培訓部將給予每課時 100 元的額外補助,以鼓勵各行銷服務部之間相互交流優秀兼職講師,充分發揮優秀人才資源的效用,達到提升整個分公司業績的目的。

分公司培訓部覺得邵平的建議提得好,遂採納了他的建議。分公司培訓部在其基礎上研究制定了《優秀兼職講師跨行銷服務部講課管理辦法》。這一辦法的實施大大推動了各行銷服務部培訓水準的提高。

五、重組培訓工作

1.壽險行銷團隊培訓體系

在對培訓工作主體進行了改進之後,下一步就是改進培訓工作內容了。邵平覺得要想把 X 區行銷服務部的培訓工作做好,必須要得到巫剛總監的全力支持,因此他覺得讓巫剛在對培訓的認識上與自己達成共識是非常重要的。於是就壽險行銷團隊培訓的一些基本問題給巫剛總監寫了份工作報告,其中談了他對壽險行銷團隊培訓體系的看法,他寫到:「一般來說,一個壽險行銷團隊的培訓體系包括制式培訓、非制式培訓兩大部份。制式培訓按時間先後又依次分為新人崗前培訓、新人銜接培訓、新人轉正培訓、主任晉升培訓和

主任研修培訓；而非制式培訓可以包括兼職講師培洲、精英行銷員沙龍、管理人員沙龍、研討會和一些專題講座等內容，具體內容每個行銷團隊會有所不同。

　　制式培訓和非制式培訓的主要區別是：制式培訓一般來說都是行銷團隊需要定期不斷反覆進行的培訓，因為只要招聘工作在不斷地進行，就會不斷有新人進來，也就會不斷地有人轉正和晉升為主任，新人崗前培訓、新人銜接培訓、新人轉正培訓和主任晉升培訓就需要週而復始地不斷反覆進行。這種『定期不斷反覆進行』的特點，使制式培訓在一定時期內可以以固定的內容重覆進行。非制式培訓一般是行銷團隊根據自身發展需要和市場環境變化需要而不定期進行的培訓，每次的培訓目標和培訓內容可能都不一樣。

　　不管是制式培訓還是非制式培訓，一般而言，每一個培訓活動都包括分析培訓需求、確立培訓目標、制定培訓計劃、設計培訓操作、實施培訓、評估培訓效果等六個步驟。但制式培訓和非制式培訓在這些步驟的實行上有所不同。制式培訓的特性使得它不必像非制式培訓那樣，上述六個步驟都不折不扣地進行，分析培訓需求、確立培訓目標、制定培訓計劃這三個步驟的實施因具有長期有效性和統領性，每次培訓時可以簡化進行，簡化到什麼程度視內外環境變化的程度和企業戰略調整的程度而定，如果內外環境和企業戰略沒有明顯變化，可以不進行；只需進行設計培訓操作、實施培訓、評估培訓效果這三個步驟就可以了……」

　　巫剛總監看了邵平的報告後，覺得這份報告使自己對壽險培訓的認識有了很大提高，原本比較模糊的地方現在變清晰了，思路也理順了。他對邵平說，你就放手去幹吧，我會全力支持你的。邵平知道制式培訓和非制式培訓在一個行銷團隊的經營中所起的作用是不同的，制式培訓是培訓的基礎工作，非制式培訓是屬於「錦上添

花」層次的工作。目前 X 區行銷服務部的績效下滑可能跟基礎性的培訓不到位有關,所以邵平決定先從制式培訓抓起。

2.新人崗前培訓

由於很多新員工沒有同業工作經歷,同時行銷服務部在招聘新人時對他們所學專業並不作特別要求,也就是說他們大多數人以前沒有系統學過保險知識,進來後能否勝任保險行銷工作完全取決於崗前培訓的好壞。所以,新人崗前培訓在壽險行銷團隊培訓中佔有非常重要的地位。另外,保監會要求各保險公司的從業人員要 100% 持證上崗,即新人上崗前必須經過代理人資格考試,因此新人崗前培訓包括一般意義上的新人培訓和代理人考試培訓兩部份內容。

在檢查 X 區行銷服務部的新人崗前培訓工作時,邵平發現除了存在培訓講師授課水準參差不齊的問題外,還存在如下問題:由於大多數新人既無同業從業經歷,又無保險專業知識,經過五天的新人培訓班之後,對所學知識和技能的消化和掌握並不理想。另外由於要經過為期三週的代理人考試培訓,考試合格後才能辦理上崗,這中間要跨越近一個月的時間,到辦理上崗證時,先學的商品知識和銷售技巧在學員頭腦中的印象就不深了。

針對新人崗前培訓中存在的問題,邵平除了重新調配了培訓講師外,還決定將原來的新人培訓班分拆為兩部份,形成「2+代理人+5」的全新培訓流程。按照改進後的新人崗前培訓流程,應聘新人在透過各行銷服務部的面試後,先參加為期兩天的新人教育班。此時培訓的主要目的是使受訓新人系統地瞭解壽險行業概況及其發展趨勢,同時在對 T 保險公司及其宣導的企業文化深度認知的基礎上,增強對公司的認同感;新人教育班結訓後,受訓人員將進入為期 20 多天的代理人考試培訓班;代理人考試後,再進入為期 5 天的新人培訓班,這階段的培訓主要注重保險基本原理、商品知識、銷售技

能等培訓。同時新人培訓班的結訓形式也由原來單純的筆試改為筆試(基礎理論、分紅險知識、健康險知識)與口試(即通關,分接近技巧關、商品說明關、促成關;時間三小時)相結合的辦法,綜合考察受訓新人的各方面技能,從而保證了結訓新人的品質。整個培訓流程由原來的兩步改為三步,既保證了各步內容的相對完整,又在教學邏輯上相互承接;同時既有專業理論的深入剖析講解,又強調互動模仿的實戰演練。新人教育班和新人培訓班的課程表分別見表20-2和表20-3。

表 20-2　X 區行銷服務部新人教育班課程表

時間	第一天	第二天
8：30～9：00	報到	班主任時間
9：00～9：50	課程宣導	我們的公司
10：00～10：50	開訓典禮	我們的公司
11：00～11：50	T公司人形象	品牌精神的建立
12：00～13：30	(午休)	(午休)
13：30～14：20	相信人壽保險	職業道德
14：30～15：20	人壽保險的意義與功用	職業道德
15：30～16：20	人壽保險的意義與功用	基本法講座1
16：30～17：20	壽險行業展望	結訓

由於新的培訓流程更加符合人的認知規律,也更加符合行銷團隊培訓工作的實際,透過調整課程的先後銜接及日程安排,使應考培訓與能力培養兩個目標得以兼顧,同時注重將理論講解與展業實踐有機結合,突出了實用性,實際操作的效果特別好,極大地激發了受訓新人的學習熱情。各營業部經理普遍反映,新培訓的新人無

論是理論知識還是實戰技能都要好於以往。

表 20-3　X 區行銷服務部新人培訓班課程表

時間	第一天	第二天	第三天	第四天	第五天
8：30～9：00	報到	晨間測試	晨間測試	晨間測試	晨間測試
9：00～9：50	開訓典禮	產品行銷總論	購買心理與銷售流程	促成	基本法講座2
10：00～10：50	保險沿革	商品知識（險種）	主顧開拓	拒絕處理	通關說明
11：00～11：50	保險原理	商品知識（險種）	主顧開拓	特色服務	筆試
12：00～13：30	午休	午休	午休	午休	午休
13：30～14：20	保險原理	商品知識（險種）	接近技巧	售後服務與E化行銷	通關
14：30～15：20	人身保險如何經營	商品知識（險種）	推銷效用	業務員的一天	通關
15：30～16：20	分紅保險的專業知識	商品知識（險種）	建議書製作與說明	業務員的一天	通關
16：30～17：20	分紅保險的專業知識	商品知識（險種）	投保規則	保單填寫、新契約流程	結訓

3. 培訓評估的改進

面對改進新人崗前培訓取得的成績，邵平並沒有沾沾自喜。他知道培訓的成績不一定直接體現為個人績效和組織績效的改進。X區行銷服務部的培訓始終沒有建立一個良好的培訓效果評估機制。他想借對這次新人崗前培訓改進工作進行評估總結的機會，嘗試建立X區行銷服務部的培訓效果評估機制。要想建立一個良好的培訓效果評估機制必須得到高大強組訓長的支援和重視。邵平來到高大強的辦公室，倆人圍繞著培訓評估聊了起來。邵平談了自己對培訓效果評估工作的想法：

「要使評估工作全面而有效，必須收集如下信息：①培訓及時性信息；②培訓目的設定合理與否的信息；③培訓內容設置方面的信息；④教材選用與編輯方面的信息；⑤講師選定方面的信息；⑥培訓場所選定方面的信息。

可以從培訓進行中和培訓結束後兩個時段收集上述信息。從培訓進行中收集信息主要採用直接向受訓人員瞭解相關信息的方法，透過發調查問卷和找受訓人員面談兩種形式徵求受訓人員對培訓的反應和感受。這些信息可以直接歸屬於上述六類信息中的某一類中。但由於它們來自於受訓人員的主觀感覺，可靠性差一些。在培訓結束後收集培訓效果信息，就是從受訓人員培訓前後工作表現的對比上來判斷培訓效果。而受訓人員的工作表現可以從相關的業務指標中反映出來。雖然這些指標反映的信息要經過分析和判斷才能歸屬於前述六類信息中的某一類中，而且得出結論一般需要一段時間間隔，但由於這些信息來自受訓人員的客觀表現，可靠性好，信息品質高，各有各的優點。

為了使業務指標更有針對性，我想以後每次培訓都專門以受訓人員為對象建立一套獨立的業務指標評估表。這一塊兒必須得有您

的支持。這是我設計的評估表體系。」說著就把自己設計好的報表
體系說明交給高大強，其中包括：

(1)預收評估表體系：①每天、每週、每月，人均保費、人均件
數、件均保費、實動人數、活動率等指標的報表；②分別按職級、
年齡、性別、入司時間、業績段等不同口徑統計上述指標。

(2)佣金評估表體系：①以佣金為統計指標的報表；②分別按職
級、年齡、性別、入司時間、業績段等不同口徑統計佣金指標。

(3)人力評估表體系：①增員率、脫落率、人力走勢、晉升人數、
晉升率等指標的報表；②分別按職級、年齡、性別、入司時間、業
績段等不同口徑統計上述指標。

高大強看著這些說明說：「做這麼多報表需要增加很大的工作
量，等我跟巫總商量商量再說。」

由於有巫剛總監對邵平的大力支持，高大強第二天對邵平說，
「這些培訓評估報表不僅對培訓評估有用，還可以用於新員工績效
的跟蹤考評，多花點兒力氣是值得的。這項工作還要逐步將它規範
化。」邵平就等著他這句話呢，應道：「您算是說到我心裏去了，這
次做好了，我們就把它形成制度固定下來。」

4.新人銜接培訓

在改進了新人崗前培訓工作和建立培訓效果評估機制之後，邵
平又開始著手改進新人銜接培訓工作。在此之前，X 區行銷服務部的
新人銜接培訓並未起到它應有的作用。邵平認為這主要是培訓組織
管理人員對其缺乏正確認識造成的，有一些人認為銜接培訓要培訓
的內容在新人崗前培訓中都已經講過了，再重覆進行有點得不償
失。邵平覺得很有必要先在培訓組織管理者中統一認識。他把想法
向巫剛彙報後，巫剛決定有必要專門開個會，要求營業部經理、組
訓和骨幹兼職講師參加，由邵平講解銜接培訓對新人成長和團隊發

展的作用。

邵平在會上講解的有關內容如下：

「顧名思義，新人銜接培訓是介於新人崗前培訓和新人轉正培訓之間，旨在提高行銷員的推銷能力以使其儘快轉正而實施的培訓。

為什麼銜接培訓對每一個新人來說都是必不可少的呢？看看下面的『學習的模式』圖（見圖 20-1），將有助於理解崗前培訓與銜接培訓的關係，同樣也就能明白銜接培訓的目的和意義之所在了。

圖 20-1 學習的模式

這個圖說明：人在剛剛接觸陌生的事物的時候，對事物的認識可以說是不知不覺、一片茫然的，這時他對事物的認識處於『不自覺、不會』的階段；在接觸了這一事物，並經過學習、培訓，向他人請教後，他對這一事物就有了比較全面的感覺和認識，也就是瞭解了該事物是怎麼一回事了，也就是有所覺、有所悟了。但是，他僅知道是怎麼回事，還是不會去實際操作。這時他處於『自覺、不會』階段。例如，新人經過崗前培訓後，就能瞭解到專業化推銷的流程包括『計劃與活動→主顧開拓→接觸前準備→接觸→說明→促成→售後服務』這七個環節，但他還是不會去做專業化的推銷。幫助新人實現從『不自覺、不會』到『自覺、不會』的飛躍，是崗前培訓已經解決了的問題。那麼，如何才能實現從『自覺、不會』到『自覺、會』的飛躍呢？也就是說，人的學習怎麼才能從『瞭解但不會做』過渡到『既瞭解又會做』呢？這就是銜接培訓要解決的問

題了。因為，所有的技巧並不是看一兩遍就能在短時間內掌握的，就如一個人看別人駕駛汽車，他是否就掌握了汽車駕駛技術呢？答案是否定的。同樣，一個人參加了崗前培訓，他是否就掌握了推銷的技巧呢？答案同樣是否定的。既然崗前培訓並不能保證新人掌握推銷技巧，那麼，就有必要給他們提供再學習的環境，使之接受輔導與鼓勵，逐步養成良好的工作習慣，練就厚實的行銷技能，這才是提升個體績效的最終落腳點。可見，崗前培訓和銜接培訓合在一起，才構成一個完整的學習循環。銜接培訓在壽險行銷團隊培訓中處於與崗前培訓同等重要的地位，它們經常被比作是壽險行銷團隊培訓的兩翼。」

　　然後，邵平開始了對新人銜接培訓各個環節的全面診斷。經過分析，邵平認為原來的培訓內容單調，而且沒有隨市場環境變化增添新的內容，同時在培訓方法的選擇、培訓時間的安排及培訓的監督上都存在較大的問題。針對這些問題，邵平確定了如下的改進思路：

　　(1)由於銜接培訓是在行銷員已瞭解專業化推銷流程的情況下對其培訓以達到真正掌握和靈活運用推銷技巧的目的，所以培訓內容中實際演練應該佔有較大的比例，甚至可以將真實展業（陪同展業）穿插進來。目前銜接培訓存在的問題是講多練少：70%講授，10%研討，10%完成作業和回饋，10%活動管理（計劃 100、準主顧卡和工作日誌的管理）。邵平建議將內容調整為：40%講授，10%研討，15%模仿演練（角色扮演），10%案例分析，15%完成作業（包括外出陪同展業）和回饋，10%活動管理（計劃 100、準主顧卡和工作日誌的管理）。只有透過演練才能發現受訓人員在實際推銷中存在那些問題，才能及時地幫助他糾正過來，最終達到能靈活運用銷售技巧的目的。

　　(2)將全天培訓的模式改為「上午培訓，下午展業」的模式。上

午透過培訓掌握的銷售技巧，下午馬上就去應用，有利於受訓人員對培訓內容的消化和吸收；受訓人員帶著前一天展業中遇到的問題參加第二天的培訓，學習起來更加有的放矢，會大大提高培訓效果。同時，由於培訓期間受訓人員的工作積極性和自信心都好於以往，培訓期間的個人績效會明顯提高，利用這段時間外出展業會帶來較多的保費收入。團隊業績提高與培訓效果改善一舉兩得、齊頭並進。

（3）銜接培訓的特點要求培訓者不單包括組訓和兼職講師，還應該將受訓新人的推薦人、團隊中的大單高手、受訓新人中的精英包括進來。其中，受訓新人的推薦人在培訓中要發揮好「傳、幫、帶」的作用，培訓期間要陪同新人出去展業兩次。為了讓推薦人更好地負起責任和更好地發揮作用，在培訓講師的選擇上，要儘量選那些既精通訓練方法又個人業績出眾的兼職講師，因為他們的現身說法更有說服力，更易於讓人接受。同時培訓第一天新人和他的推薦人要舉行師徒簽約儀式，用來簽約的合約文本樣式如下：

新秀培育合約

甲方：大連分公司個人壽險代理人＿＿＿＿＿＿

乙方：＿＿＿＿＿＿先生/女士

經甲乙雙方共同協商，甲方在兩年內把乙方培養成為 T 保險公司大連分公司行銷員精英，達成乙方年收入＿＿＿＿＿＿萬元的目標，訂立以下合約內容：

一、甲方權利與義務

1.甲方向乙方提供優質壽險從業培訓服務。

2.甲方向乙方言傳身教壽險從業專業知識。

3.甲方向乙方提供壽險從業相關的訓練。

4.甲方每月陪同乙方展業一次以上，以提升乙方展業技能。

5.甲方負責督導乙方的工作，檢查乙方工作日誌，提升乙方的客戶品質。

6.甲方幫助乙方修正過失，排憂解難。

二、乙方權利與義務

1. 乙方參加優質壽險從業培訓時，嚴格遵守培訓紀律，全身心投入學習，努力提高學習效果。

2.乙方尊重甲方，服從管理，虛心求教，積極參與各項訓練活動。

3.乙方每日辛勤拜訪＿＿＿人，認真記好工作日誌，雙方在培訓中的有關問題，透過友好協商解決。

甲方：　　　　　　　　　　乙方：

　　年　　月　　日　　　　　　年　　月　　日

⑷大面積地調整課程內容，刪除了《客戶關係管理學基礎》、《人際關係秘訣》、《投資理財知識》、《成功學原理》等純理論性的課程內容；針對目前客戶不願跟陌生人見面的情況，增加了電話約訪、信函行銷兩方面的內容；針對原培訓缺乏客戶開發和經營的戰略及策略方面內容的缺陷，增補了這方面的培訓內容，並主要採用案例分析的培訓方法；在培訓教材的選用上，改用目前國內公認最棒的壽險行銷培訓教材《成功速遞》。重新安排後的培訓課程表見表 20-4。

表 20-4 新人銜接培訓課程表

時間	早會內容	培訓內容	資料	作業	授課人
一	開訓，師徒簽約	投保規則，投保書填寫	行銷員工作說明書，新秀培育合約	簽第一單	組訓
二	工作日誌填寫	客戶資料的準備與分析	計劃100，準主顧卡	建立準客戶檔案	兼講
三	如何分析商品特色	商品套餐設計	《成功速遞》	設計愛家之約組合	兼講
四	愛家之約設計檢查	購買保險的理由（銷售話術）	《成功速遞》	自編話術	兼講
五	自我話術展示	電話約訪、信函行銷話術演練	《成功速遞》	現場約訪10位	兼講
六	轉介紹話術演練，陌生拜訪話術演練		《成功速遞》，市場調查表	市場陪同展業	推薦人
日	促成，促成話術演練，拒絕問題處理演練		《成功速遞》，市場調查表	市場陪同展業	推薦人
一	一週回顧（經驗分享）	工作日誌填寫及週檢討	工作日誌，新增準主顧卡		組訓
二	條款回顧，組合設計，同業條款瞭解		案例		兼講
三	建立客戶信任的技巧（服務）		案例		兼講
四	如何爭取競爭同行的客戶		案例		兼講
五	如何開發和經營自己的客戶群		計劃100		大單高手
六	有效的時間管理和自我管理		《時間管理》，《自我管理》		兼講
日	信心工程（職業生涯規劃）		《我有信心展望未來》		總監精英
一	週檢討，結訓		獎品，證書		組訓

註：培訓時間為每天上午 8：30～11：50（其中早會時間：8：30～9：30）

　　⑸為了提高參加培訓人員全身心投入培訓的積極性和主動性，並敦促行銷員積極地運用培訓所掌握的知識和技能外出展業，邵平決定在銜接培訓中增設獎勵方案。獎項設置情況設計如下：①新人

起步獎 3 名，獲獎條件：培訓期間產生業績前 3 名的受訓者；②新人勤奮獎 2 名，獲獎條件：培訓期間拜訪量最大的受訓者和新增準主顧卡最多的受訓者；③最佳輔導獎 2 名，獲獎條件：評出表現突出、輔導效果好的 2 位推薦人。獎品為書籍和展業工具，並頒發獲獎證書。

將改進新人銜接培訓的方案向總監彙報後，總監非常贊同。在大力支持下，新一期銜接培訓班按照改進後的模式如期開班了。

結果 15 天下來，收到了非常好的效果：35 人受訓，33 人產生保費，活動率達到 94.29%；人均保費 0.38 萬元，人均 1.67 件，件均保費 0.24 萬元，保費和件數的歸集區間都是 15 天的培訓期，若要與以往指標比較，可在這些數據的基礎上乘以 2。從業務指標上看，改進的效果是驚人的，與 3 月末數據比較，人均保費收入整整翻了一番，活動率(15 天)提高了 24.21%。培訓效果評估還顯示，受訓新人經過培訓，無論是在工作態度方面，還是在技能技巧方面都有很大提升。

邵平對這次銜接培訓改進工作進行了總結，認為這次改進工作的成功是嚴格規範培訓活動程序並依企業需要確定培訓項目和培訓內容的結果。他之所以能有那些切合實際的改進思路和方案，就是在對新的市場環境進行了仔細的培訓需求分析後，根據調整的培訓目標設計了新的培訓計劃，然後再根據新培訓計劃才構想出這些思路和方案。事實證明，這種改進是正確的，同時也再一次證明了與企業需要相匹配的設計是培訓活動取得成功的有力保證。

解決了新人崗前培訓和新人銜接培訓這兩個最重要培訓活動中存在的問題，建立健全了培訓工作的規章制度後，邵平又用了三個月的時間對其他三個制式培訓進行了改進，同時還成功地舉辦了兩次專題講座。

時間過得真快，轉眼邵平已在 X 區行銷服務部工作半年了。在總監的領導下，經過邵平的努力工作，X 區行銷服務部已經形成了規範化的培訓制度和培訓流程，培訓工作成效顯著，行銷服務部業績即使是在市場相對低迷的七八月仍然保持了正增長，保費收入已穩定在 900 萬元平台上，人員規模已達到 322 人，自四月份以來月均增長 14 人。

但邵平對 X 區行銷服務部培訓工作的改進並不全都滿意。對主任晉升培訓和主任研修培訓所作的改進，效果不太理想。從徵集各營業部培訓需求時意見回饋的品質到受訓人員的出勤率，都沒有多大長進。說明主任參與培訓的積極性並未因他所作的改進而有所提高。邵平首先從自己身上進行檢查：自己的工作還是那麼努力那麼認真，也還是嚴格按照規範的培訓工作程序在操作，但為什麼改進沒有取得預想的效果呢？

邵平在做了認真的培訓評估之後，發現各營業部經理對這兩個針對主任層級的培訓普遍不感興趣，尤其是對主任研修培訓。在培訓與其他工作相衝突時，培訓往往不在被優先考慮之列。為什麼對新人系列培訓非常重視的營業部經理們對主任層級培訓卻不重視呢？一開始邵平也找不出原因。但經過幾次私下裏與某些營業部經理和主任的溝通後，邵平明白了其中的玄機。原來營業部經理們普遍認為眼下隨著更多的壽險公司搶灘大連，很多成手的主任紛紛成為新公司的挖牆腳對象，與其培訓好了被別的公司搶走，還不如讓他們把參加培訓的時間節省下來多做業績和增員。邵平承認他們的看法不是一點道理也沒有，但至少他們看得太短視了。邵平認為，雖然目前存在一些優秀人才被挖牆腳的現象，但不該走的人別人怎麼挖他也不會走；反倒是如果他覺得在這裏不能得到較好的發展，甚至會主動找地方跳槽。其實，只要公司能做到為員工提供很好的

培訓和發展，只要員工認同公司的企業文化，攆他走他都不會走。

　　在找到原因之後，邵平馬上把情況向巫剛總監作了彙報，並與高大強進行了溝通。但接下來的事情並沒有如邵平預想的那樣發展。高大強有著與營業部經理們一樣的看法他並不感到詫異，但對他工作從來都是全力支持的巫總與他看法不一致有些出乎他的意料。巫總認為營業部經理們的擔心是有道理的，而且認為主任層級培訓改進的效果不理想可能還有其他方面的原因，例如是否還應該引入一些更新更有效的培訓手段等。巫剛告訴邵平主任層級培訓的改進工作可以慢慢來，不能操之過急。邵平意識到巫剛是不願意採取強硬手段逼營業部經理與他達成共識，主任層級培訓的改進工作能取得多大效果就得看他能否透過自己的努力取得營業部經理的支持了。

　　另外，對培訓具體操作中的培訓需求分析邵平也不太滿意。培訓需求分析在整個培訓操作中是非常重要的，它既是確定培訓目標、設計培訓計劃的前提，也是進行培訓效果評估的基礎，它是培訓活動的首要環節。但做好培訓需求分析工作，單靠組訓室是不夠的，因為培訓需求分析的主體具有多樣性，既包括培訓部門的分析，也包括直線經理人員、業務主管人員、業務工作人員等的分析。各營業部能否及時預見將要出現的問題、能否準確判斷那些是起決定性作用的問題，對培訓需求分析是否有效至關重要，所以培訓需求分析工作的好壞在很大程度上取決於營業部經理的素質。邵平不是否認 X 區行銷服務部各營業部經理的能力，他們在目前的大多數工作上還是勝任的，但他們對可能出現問題的預見能力和對關鍵問題的判斷能力沒有達到做好培訓需求分析所要求的程度。

　　當然如何提高營業部經理等管理人員的素質不是應該主要由邵平來考慮的問題，那是巫剛總監及分公司要考慮的問題。但他仍然

可以從培訓理念的宣導、日常工作中的溝通和舉辦專題講座等途徑
起到一定的促進作用。

　　邵平清楚地知道，他在 X 區行銷服務部所進行的培訓只是中低
層次的培訓，教給學員的還只是商品知識和銷售技能。雖然目前能
滿足企業中短期戰略的要求，但由於保險企業所銷售的是一種保障
性和收益性並存的產品，行銷員必須具備與客戶良好溝通和贏得客
戶信任的能力才能滿足和適應企業長期發展戰略的需要，即隨著保
險市場競爭的日益激烈，企業只有為客戶提供「裁制的」
(tailor-made)服務，才能贏得競爭優勢，相應地要求企業為員工提
供高層次培訓，向員工傳授行銷心理學和人際關係學等方面的知
識，使員工深刻理解企業的產品和服務體系，創造性地為客戶提供
服務。

心得欄

- -
- -
- -
- -
- -
- -

臺灣的核心競爭力，就在這裏！

1. 傳播書香社會，直接向本出版社購買，一律 9 折優惠，郵遞費用由本公司負擔。服務電話 (02) 27622241　(03) 9310960　傳真 (03) 9310961

2. 付款方式：請將書款轉帳到我公司下列的銀行帳戶。

   ・銀行名稱：合作金庫銀行（敦南分行）　帳號：**5034-717-347447**
   公司名稱：憲業企管顧問有限公司

   ・郵局劃撥號碼：**18410591**　郵局劃撥戶名：憲業企管顧問公司

3. 圖書出版資料每週隨時更新，請見網站 **www.bookstore99.com**

經營顧問叢書

25	王永慶的經營管理	360 元
47	營業部門推銷技巧	390 元
52	堅持一定成功	360 元
56	對準目標	360 元
60	寶潔品牌操作手冊	360 元
72	傳銷致富	360 元
78	財務經理手冊	360 元
79	財務診斷技巧	360 元
86	企劃管理制度化	360 元
91	汽車販賣技巧大公開	360 元
97	企業收款管理	360 元
100	幹部決定執行力	360 元
122	熱愛工作	360 元
125	部門經營計劃工作	360 元
129	邁克爾・波特的戰略智慧	360 元
130	如何制定企業經營戰略	360 元
135	成敗關鍵的談判技巧	360 元
137	生產部門、行銷部門績效考核手冊	360 元
139	行銷機能診斷	360 元
140	企業如何節流	360 元
141	責任	360 元
142	企業接棒人	360 元
144	企業的外包操作管理	360 元

269	如何改善企業組織績效（增訂二版）	360 元
270	低調才是大智慧	360 元
272	主管必備的授權技巧	360 元
275	主管如何激勵部屬	360 元
276	輕鬆擁有幽默口才	360 元
278	面試主考官工作實務	360 元
279	總經理重點工作（增訂二版）	360 元
282	如何提高市場佔有率（增訂二版）	360 元
283	財務部流程規範化管理（增訂二版）	360 元
284	時間管理手冊	360 元
285	人事經理操作手冊（增訂二版）	360 元
286	贏得競爭優勢的模仿戰略	360 元
287	電話推銷培訓教材（增訂三版）	360 元
288	贏在細節管理（增訂二版）	360 元
289	企業識別系統 CIS（增訂二版）	360 元
290	部門主管手冊（增訂五版）	360 元
291	財務查帳技巧（增訂二版）	360 元
292	商業簡報技巧	360 元
293	業務員疑難雜症與對策（增訂二版）	360 元
295	哈佛領導力課程	360 元
296	如何診斷企業財務狀況	360 元
297	營業部轄區管理規範工具書	360 元
298	售後服務手冊	360 元
299	業績倍增的銷售技巧	400 元
300	行政部流程規範化管理（增訂二版）	400 元
302	行銷部流程規範化管理（增訂二版）	400 元
304	生產部流程規範化管理（增訂二版）	400 元
305	績效考核手冊(增訂二版)	400 元
307	招聘作業規範手冊	420 元
308	喬·吉拉德銷售智慧	400 元
309	商品鋪貨規範工具書	400 元

310	企業併購案例精華（增訂二版）	420 元
311	客戶抱怨手冊	400 元
312	如何撰寫職位說明書（增訂二版）	400 元
313	總務部門重點工作（增訂三版）	400 元
314	客戶拒絕就是銷售成功的開始	400 元
315	如何選人、育人、用人、留人、辭人	400 元
316	危機管理案例精華	400 元
317	節約的都是利潤	400 元
318	企業盈利模式	400 元
319	應收帳款的管理與催收	420 元
320	總經理手冊	420 元
321	新產品銷售一定成功	420 元
322	銷售獎勵辦法	420 元
323	財務主管工作手冊	420 元
324	降低人力成本	420 元
325	企業如何制度化	420 元
326	終端零售店管理手冊	420 元
327	客戶管理應用技巧	420 元
328	如何撰寫商業計畫書（增訂二版）	420 元
329	利潤中心制度運作技巧	420 元
330	企業要注重現金流	420 元
331	經銷商管理實務	450 元
332	內部控制規範手冊（增訂二版）	420 元
333	人力資源部流程規範化管理（增訂五版）	420 元
334	各部門年度計劃工作（增訂三版）	420 元
335	人力資源部官司案件大公開	420 元

《商店叢書》

18	店員推銷技巧	360 元
30	特許連鎖業經營技巧	360 元
35	商店標準操作流程	360 元
36	商店導購口才專業培訓	360 元
37	速食店操作手冊〈增訂二版〉	360 元

38	網路商店創業手冊〈增訂二版〉	360 元
40	商店診斷實務	360 元
41	店鋪商品管理手冊	360 元
42	店員操作手冊（增訂三版）	360 元
44	店長如何提升業績〈增訂二版〉	360 元
45	向肯德基學習連鎖經營〈增訂二版〉	360 元
47	賣場如何經營會員制俱樂部	360 元
48	賣場銷量神奇交叉分析	360 元
49	商場促銷法寶	360 元
53	餐飲業工作規範	360 元
54	有效的店員銷售技巧	360 元
55	如何開創連鎖體系〈增訂三版〉	360 元
56	開一家穩賺不賠的網路商店	360 元
57	連鎖業開店複製流程	360 元
58	商鋪業績提升技巧	360 元
59	店員工作規範（增訂二版）	400 元
61	架設強大的連鎖總部	400 元
62	餐飲業經營技巧	400 元
64	賣場管理督導手冊	420 元
65	連鎖店督導師手冊（增訂二版）	420 元
67	店長數據化管理技巧	420 元
68	開店創業手冊〈增訂四版〉	420 元
69	連鎖業商品開發與物流配送	420 元
70	連鎖業加盟招商與培訓法	420 元
71	金牌店員內部培訓手冊	420 元
72	如何撰寫連鎖業營運手冊〈增訂三版〉	420 元
73	店長操作手冊（增訂七版）	420 元
74	連鎖企業如何取得投資公司注入資金	420 元
75	特許連鎖業加盟合約（增訂二版）	420 元
76	實體商店如何提昇業績	420 元
77	連鎖店操作手冊（增訂六版）	420 元

《工廠叢書》

15	工廠設備維護手冊	380 元
16	品管圈活動指南	380 元
17	品管圈推動實務	380 元
20	如何推動提案制度	380 元
24	六西格瑪管理手冊	380 元
30	生產績效診斷與評估	380 元
32	如何藉助 IE 提升業績	380 元
38	目視管理操作技巧(增訂二版)	380 元
46	降低生產成本	380 元
47	物流配送績效管理	380 元
51	透視流程改善技巧	380 元
55	企業標準化的創建與推動	380 元
56	精細化生產管理	380 元
57	品質管制手法〈增訂二版〉	380 元
58	如何改善生產績效〈增訂二版〉	380 元
68	打造一流的生產作業廠區	380 元
70	如何控制不良品〈增訂二版〉	380 元
71	全面消除生產浪費	380 元
72	現場工程改善應用手冊	380 元
77	確保新產品開發成功（增訂四版）	380 元
79	6S 管理運作技巧	380 元
84	供應商管理手冊	380 元
85	採購管理工作細則〈增訂二版〉	380 元
88	豐田現場管理技巧	380 元
89	生產現場管理實戰案例〈增訂三版〉	380 元
92	生產主管操作手冊(增訂五版)	420 元
93	機器設備維護管理工具書	420 元
94	如何解決工廠問題	420 元
96	生產訂單運作方式與變更管理	420 元
97	商品管理流程控制(增訂四版)	420 元
101	如何預防採購舞弊	420 元
102	生產主管工作技巧	420 元
103	工廠管理標準作業流程〈增訂三版〉	420 元

104	採購談判與議價技巧〈增訂三版〉	420 元
105	生產計劃的規劃與執行（增訂二版）	420 元
106	採購管理實務〈增訂七版〉	420 元
107	如何推動 5S 管理（增訂六版）	420 元
108	物料管理控制實務〈增訂三版〉	420 元
109	部門績效考核的量化管理（增訂七版）	420 元
110	如何管理倉庫〈增訂九版〉	420 元
111	品管部操作規範	420 元

《醫學保健叢書》

1	9 週加強免疫能力	320 元
3	如何克服失眠	320 元
4	美麗肌膚有妙方	320 元
5	減肥瘦身一定成功	360 元
6	輕鬆懷孕手冊	360 元
7	育兒保健手冊	360 元
8	輕鬆坐月子	360 元
11	排毒養生方法	360 元
13	排除體內毒素	360 元
14	排除便秘困擾	360 元
15	維生素保健全書	360 元
16	腎臟病患者的治療與保健	360 元
17	肝病患者的治療與保健	360 元
18	糖尿病患者的治療與保健	360 元
19	高血壓患者的治療與保健	360 元
22	給老爸老媽的保健全書	360 元
23	如何降低高血壓	360 元
24	如何治療糖尿病	360 元
25	如何降低膽固醇	360 元
26	人體器官使用說明書	360 元
27	這樣喝水最健康	360 元
28	輕鬆排毒方法	360 元
29	中醫養生手冊	360 元
30	孕婦手冊	360 元
31	育兒手冊	360 元
32	幾千年的中醫養生方法	360 元
34	糖尿病治療全書	360 元

35	活到 120 歲的飲食方法	360 元
36	7 天克服便秘	360 元
37	為長壽做準備	360 元
39	拒絕三高有方法	360 元
40	一定要懷孕	360 元
41	提高免疫力可抵抗癌症	360 元
42	生男生女有技巧〈增訂三版〉	360 元

《培訓叢書》

11	培訓師的現場培訓技巧	360 元
12	培訓師的演講技巧	360 元
15	戶外培訓活動實施技巧	360 元
17	針對部門主管的培訓遊戲	360 元
23	培訓部門流程規範化管理	360 元
24	領導技巧培訓遊戲	360 元
26	提升服務品質培訓遊戲	360 元
27	執行能力培訓遊戲	360 元
28	企業如何培訓內部講師	360 元
29	培訓師手冊（增訂五版）	420 元
30	團隊合作培訓遊戲(增訂三版)	420 元
31	激勵員工培訓遊戲	420 元
32	企業培訓活動的破冰遊戲（增訂二版）	420 元
33	解決問題能力培訓遊戲	420 元
34	情商管理培訓遊戲	420 元
35	企業培訓遊戲大全(增訂四版)	420 元
36	銷售部門培訓遊戲綜合本	420 元
37	溝通能力培訓遊戲	420 元
38	如何建立內部培訓體系	420 元

《傳銷叢書》

4	傳銷致富	360 元
5	傳銷培訓課程	360 元
10	頂尖傳銷術	360 元
12	現在輪到你成功	350 元
13	鑽石傳銷商培訓手冊	350 元
14	傳銷皇帝的激勵技巧	360 元
15	傳銷皇帝的溝通技巧	360 元
19	傳銷分享會運作範例	360 元
20	傳銷成功技巧（增訂五版）	400 元
21	傳銷領袖（增訂二版）	400 元
22	傳銷話術	400 元

23	如何傳銷邀約	400 元

《幼兒培育叢書》

1	如何培育傑出子女	360 元
2	培育財富子女	360 元
3	如何激發孩子的學習潛能	360 元
4	鼓勵孩子	360 元
5	別溺愛孩子	360 元
6	孩子考第一名	360 元
7	父母要如何與孩子溝通	360 元
8	父母要如何培養孩子的好習慣	360 元
9	父母要如何激發孩子學習潛能	360 元
10	如何讓孩子變得堅強自信	360 元

《成功叢書》

1	猶太富翁經商智慧	360 元
2	致富鑽石法則	360 元
3	發現財富密碼	360 元

《企業傳記叢書》

1	零售巨人沃爾瑪	360 元
2	大型企業失敗啟示錄	360 元
3	企業併購始祖洛克菲勒	360 元
4	透視戴爾經營技巧	360 元
5	亞馬遜網路書店傳奇	360 元
6	動物智慧的企業競爭啟示	320 元
7	CEO 拯救企業	360 元
8	世界首富　宜家王國	360 元
9	航空巨人波音傳奇	360 元
10	傳媒併購大亨	360 元

《智慧叢書》

1	禪的智慧	360 元
2	生活禪	360 元
3	易經的智慧	360 元
4	禪的管理大智慧	360 元
5	改變命運的人生智慧	360 元
6	如何吸取中庸智慧	360 元
7	如何吸取老子智慧	360 元
8	如何吸取易經智慧	360 元
9	經濟大崩潰	360 元
10	有趣的生活經濟學	360 元
11	低調才是大智慧	360 元

《DIY 叢書》

1	居家節約竅門 DIY	360 元
2	愛護汽車 DIY	360 元
3	現代居家風水 DIY	360 元
4	居家收納整理 DIY	360 元
5	廚房竅門 DIY	360 元
6	家庭裝修 DIY	360 元
7	省油大作戰	360 元

《財務管理叢書》

1	如何編制部門年度預算	360 元
2	財務查帳技巧	360 元
3	財務經理手冊	360 元
4	財務診斷技巧	360 元
5	內部控制實務	360 元
6	財務管理制度化	360 元
8	財務部流程規範化管理	360 元
9	如何推動利潤中心制度	360 元

為方便讀者選購，本公司將一部分上述圖書又加以專門分類如下：

《主管叢書》

1	部門主管手冊（增訂五版）	360 元
2	總經理手冊	420 元
4	生產主管操作手冊（增訂五版）	420 元
5	店長操作手冊（增訂六版）	420 元
6	財務經理手冊	360 元
7	人事經理操作手冊	360 元
8	行銷總監工作指引	360 元
9	行銷總監實戰案例	360 元

《總經理叢書》

1	總經理如何經營公司(增訂二版)	360 元
2	總經理如何管理公司	360 元
3	總經理如何領導成功團隊	360 元
4	總經理如何熟悉財務控制	360 元
5	總經理如何靈活調動資金	360 元
6	總經理手冊	420 元

《人事管理叢書》

1	人事經理操作手冊	360 元
2	員工招聘操作手冊	360 元
3	員工招聘性向測試方法	360 元

5	總務部門重點工作（增訂三版）	400 元
6	如何識別人才	360 元
7	如何處理員工離職問題	360 元
8	人力資源部流程規範化管理（增訂四版）	420 元
9	面試主考官工作實務	360 元
10	主管如何激勵部屬	360 元
11	主管必備的授權技巧	360 元
12	部門主管手冊（增訂五版）	360 元

《理財叢書》

1	巴菲特股票投資忠告	360 元
2	受益一生的投資理財	360 元
3	終身理財計劃	360 元
4	如何投資黃金	360 元
5	巴菲特投資必贏技巧	360 元
6	投資基金賺錢方法	360 元

7	索羅斯的基金投資必贏忠告	360 元
8	巴菲特為何投資比亞迪	360 元

《網路行銷叢書》

1	網路商店創業手冊〈增訂二版〉	360 元
2	網路商店管理手冊	360 元
3	網路行銷技巧	360 元
4	商業網站成功密碼	360 元
5	電子郵件成功技巧	360 元
6	搜索引擎行銷	360 元

《企業計劃叢書》

1	企業經營計劃〈增訂二版〉	360 元
2	各部門年度計劃工作	360 元
3	各部門編制預算工作	360 元
4	經營分析	360 元
5	企業戰略執行手冊	360 元

請保留此圖書目錄：

　　未來在長遠的工作上，此圖書目錄

可能會對您有幫助！！

在海外出差的⋯⋯⋯⋯
台 灣 上 班 族

愈來愈多的台灣上班族，到大陸工作（或出差），對工作的努力與敬業，是台灣上班族的核心競爭力；一個明顯的例子，返台休假期間，台灣上班族都會抽空再買書，設法充實自身專業能力。

[憲業企管顧問公司]以專業立場，為企業界提供最專業的各種經營管理類圖書。

85%的台灣上班族都曾經有過購買（或閱讀）[憲業企管顧問公司]所出版的各種企管圖書。

尤其是在競爭激烈或經濟不景氣時，更要加強投資在自己的專業能力，建議你：

工作之餘要多看書，加強競爭力。

建立企業圖書館

當市場競爭激烈時：

培訓員工，強化員工競爭力
是企業最佳對策

「人才」是企業最大的財富。如何提升人才，是企業永續經營、戰勝對手的核心競爭力。積極培訓公司內部員工，是經濟不景氣時期的最佳戰略，而最快速的具體作法，就是「建立企業內部圖書館，鼓勵員工多閱讀、多進修專業書籍」

建議您：請一次購足本公司所出版各種經營管理類圖書，作為貴公司內部員工培訓圖書。使用率高的（例如「贏在細節管理」），準備 3 本；使用率低的（例如「工廠設備維護手冊」），只買 1 本。

給總經理的話

　　總經理公事繁忙，還要設法擠出時間，赴外上課進修學習，努力不懈，力爭上游。

　　總經理拚命充電，但是員工呢？

　　公司的執行仍然要靠員工，為什麼不要讓員工一起進修學習呢？

　　買幾本好書，交待員工一起讀書，或是買好書送給員工當禮品。簡單、立刻可行，多好的事！

培訓叢書 ㊳   售價：420 元

如何建立內部培訓體系

西元二〇一九年九月   初版一刷

編著：洪增華   黃憲仁

策劃：麥可國際出版有限公司（新加坡）

編輯：蕭玲

校對：劉飛娟

發行人：黃憲仁

發行所：憲業企管顧問有限公司

電話：(02) 2762-2241   (03) 9310960   0930872873

電子郵件聯絡信箱：huang2838@yahoo.com.tw

銀行 ATM 轉帳：合作金庫銀行   帳號：5034-717-347447

郵政劃撥：18410591   憲業企管顧問有限公司

江祖平律師顧問：紙品書、數位書著作權與版權均歸本公司所有

登記證：行政業新聞局版台業字第 6380 號

本公司徵求海外版權出版代理商 （0930872873）

本圖書是由憲業企管顧問（集團）公司所出版，以專業立場，為企業界提供最專業的各種經營管理類圖書。

圖書編號 ISBN：978-986-369-084-9